REDLINE | VERLAG

ALLAN DIB

DER MARKETING-PLAN AUF EINER SEITE

Wie man neue Kunden gewinnt, mehr Geld verdient und sich von der Masse abhebt

Der Bestseller ***The 1-Page Marketing Plan*** endlich auf Deutsch!

Bibliografische Information der Deutschen Nationalbibliothek:
Die Deutsche Nationalbibliothek verzeichnet diese Publikation in der Deutschen Nationalbibliografie; detaillierte bibliografische Daten sind im Internet über http://d-nb.de abrufbar.

Für Fragen und Anregungen:
info@m-vg.de

Wichtiger Hinweis
Ausschließlich zum Zweck der besseren Lesbarkeit wurde auf eine genderspezifische Schreibweise sowie eine Mehrfachbezeichnung verzichtet. Alle personenbezogenen Bezeichnungen sind somit geschlechtsneutral zu verstehen.

1. Auflage 2024

Türkenstraße 89
80799 München
Tel.: 089 651285-0

Translated from the English language: THE 1-PAGE MARKETING PLAN: GET NEW CUSTOMERS, MAKE MORE MONEY, AND STAND OUT FROM THE CROWD
First published by: Successwise, Page Two Books
Translation by arrangement with Transatlantic Literary Agency Inc.

Die 1. Originalausgabe erschien 2018 bei Successwise unter dem Titel *The 1-Page Marketing Plan.*

Übersetzung: Bärbel Knill
Redaktion: Christiane Otto
Umschlaggestaltung: Pamela Machleidt
Umschlagabbildung: shutterstock/32 pixels
Satz: ZeroSoft, Timisoara
Druck: GGP Media GmbH, Pößneck
Printed in Germany

ISBN Print 978-3-86881-958-8
ISBN E-Book (PDF) 978-3-96267-573-8
ISBN E-Book (EPUB, Mobi) 978-3-96267-574-5

Inhalt

Einführung

Worum geht es hier?

WENN ICH DIE KERNAUSSAGE dieses Buches in einem Satz zusammenfassen müsste, wäre es **»der schnellste Weg zum Geld«.** Ich sage das bewusst so früh wie nur irgend möglich in diesem Buch, weil ich Ihre Zeit nicht verschwenden will.

Ich weiß genau, dass dieser Eröffnungssatz auf viele abstoßend wirkt, und ganz ehrlich, mir ist es viel lieber, diese Menschen lesen dann ein Business-Buch von jemand anderem, voller wohlklingender Klischees, wie »folgen Sie Ihrer Leidenschaft«, »arbeiten Sie hart«, »stellen Sie die richtigen Leute ein«, bla bla bla.

Wenn Sie das suchen, dann gehen Sie auf Amazon. Sie finden dort sicher eine Milliarde Business-Bücher über diese ganzen versponnenen Konzepte und noch viel mehr, meist geschrieben von professionellen Autoren und Wissenschaftlern, die selbst noch nie ein schnell wachsendes Unternehmen aufgebaut haben.

In diesem Buch geht es ganz ohne Umschweife darum, wie Ihr Unternehmen schnell wächst und Sie die Früchte dieses Erfolgs ernten.

Ohne Sauerstoff geht gar nichts

Ein bekanntes Zitat von Zig Ziglar ist: »Geld ist nicht alles, … aber es rangiert ganz oben, zusammen mit Sauerstoff.«

Jepp, nichts – NICHTS – lässt ein Unternehmen schneller sterben als ein Mangel an »Sauerstoff« (soll heißen, Geld).

Warum bin ich so ungeniert aufs Geldverdienen fokussiert? Dafür gibt es ein paar gute Gründe.

Erstens gibt es fast kein Problem in einem Unternehmen, das nicht mit mehr Geld gelöst werden kann. Was praktisch ist, denn fast jedes Unternehmen, das ich kenne, hat eine Menge Probleme. Geld ist hilfreich, um die allermeisten Dinge zu lösen, die in einem Unternehmen so unheimlich nerven.

Zweitens, wenn Sie sich um sich selbst gekümmert haben, können Sie auch anderen helfen.

Wenn Sie nicht zum Unternehmer wurden, um Geld zu verdienen, lügen Sie entweder oder Sie haben ein Hobby, kein Unternehmen. Und ja, ich weiß alles über das Vermitteln von Werten, die Welt zu verändern et cetera, aber wie viel von all dem können Sie tun, wenn Sie pleite sind? Wie vielen Menschen können Sie dann helfen?

Wenn Sie in ein Flugzeug steigen und man Ihnen dort die Sicherheitsvorkehrungen erklärt, wird der Flugbegleiter irgendwann an den Punkt kommen, an dem es etwa so heißt:

> *»Sollte der Druck in der Kabine sinken, fallen automatisch Sauerstoffmasken aus der Kabinendecke. Ziehen Sie die Maske über Mund und Nase und ziehen Sie das Sicherungsband fest. Wenn Sie zusammen mit Kindern oder Personen reisen, die Hilfe benötigen,* ***legen Sie bitte Ihre eigene Maske zuerst an, bevor Sie anderen helfen.****«*

Warum soll man die eigene Maske anlegen, bevor man anderen hilft? Weil, wenn Sie über Ihrem Sitz hängen und unter Sauerstoffmangel leiden:

1. Sie niemand anderem helfen können, ja, schlimmer noch;
2. man nun knappe Ressourcen einsetzen muss, um Ihnen zu Hilfe zu kommen, da Sie ansonsten bald tot sind.

Wissen, was man tun muss

In seinem Buch *The Book of Survival* schrieb Anthony Greenbank:

> *Um eine gefährliche Situation zu überleben, muss man nicht über die Reflexe eines Grand-Prix-Rennfahrers verfügen, die Muskeln eines Herkules oder den Geist eines Einstein. Man muss einfach nur wissen, was man tun muss.*

Es gibt unterschiedliche Statistiken darüber, wie viel Prozent der Unternehmen in den ersten fünf Jahren genau scheitern. Manche Schätzungen gehen bis auf 90 Prozent hoch. Ich selbst habe jedoch nie erlebt, dass man diesen Prozentsatz mit weniger als 50 Prozent zitierte. Das bedeutet, wenn wir super-optimistisch sind, haben Sie eine Fifty-fifty-Chance, die Türen nach fünf Jahren noch immer offen zu haben.

Doch hier wird es nun erst richtig übel. Die Statistiken berücksichtigen nur Unternehmen, die den Betrieb komplett einstellen. Sie berücksichtigen nicht die Unternehmen, die auf niedrigem Niveau dahindümpeln und das Leben ihres Eigentümers langsam ersticken oder unerträglich machen.

Haben Sie sich je gefragt, warum die meisten kleinen Unternehmen auf mittelmäßigem Niveau herumdümpeln?

Am einen Ende des Spektrums haben wir Pete, den Klempner, der 16-Stunden-Tage hat, auch am Wochenende arbeitet und nie Urlaub nimmt, während er kaum genug Geld verdient, um sich über Wasser zu halten. Am anderen Ende des Spektrums haben wir Joe, der einen Klempnerbetrieb mit 20 Klempnern führt, die für ihn arbeiten. Offenbar besteht seine primäre Betätigung darin, die riesigen Mengen an Geld zu zählen, die ständig hereinströmen.

Es ist sehr verbreitet bei kleinen Unternehmen, dass sie nie über den Punkt hinauswachsen, an dem sie gerade genug Gewinn erzielen, dass der/die Eigentümer dadurch ein bescheidenes Auskommen hat/haben. Es scheint, als sei es egal, wie sehr sich der oder die Eigentümer anstrengen, denn ihre Bemühungen, auf die nächste Stufe zu gelangen, führen nur immer zu Frustration. An diesem Punkt gibt es zwei Möglichkeiten, was passieren kann: Entweder sie werden desillusioniert, oder sie fügen sich einfach in ihr Schicksal – dass ihr Unternehmen nicht mehr ist als ein schlecht bezahlter, selbst geschaffener Job.

Und tatsächlich, die Wahrheit ist, dass viele Unternehmer wahrscheinlich besser dran wären, wenn sie sich einfach einen Job in ihrer Branche suchen würden. Sie würden dann wahrscheinlich weniger Stunden arbeiten, weniger Stress haben, mehr Vergünstigungen und mehr Urlaub bekommen als in dem Gefängnis, das sie sich selbst geschaffen haben. Auf der anderen Seite gibt es aber ein paar wenige Unternehmer, die dem Anschein nach einfach alles haben. Sie haben vernünftige Arbeitszeiten und genießen einen fantastischen Cashflow von ihrem Unternehmen, das sich ständigen Wachstums erfreut.

Viele Unternehmer, die zu kämpfen haben, geben ihrer Branche die Schuld. Es stimmt schon, manche Branchen befinden sich im Niedergang – Beispiele wie Buchhandlungen oder Videotheken kommen einem da in den Sinn. Wenn Sie in einer dieser toten oder sterbenden Branchen tätig sind, ist es vielleicht Zeit, dass Sie Ihren Verlusten ein Ende setzen und sich umorientieren, anstatt sich selbst in den finanziellen Ruin zu treiben.

Das kann besonders schwierig sein, wenn Sie sehr lange in dieser Branche tätig waren.

Meistens jedoch spielen jene, die ihrer Branche die Schuld geben, nur das Du-bist-schuld-Spielchen. Zu den häufigsten Klagen über Branchen, die ich zu hören bekomme, zählen:

- Der Wettbewerb ist zu hart.
- Die Gewinnmargen sind zu niedrig.
- Die Internet-Billighändler nehmen uns die Kunden weg.
- Werbung funktioniert einfach nicht mehr.

Es ist jedoch nur selten die Branche, die wirklich schuld ist; schließlich gibt es ja auch andere in derselben Branche, denen es sehr gut geht. Die Frage, die sich also stellt, ist, was machen die anders?

Viele Eigentümer kleiner Unternehmen tappen in die Falle, die Michael Gerber in seinem Buchklassiker *The E-Myth Revisited* beschreibt. Das heißt, sie sind Handwerker, zum Beispiel Klempner, Friseur, Zahntechniker oder Ähnliches, und sie sind gut in ihrem Fach. Sie haben dann etwas, was Gerber als »Unternehmeranfall« bezeichnet, und sie beginnen sich zu fragen: »Warum soll ich für diesen Idioten von Chef arbeiten? Ich bin gut in dem, was ich mache – ich mache einfach mein eigenes Geschäft auf.«

Das ist einer DER größten Fehler, den die meisten Eigentümer kleiner Unternehmen machen. Anstatt weiter für einen Idioten von Chef zu arbeiten, **werden sie selbst** zu einem! Das ist genau der Punkt – nur weil man gut ist in seinem Bereich, heißt das noch lange nicht, dass man auch gut ist im Betreiben eines **Unternehmens** in diesem Bereich.

Wenn wir also zurück zu unserem ursprünglichen Beispiel kommen, stellen wir fest, dass ein guter Klempner nicht unbedingt auch am besten dafür geeignet ist, einen Klempnerbetrieb zu führen. Das ist ein entscheidender Unterschied, und es ist auch der Hauptgrund, aus dem kleine Unternehmen scheitern. Der Eigentümer des Unternehmens mag vielleicht ausgezeichnete handwerkliche Fähigkeiten haben, aber weil ihm die geschäftlichen Fähigkeiten fehlen, scheitert sein Unternehmen.

Dies soll nun niemanden entmutigen, der sein eigenes Unternehmen starten möchte. Sie müssen jedoch entschlossen sein, in dem Geschäft, das Sie betreiben, gut zu werden – nicht nur in dem Handwerk, das Sie ausüben. Ein Unternehmen kann ein wunderbares Mittel sein, um finanzielle Freiheit und persönliche Erfüllung zu erlangen – aber nur für diejenigen, die diese existenzielle Unterscheidung verstehen und meistern, und die herausfinden, was sie tun müssen, um ein Unternehmen erfolgreich zu führen.

Wenn Sie in Ihrem technischen Bereich gut sind, aber das Gefühl haben, Sie könnten von der betriebswirtschaftlichen Seite noch etwas Hilfe gebrauchen, sind Sie hier genau zur richtigen Zeit am richtigen Ort. Alles, was dieses Buch will, ist, Sie von der Verwirrung zur Klarheit zu führen – sodass Sie genau wissen, was Sie tun müssen, um mit Ihrem Unternehmen erfolgreich zu sein.

Profis haben einen Plan

Als Kind war meine Lieblingssendung im Fernsehen *Das A-Team*. Falls Sie das nie gesehen haben, gebe ich Ihnen hier die Zusammenfassung für 99 Prozent der Episoden:

1. Böse Kerle belästigen und bedrohen eine unschuldige Person oder Gruppe.
2. Die unschuldige Person oder Gruppe fleht das A-Team an, ihnen zu helfen.
3. Das A-Team (ein bunter Haufen ehemaliger Soldaten) bekämpft, erniedrigt und verjagt die bösen Kerle.

Die Episoden endeten jedes Mal damit, dass Hannibal (der Kopf des A-Teams) auf seiner Zigarre herumkaut und triumphierend murmelt: »Ich liebe es, wenn ein Plan aufgeht.«

Sehen Sie sich Berufe an, in denen viel auf dem Spiel steht, und Sie werden feststellen, dass man hier einem gut durchdachten Plan folgt. **Profis improvisieren nie einfach nur**.

- Ärzte halten sich an einen Behandlungsplan.
- Piloten halten sich an einen Flugplan.
- Soldaten halten sich an einen militärischen Einsatzplan.

Wie würden Sie sich fühlen, wenn Sie die Dienste eines der oben genannten Profis in Anspruch nehmen würden, und der Ausführende würde zu Ihnen sagen: »Vergessen Sie den Plan. Ich werde einfach improvisieren.« Doch genau das ist es, was die meisten Unternehmer tun.

Wenn jemand etwas vermasselt, wird im Nachhinein oft klar, dass er keinen Plan hatte. Lassen Sie nicht zu, dass das bei Ihnen und Ihrem Unternehmen passiert. Auch wenn Ihnen niemand den Erfolg garantieren kann, wenn Sie einen Plan haben, erhöht das Ihre Erfolgswahrscheinlichkeit dramatisch.

Genau wie Sie nicht mit einem Flugzeug fliegen wollen, in dem der Pilot sich nicht um den Flugplan gekümmert hat, wollen Sie auch nicht, dass Sie und Ihre Familie sich auf ein Unternehmen verlassen, für das Sie sich nicht um einen Businessplan gekümmert haben. Oft steht fast genauso viel auf dem Spiel. Ehen, Partnerschaften, Jobs und mehr fallen oft dem Scheitern von Unternehmen zum Opfer.

Es geht um mehr als nur um Ihr Ego, also ist es an der Zeit, zum Profi zu werden und einen Plan zu erstellen.

Die falsche Art Plan

Zu Beginn meines ersten Unternehmens war ich klug genug, um zu erkennen, dass ein Businessplan für meinen Erfolg wichtig wäre. Leider war es mit meiner Klugheit hier auch schon wieder vorbei.

Mit der Hilfe eines Unternehmensberaters (der selbst nie ein erfolgreiches Unternehmen geführt hatte) war ich am Ende viele Tausend Dollar ärmer, besaß aber ein Dokument, um das sich die meisten Unternehmer nie kümmern – einen **Businessplan**.

Mein Businessplan war viele Hundert Seiten lang. Es waren Graphen darin, Tabellen, Prognosen und sehr vieles mehr. Es war ein beeindruckendes Dokument, aber im Wesentlichen ein Haufen Nonsens.

Nachdem es niedergeschrieben worden war, legte ich es in die oberste Schublade in meinem Schreibtisch und sah es nie wieder, bis zu dem Tag, als wir mit dem Büro umzogen und ich meinen Schreibtisch leeren musste.

Ich staubte es ab, blätterte es durch und warf es in den Müll, und ich ärgerte mich dabei über das Geld, das ich für diesen aufgeblasenen Berater verschwendet hatte.

Als ich aber später noch einmal genauer darüber nachdachte, wurde mir klar, dass, auch wenn das Dokument selbst ein Haufen Nonsens war, der Prozess, den ich mit dem Berater zusammen durchgegangen war, insofern wertvoll gewesen ist, als er mir einige zentrale Elemente in meinem Unternehmen aufgezeigt hatte, besonders ein zentraler Abschnitt darin mit der Überschrift »Der Marketingplan«.

Und tatsächlich wurde das Unternehmen durch vieles von dem, was wir taten, um den Marketingplan zu erstellen, geprägt, und wir schufen uns damit die Grundlage für unseren zukünftigen Erfolg.

Ich erzähle Ihnen gleich noch mehr darüber, aber lassen Sie mich Ihnen zuerst einen Mann und sein Konzept vorstellen, das ganz zentral sein wird für den Erfolg Ihres Unternehmens.

Mein Freund Vilfredo Pareto und die 80/20-Regel

Ich hatte nie das Privileg, Vilfredo Pareto kennenzulernen, was zum größten Teil daran liegt, dass er mehr als ein halbes Jahrhundert starb, bevor ich geboren wurde, aber ich bin mir sicher, wir wären die besten Kumpel gewesen.

Pareto war ein italienischer Wirtschaftswissenschaftler, der bemerkt hatte, dass 80 Prozent des Landes in Italien 20 Prozent der Bevölkerung gehörten. So wurde das Pareto-Prinzip, allgemein bekannt als die 80/20-Regel, geboren.

Es stellte sich heraus, dass sich die 80/20-Regel nicht nur auf den Grundbesitz in Italien anwenden lässt. Sie stimmt für fast alles, worüber man sich Gedanken machen kann. Hier einige Beispiele:

- 80 Prozent des Gewinns eines Unternehmens stammen von 20 Prozent seiner Kunden.
- 80 Prozent der Verkehrsunfälle werden von 20 Prozent der Fahrer verursacht.
- 80 Prozent der Softwarenutzung geht auf 20 Prozent der Nutzer zurück.
- 80 Prozent der Beschwerden in einem Unternehmen kommen von 20 Prozent seiner Kunden.
- 80 Prozent des Reichtums wird von 20 Prozent der Menschheit besessen.
- Woody Allen hat sogar einmal gesagt, dass 80 Prozent des Erfolgs darin besteht, dass man anwesend ist.

Mit anderen Worten, **das Pareto-Prinzip besagt, dass 80 Prozent der Wirkung auf 20 Prozent der Ursachen zurückzuführen ist**.

Vielleicht spricht aus mir nur meine Faulheit, aber das finde ich richtig aufregend.

Es wird oft gesagt, dass Not erfinderisch macht, aber ich würde sagen, Faulheit macht erfinderisch, und mein Freund Vilfredo ist in dieser Hinsicht mein Mentor.

Sie können also im Wesentlichen 80 Prozent dessen, was Sie tun, sein lassen und stattdessen auf der Couch sitzen und Nachos essen, und Sie bekommen noch immer einen Großteil der Ergebnisse, die Sie jetzt bekommen.

Wenn Sie nicht 80 Prozent der Zeit auf der Couch sitzen und Nachos in sich hineinstopfen wollen, dann tun Sie einfach mehr von dem 20-Prozent-Zeug, und Sie sind auf der Überholspur zum Erfolg. Und in diesem Zusammenhang bedeutet Erfolg mehr Geld bei weniger Arbeit.

Die 64/4-Regel

Wenn Sie die 80/20-Regel aufregend finden, wird Sie die 64/4-Regel[1] umhauen. Wir können nämlich die 80/20-Regel auf die Regel selbst anwenden. Wir nehmen also 80 Prozent von 80 und 20 Prozent von 20, und heraus kommt die 64/4-Regel.

Das heißt, 64 Prozent der Wirkung lassen sich auf 4 Prozent der Ursachen zurückführen.

Anders ausgedrückt, der größte Teil Ihres Erfolgs kommt von den obersten 4 Prozent Ihrer Handlungen. Oder noch mal anders gesagt, **96 Prozent von dem, was Sie tun, ist Zeitverschwendung** (vergleichsweise).

Das Überraschendste ist, dass die 80/20-Regel und die 64/4-Regel noch immer erstaunlich genau stimmen. Wenn Sie sich die Statistiken über die Verteilung des Reichtums im letzten Jahrhundert ansehen, werden Sie feststellen, dass die obersten 4 Prozent etwa 64 Prozent und die obersten 20 Prozent etwa 80 Prozent des Reichtums besitzen. Und dies, obwohl wir uns im »Zeitalter der Information« befinden. Man würde denken, dass vor 100 Jahren nur die Reichen guten Zugang zu Information hatten, von daher ist es verständlich, warum sie 80 Prozent des Reichtums besaßen. Und doch haben wir heute noch immer dieselbe Verteilung des Reichtums, in einem Zeitalter, in dem die Information demokratisiert wurde und selbst die ärmsten Menschen in etwa denselben Zugang zu Informationen haben wie die reichsten.

Das beweist, dass Mangel an Information nicht das Problem ist, das die unteren 80 Prozent der Unternehmer hemmt – es ist das Verhalten und die Denkweise der Menschen. Und das hat sich in den letzten 100 Jahren mit Sicherheit nicht verändert.

---

[1] Ich hörte zum ersten Mal von der 64/4-Regel von James Schramko bei seinem SuperFastBusiness-Live-Event.

Das bestgehütete Geheimnis der Reichen

Nach meiner Beobachtung von und meiner Arbeit mit zahlreichen Unternehmern überall auf der Welt gibt es etwas, was die wahnsinnig Erfolgreichen und Reichen von denen unterscheidet, die immer zu kämpfen haben oder bankrott sind.

Unternehmer, die zu kämpfen haben, verwenden Zeit darauf, Geld zu sparen, während erfolgreiche Unternehmer Geld verwenden, um Zeit zu sparen. Warum ist diese Unterscheidung so wichtig? Weil man immer mehr Geld bekommen kann, aber niemals mehr Zeit. Also muss man dafür sorgen, dass die Dinge, mit denen man seine Zeit verbringt, eine möglichst große Wirkung haben.

Man nennt das Hebelwirkung (Leverage), und **Hebelwirkung ist das bestgehütete Geheimnis der Reichen**.

Diese großen, wirkungsvollen Aktivitäten mit Hebelwirkung sind es, die die 20 Prozent von der 80/20-Regel ausmachen und die 4 Prozent von der 64/4-Regel.

Wenn Sie mehr Erfolg haben wollen, müssen Sie Ihre Aufmerksamkeit auf die Dinge richten, die Ihnen die meiste Hebelwirkung ermöglichen, und diese ausbauen.

Es gibt verschiedene Bereiche in Ihrem Unternehmen, in denen Sie anfangen könnten, nach Hebelpunkten zu suchen. Sie könnten versuchen, um 50 Prozent besser im Verhandeln zu werden. Dies wiederum könnte Ihnen dazu verhelfen, mit den wichtigsten Zulieferern neu zu verhandeln und eine schrittweise Verbesserung im Einkaufspreis zu erzielen. Das ist ja ganz schön, aber am Ende des Tages, nach so viel Zeit und Anstrengung, haben Sie Ihr Ergebnis noch immer nur schrittweise verbessert. Das ist nicht das, was ich unter einer massiven Hebelwirkung verstehe. Was wir wollen, ist exponentielle Verbesserung, nicht schrittweise Verbesserung.

Der mit Abstand größte Hebelpunkt in jedem Unternehmen ist das Marketing. Wenn Sie im Marketing um 10 Prozent besser werden, kann das einen exponentiellen oder multiplizierenden Effekt auf Ihr Ergebnis haben.

Willie Sutton war ein erfolgreicher amerikanischer Bankräuber. Während seiner 40-jährigen Karriere als Krimineller stahl er Millionen Dollar und verbrachte schließlich mehr als die Hälfte seines Erwachsenenlebens im Gefängnis – und er schaffte es auch, dreimal auszubrechen. Der Reporter Mitch Ohnstad fragte Sutton einmal, warum er Banken ausraube. Laut Ohnstad antwortete er: »Weil dort das Geld ist.« Wenn es um Unternehmen geht, so ist der Grund, aus dem wir uns so stark auf das Marketing fokussieren, derselbe: **Weil dort das Geld ist**.

Wie Sie die 80/20- und die 64/4-Regel anwenden – Ihr Marketingplan

Zurück zu meiner vorherigen Geschichte über die falsche Art Businessplan. Auch wenn mein Businessplan am Ende eine nutzlose Anhäufung von Managementgeschwafel und Unsinn war, so erwies sich doch ein Teil im Unternehmensplanungsprozess als enorm wertvoll für mich: die Erstellung des Marketingplans.

Am Ende stellte sich der Marketingplan als die 20 Prozent der Unternehmensplanung heraus, die 80 Prozent des Ergebnisses produzierten.

Und das war bei jedem Unternehmen der Fall, das ich seitdem gegründet und geführt habe.

Dies hatte ich im Hinterkopf, als ich begann, die Eigentümer kleiner Unternehmen zu coachen, und so lag mein Fokus zum großen Teil darauf, sie dazu zu bringen, einen Marketingplan zu erstellen.

Aber raten Sie mal. Nur sehr wenige von ihnen haben das je wirklich gemacht. Warum? Weil einen Marketingplan zu erstellen ein komplexer, mühsamer Prozess ist und die meisten Eigentümer kleiner Unternehmen haben darauf einfach keine Lust.

Und hier macht Faulheit wieder erfinderisch. Ich musste einen Weg finden, die Essenz des Marketingplanungsprozesses zu finden und diese einfach, praktikabel und anwendbar für die Eigentümer kleiner Unternehmen zu machen. So wurde der Marketingplan auf einer Seite geboren.

Der Marketingplan auf einer Seite ist die 4 Prozent Anstrengung, die 64 Prozent (oder mehr) Ihres Unternehmensergebnisses generieren. Er ist die 64/4-Regel, angewandt auf Unternehmensplanung. Mit dieser Methode können wir Hunderte Seiten und Tausende Stunden der traditionellen Unternehmensplanung eindampfen auf eine einzige Seite, für die man nur 30 Minuten braucht, um darüber nachzudenken und sie auszufüllen.

Noch aufregender ist, dass er ein lebendiges Dokument in Ihrem Unternehmen wird. Eines, das Sie sich im Büro an die Wand heften können, auf das Sie immer wieder zurückgreifen und das Sie mit der Zeit immer besser anpassen können. Vor allem ist er praktisch. Es gibt darin kein Managementgeschwafel, das man verstehen muss. Sie brauchen keinen MBA, um ihn zu erstellen oder zu verstehen.

Der Marketingplan auf einer Seite ist bahnbrechend für die Implementierung von Marketing. Ich habe gesehen, wie die Compliance-Rate bei meinen Coaching-Klienten sich deutlich verbesserte. Eigentümer kleiner Unternehmen, die noch nie die Zeit, das Geld oder das Know-how hatten, um einen traditionellen Marketingplan zu erstellen, haben jetzt einen. In der Folge schöpften sie die massiven Gewinne ab, die sich einstellen, wenn man sich über sein Marketing im Klaren ist.

Ich werde Ihnen in Kürze den Marketingplan auf einer Seite vorstellen, aber zuerst, glaube ich, wäre es vernünftig, mit dem Anfang anzufangen und nicht von Annahmen auszugehen. Marketing ist an sich ein vager Begriff, der nur selten richtig verstanden wird, selbst von den sogenannten Profis und Experten der Branche.

Verschaffen wir uns also schnell und einfach ein Verständnis davon, was Marketing eigentlich ist.

Was ist Marketing?

Manche glauben, Marketing sei Werbung oder Markenpflege oder irgendein anderes vages Konzept. Doch auch wenn das alles mit Marketing zu tun hat, ist es nicht ein und dasselbe.

Hier ist die einfachste, jargonfreieste Definition von Marketing, die Ihnen wahrscheinlich je begegnen wird:

Wenn ein Zirkus in die Stadt kommt, und Sie malen ein Schild, auf dem steht: »Zirkus auf dem Messegelände am Samstag«, dann ist das **Werbung**.

Wenn Sie das Schild über den Rücken eines Elefanten hängen und damit in die Stadt gehen, ist das **Kommunikation**.

Wenn der Elefant durch das Blumenbeet des Bürgermeisters läuft und die lokale Presse darüber berichtet, ist das **Öffentlichkeitsarbeit**.

Und wenn Sie den Bürgermeister dazu bringen, darüber zu lachen, ist das **Public Relations**.

Wenn die Bürger der Stadt zu dem Zirkus kommen, Sie ihnen die vielen Unterhaltungsbuden zeigen, erklären, wie viel Spaß es ihnen machen wird, wenn sie dort Geld ausgeben, ihre Fragen beantworten und diese dann eine Menge Geld im Zirkus ausgeben, ist das **Vertrieb** (Sales).

Und wenn Sie das Ganze geplant haben, dann ist das **Marketing**.

Jepp, so einfach ist das – Marketing ist die Strategie, die Sie anwenden, um zu erreichen, dass Ihr idealer Zielmarkt Sie kennenlernt, Sie mag und Ihnen so weit vertraut, um Kunde zu werden. Das ganze Zeug, das Sie normalerweise mit Marketing verbinden, sind Taktiken. Wir werden gleich noch näher über den Unterschied zwischen Strategie und Taktik sprechen.

Doch bevor wir das tun, müssen Sie verstehen, dass im letzten Jahrzehnt ein fundamentaler Wandel stattgefunden hat und es nie wieder sein wird wie zuvor.

Die Antworten sind jetzt andere

Albert Einstein teilte einmal in seinem Prüfungsjahrgang einen Prüfungsbogen aus. Es stellte sich heraus, dass es genau der gleiche Prüfungsbogen war, den er im Jahr zuvor schon ausgeteilt hatte. Sein Assistenzlehrer wies Einstein darauf hin, da er voller Schreck annahm, dies rühre von der Zerstreutheit des Professors her.

»Entschuldigen Sie, Sir«, sagte der schüchterne Assistent, unsicher darüber, wie er den großen Mann auf seinen Fehler aufmerksam machen sollte.

»Ja?«, sagte Einstein.

»Ähm, es geht um den Prüfungsbogen, den Sie gerade ausgeteilt haben.«

Einstein wartete geduldig.

»Ich weiß nicht, ob Sie das bemerkt haben, aber es ist genau dieselbe Prüfung wie die, die Sie letztes Jahr ausgeteilt haben. Es ist genau die gleiche.«

Einstein machte eine Pause, um einen Augenblick nachzudenken, und sagte dann: »Ja, es ist dieselbe Prüfung, aber die Antworten sind jetzt andere.«

Genau wie sich die Antworten in der Physik verändern, wenn neue Entdeckungen gemacht werden, ändern sich auch die Antworten in der Geschäftswelt und im Marketing.

Es gab einmal eine Zeit, da platzierte man eine Werbeanzeige in den Gelben Seiten, zahlte denen eine Wagenladung voll Geld, und das Marketing fürs Jahr war fertig. Heute haben wir Google, Social Media, Blogs, Webseiten und eine Myriade anderer Dinge, an die wir denken müssen.

Das Internet hat buchstäblich für Wettbewerber auf der ganzen Welt die Tore geöffnet. Während früher Ihre Wettbewerber vielleicht gleich bei Ihnen gegenüber waren, ist es heute möglich, dass sie am anderen Ende des Globus sitzen.

Deshalb werden viele, die versuchen, ihr Unternehmen am Markt zu platzieren, vom »Super-angesagte-Methode-Syndrom« befallen. Sie verstricken sich in irgendwelchen gerade »heißen« Marketing**taktiken** wie Suchmaschinenoptimierung, Videos, Podcasts, Pay-per-Klick-Werbung und so weiter.

Sie verheddern sich in Tools und Taktiken und bekommen so nie den großen Überblick, was sie eigentlich tun wollen und wozu.

Ich möchte Ihnen kurz zeigen, warum dieser Weg in eine Welt voller Schmerzen führt.

Strategie versus Taktik

Für ein erfolgreiches Marketing ist es absolut zentral, dass man den Unterschied zwischen Strategie und Taktik versteht.

Strategie ist die Planung des Gesamtbildes, die man unternimmt, bevor man die Taktiken angeht. Stellen Sie sich vor, Sie hätten ein leeres Grundstück gekauft und wollten darauf ein Haus bauen. Würden Sie dann einfach einen Stapel Ziegelsteine bestellen und einfach anfangen, sie aufeinander zu zementieren? Natürlich nicht. Sie würden sonst am Ende ein großes Schlamassel haben, das wahrscheinlich auch nicht sicher ist.

Was tun Sie also stattdessen? Sie engagieren zuerst eine Baufirma und einen Architekten, und diese planen alles durch, von den wichtigen Dingen, wie dem Einholen einer Baugenehmigung, bis hin zu den Badarmaturen, die Sie sich wünschen. **Das ist Strategie**.

Wenn Sie dann einmal Ihre Strategie haben, wissen Sie, wie viele Ziegelsteine Sie brauchen, wo das Fundament hinkommt und welche Art Dach Sie haben werden. Jetzt können Sie Maurer, Dachdecker, Klempner, Elektriker und so weiter engagieren. **Das ist Taktik**.

Ohne Strategie in Verbindung mit Taktik können Sie nichts Lohnenswertes schaffen.

Strategie ohne Taktik führt zu Paralyse durch Analyse. Egal wie gut der Bauunternehmer und der Architekt sind, das Haus wird so lange nicht gebaut, bis jemand anfängt, Steine aufeinanderzulegen. Irgendwann sind Sie so weit, dass Sie sagen müssen: »Ok, der Plan ist jetzt fertig. Wir haben alle erforderlichen Genehmigungen, um zu bauen, also fangen wir an.«

Taktik ohne Strategie führt zum »Super-angesagte-Methode-Syndrom«. Stellen Sie sich vor, Sie haben angefangen, ohne Plan eine Wand zu bauen, und stellen dann fest, dass sie an der falschen Stelle ist, also fangen Sie an, das Fundament zu gießen, und Sie stellen dann fest, dass es nicht das richtige für Ihre Art Haus ist, also fangen Sie an, die Stelle auszuheben, wo Sie den Pool wollen, aber das ist auch wieder nicht richtig. Das kann ganz offensichtlich nichts werden. Und doch ist dies genau die Art, wie viele Unternehmer ihr Marketing betreiben. Sie reihen einen Haufen willkürlich ausgesuchter Taktiken aneinander, in der Hoffnung, dass diese dann dazu führen, dass Kunden kommen. Sie hauen schnell eine Webseite raus, ohne groß nachzudenken, und dann ist es nur eine Onlineversion ihrer Broschüre, oder sie fangen an, sich auf den Social Media zu platzieren, weil sie gehört haben, dass das jetzt total angesagt ist, und so weiter.

Man braucht beides, Strategie und Taktik, um Erfolg zu haben, aber die Strategie muss zuerst kommen und sie gibt die Taktiken vor, die man anwendet. Und da kommt Ihr Marketingplan ins Spiel. Stellen Sie sich Ihren Marketingplan vor wie die Planung eines Architekten, um Kunden zu gewinnen und zu binden.

Ich habe doch ein tolles Produkt/eine tolle Dienstleistung – brauche ich da überhaupt Marketing?

Viele Unternehmer machen sich vor, dass der Markt schon kaufen wird, wenn ihr Produkt nur hervorragend ist. Doch auch wenn das Konzept »Wenn du es baust, werden sie kommen« eine tolle Handlung für einen Film abgibt, ist es eine miserable Geschäftsstrategie. Eine Strategie, die teuer ist und sehr oft scheitert. Die Wirtschaftsgeschichte ist gepflastert mit technisch überlegenen Produkten, die ein kommerzieller Flop waren. Beispiele sind Betamax, der Apple Newton oder die LaserDisc, um nur ein paar zu nennen.

Gute, ja selbst hervorragende Produkte herzustellen, ist einfach nicht genug. Wenn Sie mit Ihrem Unternehmen Erfolg haben wollen, muss das Marketing eine Ihrer hauptsächlichen Beschäftigungen sein.

Überlegen Sie sich einmal, wann ein potenzieller Kunde feststellt, wie gut Ihr Produkt oder Service ist. Die Antwort ist natürlich: wenn er es kauft. Wenn er es nicht kauft, wird er niemals wissen, wie gut Ihre Produkte oder Ihr Service sind. Ein berühmtes Zitat von Thomas Watson von IBM lautet: »Bevor ein Verkauf stattgefunden hat, passiert gar nichts.«

Deshalb müssen wir etwas Wichtiges ganz klar verstehen: **Ein gutes Produkt oder ein guter Service ist ein Tool zur Kundenbindung**. Wenn wir unseren Kunden ein großartiges Produkt oder eine großartiges Service-Erlebnis geben, werden sie weiter bei uns kaufen, sie werden uns anderen Menschen empfehlen, und sie werden die Marke durch positive Mund-zu-Mund-Propaganda stärken. Doch vor der **Kundenbindung** müssen wir uns Gedanken über die **Kundenakquise** (auch Marketing genannt) machen. Die erfolgreichsten Unternehmer beginnen immer mit dem Marketing.

Wie Sie Ihr Unternehmen an die Wand fahren

Ich werde Ihnen jetzt einen der leichtesten und verbreitetsten Wege zeigen, wie Sie Ihr Unternehmen an die Wand fahren – in der ehrlichen Hoffnung, dass Sie es **nicht** tun werden. Es ist der absolut größte Fehler, den die Eigentümer kleiner Unternehmen machen können, wenn es ums Marketing geht.

Es ist ein weit verbreitetes Problem, und es ist einer der zentralen *Gründe, aus denen das Marketing der meisten kleinen Unternehmen scheitert.*

Wenn Sie der Eigentümer eines kleinen Unternehmens sind, haben Sie sicherlich schon den einen oder anderen Gedanken auf Marketing und Werbung verwendet. Welche Herangehensweise werden Sie wählen? Was werden Sie in Ihrer Werbung sagen?

Die häufigste Weise, wie die Eigentümer kleiner Unternehmen darüber entscheiden, besteht darin, sich die großen, erfolgreichen Wettbewerber in ihrer Branche anzusehen und dann nachzumachen, was diese tun. Das scheint logisch – tue, was andere erfolgreiche Unternehmen tun, und du wirst ebenfalls erfolgreich sein. Oder?

In Wahrheit ist dies der schnellste Weg zum Scheitern, und ich bin sicher, wenn ein kleines Unternehmen scheitert, ist diese Vorgehensweise in den meisten Fällen die Ursache dafür. Hier sind die zwei hauptsächlichen Gründe dafür.

#1 Große Unternehmen haben eine andere Agenda

Große Unternehmen haben eine ganz andere Agenda, was das Marketing betrifft, als kleine Unternehmen. Ihre Strategien und Prioritäten unterscheiden sich signifikant von den Ihren.

Die Marketingprioritäten eines großen Unternehmens sehen in etwa so aus:

1. Der Vorstand muss es mögen.
2. Die Shareholder müssen beruhigt werden.
3. Die verzerrten Vorstellungen der Vorgesetzten müssen bestätigt werden.
4. Die Vorurteile bestehender Kunden müssen bestätigt werden.
5. Es sollen Preise für Werbung und Kreativität gewonnen werden.
6. Beteiligungen von verschiedenen Komitees und Stakeholdern sollen gewonnen werden.
7. Es muss Gewinn gemacht werden.

Die Marketingprioritäten des Eigentümers eines kleinen Unternehmens sehen in etwa so aus:

1. Es muss Gewinn gemacht werden.

Wie Sie sehen, liegen Welten zwischen den Marketingprioritäten von kleinen und großen Unternehmen. Also müssen natürlich auch Welten zwischen deren Strategien und deren Ausführung liegen.

#2 Große Unternehmen haben ein VÖLLIG anderes Budget

Die Strategie verändert sich mit der Größe. Es ist sehr wichtig, dies zu verstehen. Denken Sie, dass jemand, der in Wolkenkratzer investiert und diese baut, eine andere Investitionsstrategie hat als der durchschnittliche kleine Häuslebauer? Natürlich.

Einfach dieselbe Strategie anzuwenden, wird auf kleiner Ebene einfach nicht funktionieren. Man kann eben nicht nur ein Stockwerk von einem Wolkenkratzer bauen und damit Erfolg haben. Dazu brauchen Sie schon alle 100 Stockwerke.

Wenn Sie ein Werbebudget von 10 Millionen Euro und drei Jahre Zeit haben, um ein profitables Ergebnis zu erzielen, werden Sie eine völlig andere Strategie anwenden als jemand mit einem 10.000-Euro-Budget, der sofort Gewinne machen muss.

Wenn Sie die Strategie eines großen Unternehmens anwenden, werden Ihre 10.000 Euro nur ein Tropfen auf dem heißen Stein sein. Sie werden absolut ineffektiv sein und komplett verschwendet, weil Sie für die Größe, mit der Sie arbeiten, die falsche Strategie anwenden.

Das Marketing großer Unternehmen

Das Marketing großer Unternehmen wird auch manchmal Massenmarketing oder »Branding« (Markenbildung/Markenentwicklung) genannt. Das Ziel dieser Art Werbung ist es, Kunden und potenzielle Kunden an die eigene Marke zu erinnern sowie an die Produkte und Dienstleistungen, die man anbietet.

Der Grundgedanke ist, je öfter man Werbung der eigenen Marke laufen lässt, desto wahrscheinlicher ist es, dass die Menschen diese Marke im Kopf haben, wenn sie eine Kaufentscheidung treffen.

Die große Mehrheit des Marketings großer Unternehmen fällt unter diese Kategorie. Wenn Sie die Werbung der großen Marken wie Coca-Cola, Nike oder Apple gesehen haben, haben Sie Massenmarketing erlebt.

Diese Art des Marketing ist effektiv; es ist jedoch sehr teuer, sie durchzuhalten, und sie muss über lange Zeit laufen. Sie erfordert, dass man verschiedene Werbekanäle bedient, wie zum Beispiel Fernsehen, Printmedien, Radio oder Internet, und das regelmäßig und über eine lange Zeitspanne hinweg.

Die Kosten und Zeit, die man dafür aufwenden muss, sind für die großen Marken kein Problem, denn sie haben riesige Werbebudgets und Marketingteams, und die Produktlinien werden Jahre im Voraus geplant.

Wenn jedoch kleine Unternehmen versuchen, die großen Marken mit dieser Art des Marketing zu imitieren, bedeutet dies ein großes Problem.

Die paar Mal, die sie ihre Werbung platzieren, sind nur ein Tropfen auf den heißen Stein. Das ist nicht annähernd genug, um das Bewusstsein ihres Zielmarktes zu erreichen, der jeden Tag mit Tausenden Marketingbotschaften bombardiert wird. Sie gehen in dieser Masse unter und erhalten nur wenig oder gar keine Wirkung aus ihrer Investition. Und wieder beißt ein Opfer einer falschen Werbestrategie ins Gras.

Das liegt aber nicht daran, dass die kleinen Unternehmen im »Branding« oder in Massenmedienwerbung nicht gut sind. Es liegt nur daran, dass sie einfach nicht das Budget haben, um ihre Werbung in dem nötigen Umfang laufen zu lassen, sodass sie auch effektiv ist.

Wenn Sie keine Millionen Euro in Ihrem Marketingbudget haben, ist es sehr wahrscheinlich, dass Sie mit dieser Art Marketing scheitern werden.

Branding, Massenmarketing und Ego-Marketing sind die Sache großer Unternehmen. Damit irgendeine durchschlagende Wirkung zu erzielen, erfordert ein enormes Budget und die Nutzung der teuren Massenmedien.

Es ist durchaus schlau, dem Weg anderer erfolgreicher Unternehmen zu folgen, aber es ist lebenswichtig, dass Sie die Strategie, die Sie verfolgen, voll und ganz verstehen, und dass Sie auch in der Lage sind, diese auszuführen.

Von außen betrachtet sieht die Strategie oft ganz anders aus als die Realität. Wenn Sie eine Strategie verfolgen, die andere Prioritäten hat als Sie, oder ein völlig anderes Budget, dann ist es sehr unwahrscheinlich, dass Sie damit das Ergebnis erzielen, das Sie sich erhoffen.

Sehen wir uns nun an, wie erfolgreiches Marketing für kleine bis mittlere Unternehmen aussieht.

Marketing für kleine und mittlere Unternehmen

Das Direct-Response-Marketing (auch Dialogmarketing) ist eine Form des Marketing, die es kleinen Unternehmen ermöglicht, mit kleinem Budget durchschlagenden Erfolg zu haben und sich im Wettbewerb zu behaupten. Es ist so gestaltet, dass man damit zuverlässig einen messbaren Return on Investment erhält.

Wenn man 10-Euro-Banknoten für 2 Euro das Stück verkaufen würde, wie viele würden Sie dann kaufen? So viele, wie Sie bekommen können, natürlich! Beim Direct-Response-Marketing lautet die Devise: »Geld für günstig.« Zum Beispiel erhalten Sie für je 2 Euro, die Sie für Werbung ausgeben, 10 Euro Gewinn aus dem Verkauf.

Diese Art zu verkaufen ist auch ethisch sehr verantwortungsvoll. Sie fokussiert sich auf spezielle Probleme der potenziellen Kunden und zielt durch Beratung und spezielle Lösungen darauf ab, diese Probleme zu lösen. Sie ist auch die einzige Art Werbung, um vom potenziellen Kunden wahrgenommen zu werden, die sich kleine Unternehmen leisten können.

Wenn Sie Ihre Werbung in Direktwerbung umwandeln, generieren Sie damit Leads (Kundendaten), anstatt nur wiedererkannt zu werden.

Direct-Response-Marketing ist so gestaltet, dass es eine unmittelbare Reaktion erzeugt und potenzielle Kunden dazu bringt, auf eine bestimmte Weise in Aktion zu treten, sei es, sich auf Ihrer E-Mail-Liste einzutragen, das Telefon zur Hand zu nehmen und Sie anzurufen, um mehr zu erfahren, eine Bestellung aufzugeben oder dem Link auf Ihre Webseite zu folgen. Was macht also Direct-Response-Marketing-Werbung aus? Hier sind ein paar ihrer wichtigsten Eigenschaften:

Sie ist nachverfolgbar. Das heißt, wenn jemand reagiert, wissen Sie, durch welche Werbeanzeige oder welches Medium diese Reaktion hervorgerufen wurde. Das steht in direktem Kontrast zum Massenmedien- oder »Brand«-Marketing – niemand wird je wissen, welche Werbemaßnahme Sie dazu gebracht hat, diese eine Dose Cola zu kaufen; Sie wissen es vielleicht selbst nicht einmal.

Sie ist messbar. Da Sie wissen, auf welche Werbung Reaktionen folgen und wie viele Verkäufe Sie durch jede Maßnahme erzielen, können Sie genau messen, wie effektiv die einzelne Werbemaßnahme ist. Sie können dann Maßnahmen aufgeben oder verändern, die Ihnen keinen Gewinn bringen.

Sie setzt verlockende Schlagwörter und Verkaufstexte ein. Direct-Response-Marketing hat eine verlockende Botschaft von starkem Interesse für die potenziellen Kunden, an die Sie sich wenden. Dabei werden Überschriften eingesetzt, die starke Aufmerksamkeit erwecken und verkaufsorientiert formuliert sind, quasi ein »gedrucktes Verkaufsgespräch«. Oft sieht die Anzeige eher wie ein redaktioneller Text aus, nicht wie eine Werbeanzeige (was es mindestens dreimal so wahrscheinlich macht, dass sie gelesen wird).

Sie zielt auf ein bestimmtes Publikum oder eine bestimmte Nische ab. Sie richtet sich gezielt an potenzielle Kunden innerhalb bestimmter vertikaler Märkte, geografischer Zonen oder Nischenmärkte. Die Werbung zielt darauf ab, eine eng definierte Zielgruppe anzusprechen.

Sie macht ein besonderes Angebot. Normalerweise macht man mit der Werbemaßnahme ein besonderes Angebot, das einen hohen Gegenwert bietet. Oft ist das Ziel nicht unbedingt, durch die Werbung etwas zu verkaufen, sondern einfach nur, den potenziellen Kunden dazu zu bringen, die nächste Aktion zu unternehmen, zum Beispiel einen kostenlosen Marktbericht anzufordern. Das Angebot fokussiert sich eher auf den potenziellen Kunden als auf den Werbetreiber und thematisiert die Interessen des Kunden, dessen Wünsche, Ängste oder Frustrationen. Im Gegensatz dazu ist die Botschaft beim Massenmedien- oder »Brand«-Marketing breit angelegt, passend für jeden, und sie fokussiert sich auf den Werbetreiber.

Sie fordert eine Reaktion. Direct-Response-Marketing fordert eine Reaktion ein, indem es den potenziellen Kunden dazu bringt, etwas Bestimmtes zu tun. Es enthält auch ein Mittel zur Reaktion und »fängt« diese Reaktionen »ein«. Interessierten Kunden von hoher Reaktionswahrscheinlichkeit wird die Reaktion erleichtert, durch die Angabe einer direkten Telefondurchwahl, einer kostenlosen Möglichkeit, Nachrichten zu hinterlassen, eine Webseite, ein Fax-Antwortformular, eine Antwortkarte oder Gutscheine. Wenn der Kunde reagiert, wird so viel Kontaktinformation wie möglich über die Person gespeichert, sodass man sie auch nach ihrer Reaktion kontaktieren kann.

Es gehört eine zeitnahe Nachbereitung in mehreren Schritten dazu. Im Austausch für die Kundendaten werden wertvolle Beratung und Informationen zum Problem des Kunden angeboten. Die Information sollte ein zweites, »unwiderstehliches Angebot« mit sich bringen – geknüpft an den nächsten Schritt, den Sie den Kunden machen lassen wollen, wie einen Gesprächstermin zu vereinbaren oder den Verkaufsraum oder Laden zu besuchen. Dann folgen eine Reihe Nachverfolgungskontakte über verschiedene Medien wie Post, E-Mail, Fax oder Telefon. Oft ist das Angebot nur begrenzte Zeit gültig oder solange der Vorrat reicht.

Dazu gehört auch die Nachverfolgung zur Aufrechterhaltung der Kontakte zu potenziellen Kunden, die noch nicht reagiert haben. Menschen, die innerhalb der kurzfristigen Nachverfolgungsphase nicht reagieren, haben vielleicht vielfache Gründe dafür, dass sie nicht sofort zu Kunden wurden.

Dieser Vorrat an langsam heranreifenden Kunden birgt einigen Wert. Die potenziellen Kunden sollten gepflegt werden und weiterhin regelmäßig von Ihnen hören.

Direct-Response-Marketing ist ein sehr weitreichendes Thema mit vielen verschiedenen Facetten. Der Marketingplan auf einer Seite ist ein Tool, das Ihnen hilft, Direct-Response-Marketing in Ihrem Unternehmen zu implementieren, ohne dass Sie Jahre damit verbringen müssen, sich zum Experten zu machen.

Er ist ein Leitfaden, der Ihnen hilft, schnell und leicht die zentralen Bausteine einer Direct-Response-Marketing-Kampagne für Ihr Unternehmen zu schaffen.

Der Marketingplan auf einer Seite

Das Formblatt für den Marketingplan auf einer Seite ist so angelegt, dass Sie es stichpunktartig ausfüllen können, während Sie dieses Buch lesen, und am Ende dann einen personalisierten Marketingplan für Ihr Unternehmen haben. Und so sieht ein noch nicht ausgefülltes Formblatt des Marketingplans aus:

Mein Marketingplan auf einer Seite

Vorher (potenzieller Kunde)	1. Mein Zielmarkt	2. Meine Botschaft an meinen Zielmarkt	3. Medien, die ich nutzen will, um meinen Zielmarkt zu erreichen
Währenddessen (Lead)	4. Mein System zur Speicherung von Leads	5. Mein System zur Lead-Pflege	6. Meine Strategie zum Verkaufsabschluss
Danach (Kunde)	7. Wie ich eine Spitzenklasse-Erfahrung abliefere	8. Wie ich den Customer-Lifetime-Value erhöhe	9. Wie ich Empfehlungen organisiere und fördere

Es gibt neun Felder, die sich auf die drei Hauptphasen des Marketingprozesses aufteilen. Die meisten großen Theaterstücke, Filme und Bücher folgen einer Struktur aus drei Akten und so ist es auch bei einem guten Marketing. Sehen wir uns diese drei »Akte« nun einmal an.

Sie finden den ***Marketingplan auf einer Seite*** zum Downloaden hier:

Die drei Phasen auf dem Marketingweg

Der Marketingprozess ist ein Weg, auf den wir unseren idealen Markt leiten wollen. Wir wollen die Kunden von dem Punkt, an dem sie gar nicht wissen, dass wir existieren, an den Punkt führen, an dem sie begeisterte Kunden sind.

Auf diesem Weg gibt es drei verschiedene Phasen, durch die wir die Kunden leiten. Diese Phasen in Ihrem Marketingprozess sind **Vorher, Währenddessen** und **Danach**[2]. Es folgt ein kurzer Überblick über jede dieser Phasen.

Vorher

Menschen, die gerade die »Vorher«-Phase durchlaufen, nennen wir **potenzielle Kunden**. Zu Beginn der »Vorher«-Phase wissen die

[2] Dean Jackson ist eine Legende des Direct-Response-Marketings, und er entwickelte das Konzept des »Vorher, Währenddessen und Danach«.

potenziellen Kunden im Allgemeinen nicht einmal, dass es Sie gibt. Wenn diese Phase erfolgreich verläuft, ist das Ergebnis, dass der potenzielle Kunde weiß, wer Sie sind, und Interesse zeigt.

Beispiel: Tom ist ein vielbeschäftigter Eigentümer eines Unternehmens und ist frustriert, dass er die Kontakte in seinem Laptop und seinem Smartphone nicht synchronisieren kann. Er sucht im Internet nach einer Lösung und stößt auf eine Werbeanzeige mit der Überschrift: »Fünf wenig bekannte Strategien, mit denen Sie das volle Potenzial Ihres Unternehmens-IT-Systems nutzen.« Tom klickt auf die Anzeige und wird zu einem Onlineformular weitergeleitet, wo er seine E-Mail-Adresse eingeben muss, um sich eine kostenlose Infobroschüre herunterzuladen. Tom findet es nützlich, was die Broschüre bietet, also gibt er seine E-Mail-Adresse ein.

Währenddessen

Menschen, die die Phase »Währenddessen« durchlaufen, bezeichnen wir als **Leads**. Zu Beginn dieser Phase haben Leads Interesse an Ihrem Angebot gezeigt. Der erfolgreiche Abschluss dieser Phase führt dazu, dass der potenzielle Kunde zum ersten Mal bei Ihnen kauft.

Beispiel: Die Infobroschüre, die Tom heruntergeladen hatte, enthielt für ihn viel Nützliches. Es standen darin einige wirklich gute Tipps, die er noch nie zuvor gehört hatte, und deren Implementierung hat ihm eine Menge Zeit gespart. Außerdem hat die IT-Firma, die die Broschüre geschrieben hat, ihm per E-Mail noch weitere Tipps und Informationen und Angebote geschickt, und sie bieten ihm ein kostenloses IT-Audit über 21 Punkte für sein Unternehmen an. Tom nimmt dieses Angebot an. Das Audit ist umfangreich und professionell, und es vermittelt Tom, dass seine IT-Systeme anfällig sind, weil ein Großteil der Software auf seinen Computern veraltet ist. Außerdem funktionieren die Back-ups, von denen er dachte, dass sie ständig laufen, seit sechs Monaten nicht mehr. Die Firma bietet an, einen Techniker zu schicken, der sämtliche Probleme, die bei dem Audit festgestellt wurden, behebt, und zwar zu einem stark reduzierten Preis. Tom nimmt das Angebot an.

Danach

Menschen in dieser Phase bezeichnen wir als **Kunden**[3]. Zu Beginn der »Danach«-Phase haben Ihnen die Kunden bereits einmal Geld gezahlt. Diese Phase endet nie und führt, wenn sie korrekt ausgeführt wird, zu einem positiven Kreislauf, bei dem der Kunde immer wieder bei Ihnen kauft und so ein Fan Ihrer Produkte oder Services ist, dass er Sie stets weiterempfiehlt und neuen potenziellen Kunden vorstellt.

Beispiel: Tom ist sehr beeindruckt von der Professionalität des Technikers, der zu ihm kam und seine IT-Probleme behob. Der Techniker war pünktlich, höflich und erklärte Tom alles in gut verständlicher Sprache. Was auch wichtig ist: Er hält sich an das Versprechen der Firma, »Beim ersten Mal behoben oder es kostet nichts«. Am nächsten Tag erhält Tom einen Anruf von der Zentrale der Firma, der nachfragt, ob er mit dem geleisteten Service zufrieden sei. Tom gibt an, dass er sehr zufrieden sei. Im Verlauf dieses Nachfragegesprächs bietet man Tom ein Instandhaltungspaket an, bei dem ein qualifizierter Techniker für ein festes monatliches Honorar seine IT-Systeme überprüft. Mit dabei ist auch ein unbegrenzter technischer Support, sodass Tom jedes Mal, wenn er nicht weiterkommt, eine kostenlose Nummer wählen kann und sofort Hilfe bekommt. Tom nimmt dieses Angebot an. Allein schon die Supportline ist für ihn ein riesiger Vorteil, da er sehr oft frustriert ist über sein IT-System und produktive Zeit verliert, weil er versucht, eine Lösung zu finden. Tom empfiehlt die Firma sogar drei seiner Geschäftsfreunde von seinem Golfclub wegen des großartigen Service, den er von ihnen bekommen hat.

---

[3] Wir verwenden den Begriff »Kunde« als allgemeine Bezeichnung für Menschen, die Ihnen Geld bezahlen. Je nachdem, in welcher Branche Sie tätig sind, kann dieser Begriff für »Kunde«, »Klient« oder »Patient« stehen.

Wenn wir zusammenfassend die drei Phasen in Tabellenform darstellen, sieht es so aus:

PHASE	STATUS	ZIEL DER PHASE
Vorher	potenzieller Kunde	Sorgen Sie dafür, dass er Sie **kennenlernt** und Interesse bekundet
Währenddessen	Lead	Sorgen Sie dafür, dass er Sie **mag** und zum ersten Mal bei Ihnen kauft
Danach	Kunde	Sorgen Sie dafür, dass er Ihnen **vertraut**, regelmäßig bei Ihnen kauft und Sie weiterempfiehlt

Nun, da wir einen guten Überblick über die Grobstruktur haben, ist es Zeit, tiefer einzutauchen und uns jedes der neun Felder näher anzusehen, aus denen Ihr Marketingplan auf einer Seite besteht.

Wichtig:

Laden Sie sich Ihren ***Marketingplan auf einer Seite*** hier herunter:

I. Akt:

DIE »VORHER«-PHASE

Die »Vorher«-Phase – Vorschau

In der »Vorher«-Phase haben wir es mit potenziellen Kunden zu tun. Potenzielle Kunden sind Menschen, die vielleicht gar nicht wissen, dass es Sie gibt. In dieser Phase identifizieren Sie Ihren Zielmarkt, formulieren eine attraktive Botschaft für diesen Zielmarkt und vermitteln diesem Ihre Botschaft durch Werbemedien.

Ziel dieser Phase ist es, den potenziellen Kunden so weit zu bringen, dass er Sie **kennenlernt** und auf Ihre Botschaft reagiert. Hat er einmal durch seine Reaktion Interesse bekundet, wird er zum Lead und tritt in die zweite Phase Ihres Marketingprozesses ein.

1

WIE SIE IHREN ZIELMARKT FINDEN

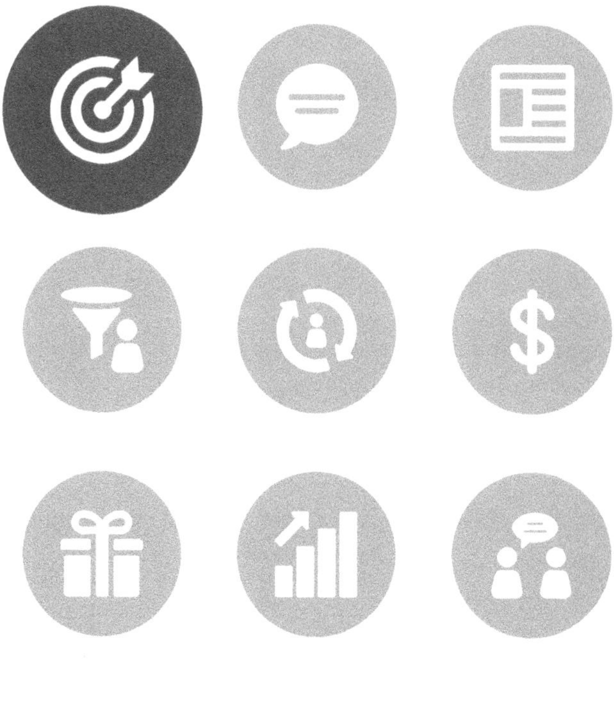

Kapitel 1 – Vorschau

Ihren Zielmarkt zu finden ist ein wesentlicher erster Schritt im Marketingprozess. Damit sorgen Sie dafür, dass Ihre Marketingbotschaft besser hängen bleibt, was Ihr Marketing wiederum viel effektiver macht. Indem Sie sich auf den richtigen Zielmarkt für Ihr Unternehmen fokussieren, setzen Sie die Zeit, das Geld und die Energie, die Sie investieren, effektiver ein.

Die Kernpunkte in diesem Kapitel sind:

- Warum es eine ganz schlechte Idee ist, alle und jeden mit Ihrem Produkt oder Service anzuvisieren.
- Warum Massenmarketing Ihrem Unternehmen schaden kann und Sie weit mehr kosten kann, als es Ihnen bringt.
- Wie man den »PVP-Index« nutzt, um den perfekten Zielmarkt zu finden.
- Warum Sie sich auf eine Nische fokussieren und ein großer Fisch in einem kleinen Teich werden sollten.
- Wie man den Preis zur Nebensache macht.
- Warum Sie aufhören sollten, mit langen Listen von Produkten und Serviceleistungen zu werben.
- Wie Sie sich in Ihren potenziellen Kunden hineinversetzen, damit Sie genau verstehen, was er will.

Wie Sie Ihren Zielmarkt finden

Jeder bedeutet niemand

WENN ICH UNTERNEHMER FRAGE, wer ihr Zielmarkt ist, würden viele gern antworten: »Jeder.« In Wahrheit bedeutet dies aber niemand. In ihrem Eifer, so viele Kunden wie möglich zu akquirieren, versuchen viele Unternehmer, ihren Zielmarkt so weit wie möglich zu fassen.

Auf den ersten Blick scheint das logisch. Es ist jedoch ein ganz großer Irrtum. Viele Unternehmer sind beunruhigt, wenn sie ihren Zielmarkt eingrenzen sollen, weil sie keine potenziellen Kunden ausschließen wollen.

Das ist ein typischer Marketing-Anfängerfehler. In diesem Kapitel werden wir untersuchen, warum es eigentlich gut ist, Kunden auszuschließen.

Wie wir in der Einleitung geschildert haben, fällt die Werbung der meisten großen Unternehmen unter die Kategorie Massenmarketing, manchmal auch »Branding« genannt. Bei diesem Marketing geht es Unternehmern wie einem Bogenschützen im dichten Nebel, der in jede Richtung Pfeile schießt, in der Hoffnung, dass einer oder mehrere das angestrebte Ziel schon treffen werden.

Die Theorie hinter dem Massenmarketing ist, dass man »seinen Namen nach außen tragen« will. Ich weiß nicht so genau, wo dieses »Außen« ist oder was passieren soll, wenn Ihr Name dorthin getragen wird. Jedenfalls lautet die Theorie, dass Sie, wenn Sie Ihre Botschaft nur oft genug verbreiten, irgendwann auf ein Publikum stoßen werden, in dem sich Ihre potenziellen Kunden befinden, und ein paar Prozent davon bei Ihnen kaufen werden.

Wenn sich das für Sie sehr stark nach unserem orientierungslosen Bogenschützen anhört, der im Nebel herumstochert, seine Pfeile in jede beliebige Richtung schießt und auf das Beste hofft, dann haben Sie recht. Aber Sie denken vielleicht: Wenn er nur genügend Pfeile in alle Richtungen abschießt, wird er doch sicher irgendwann sein Ziel treffen. Oder? Kann schon sein, aber zumindest für kleine bis mittlere Unternehmen ist dies kein besonders kluges Marketing, denn sie werden niemals genügend Pfeile (also Geld) haben, um ihr Ziel oft genug zu treffen, sodass sie genügend Gewinn aus ihrer Investition ziehen.

Für ein erfolgreiches Marketing bei kleinen Unternehmen brauchen Sie einen Fokus wie ein Laserstrahl auf einen eng gefassten Zielmarkt, der auch manchmal Nische genannt wird.

Nischen – die Macht der Fokussierung

Bevor wir weitermachen, wollen wir zunächst definieren, was eine Geschäftsnische ist.

Eine Nische ist ein eng abgegrenzter Teil einer Unterkategorie. Denken Sie zum Beispiel mal an die Gesundheits- und Kosmetikbranche. Das ist eine sehr breit angelegte Kategorie. Ein Kosmetiksalon kann eine große Bandbreite an Dienstleistungen anbieten, wie Bräunung, Waxing, Gesichtsbehandlung, Massagen, Zellulite-Behandlungen und vieles mehr. Wenn wir zum Beispiel eine dieser Unterkategorien nehmen – sagen wir, Zellulite-Behandlungen – könnte das unsere Nische sein. Wir könnten diese jedoch noch weiter eingrenzen, indem wir uns auf Zellulite-Behandlungen für Frauen nach der Geburt konzentrieren. Das ist eine eng abgegrenzte Nische. Sie denken jetzt vielleicht, warum um alles in der Welt sollten wir unseren Markt so stark einschränken wollen? Aus folgenden Gründen:

1. Sie haben ein begrenztes Budget zur Verfügung. Wenn Ihr Fokus zu breit gestreut ist, wird Ihre Marketingbotschaft verwässert und geschwächt.

2. Der andere entscheidende Faktor ist Relevanz. Das Ziel Ihrer Werbung ist, dass Ihre potenziellen Kunden sagen: »Oh, das ist ja genau das Richtige für mich.«

Wenn Sie eine Frau wären, die gerade ein Kind bekommen hat und sich Sorgen über Zellulite macht, würde dann eine Werbeanzeige, die genau dieses Problem anvisiert, Ihr Interesse wecken? Ziemlich sicher. Und wenn es eine allgemeine Werbeanzeige für einen Kosmetiksalon wäre, die eine lange Liste von Dienstleistungen abspult, wobei eines davon Zellulite-Behandlung ist? Es würde wahrscheinlich in den vielen Angeboten untergehen.

Eine 100-Watt-Glühbirne, so eine, wie wir sie normalerweise zu Hause haben, macht ein Zimmer hell. Ein 100-Watt-Laser dagegen kann Stahl durchschneiden. Gleiche Energie, dramatisch anderes Ergebnis. Der Unterschied liegt darin, wie fokussiert die Energie ist. Genau das Gleiche gilt auch für Ihr Marketing.

Nehmen wir ein anderes Beispiel, einen Fotografen. Wenn Sie sich die Anzeigen der meisten Fotografen ansehen, stoßen Sie oft auf eine lange Liste, die in etwa so aussieht:

- Porträts
- Hochzeiten
- Familienfotografien
- Werbefotografie
- Modefotografie

Es mag sein, dass die Technik des Fotografierens von der einen Situation zur anderen sich nicht groß unterscheidet, aber lassen Sie mich nur eine Frage stellen. Glauben Sie nicht, dass jemand, der nach einem Fotografen für eine Hochzeit sucht, auf eine andere Anzeige reagieren würde als jemand, der einen Fotografen für eine Werbeanzeige sucht?

Glauben Sie nicht, dass eine zukünftige Braut, die einen Fotografen für ihren besonderen Tag sucht, vielleicht jemand völlig anderen sucht als ein Vertriebsmanager aus der Schwermaschinen-Industrie, der für eine Broschüre ein Foto von einem Lastwagen braucht? Natürlich.

Wenn die Werbeanzeige jedoch einfach nur eine lange Liste von Dienstleistungen abspult, spricht sie keinen der potenziellen Kunden an, und deshalb ist sie nicht relevant und wird wahrscheinlich von beiden Marktsegmenten ignoriert.

Und genau deshalb müssen Sie sich einen eng eingegrenzten Zielmarkt für Ihre Marketingkampagne suchen.

Wer alles für alle sein will, wird mit seinem Marketing scheitern. Das heißt nicht, dass Sie kein breit gefächertes Serviceangebot haben können, aber Sie müssen verstehen, dass jede Servicekategorie eine eigene Kampagne braucht.

Wenn Sie eine eng eingegrenzte Nische anvisieren, ermöglicht Ihnen das, ein großer Fisch in einem kleinen Teich zu werden. Es ermöglich Ihnen, eine Kategorie oder ein geografisches Gebiet auf eine Weise zu dominieren, wie es niemals möglich wäre, wenn Sie alle ansprechen würden.

Die Nischen, die Sie suchen müssen, sind »einen Zentimeter breit und einen Kilometer tief«. Einen Zentimeter breit bedeutet, es ist ein sehr stark eingegrenztes Untersegment einer Kategorie. Einen Kilometer tief bedeutet, es gibt eine Menge Leute, die nach einer Lösung für genau dieses Problem suchen. Wenn Sie einmal eine Nische dominieren, können Sie Ihr Unternehmen erweitern, indem Sie sich eine weitere profitable und eng eingegrenzte Nische suchen, und diese dann wieder dominieren.

Jetzt können Sie sämtliche Vorteile genießen, die es mit sich bringt, wenn man einen eng eingegrenzten Zielmarkt hat, ohne dass Sie die potenzielle Größe Ihres Unternehmens beschränken müssen.

Die Nische macht den Preis zur Nebensache

Wenn Sie einen Herzinfarkt hätten, würden Sie dann lieber von einem Allgemeinarzt oder einem Kardiologen behandelt werden? Natürlich würden Sie den Spezialisten wählen. Und wenn Sie sich von einem Kardiologen untersuchen lassen, erwarten Sie dann, dass das mehr kostet als beim Allgemeinarzt? Natürlich.

Die Rechnung vom Spezialisten wäre wahrscheinlich wesentlich höher als die vom Allgemeinarzt und doch achten Sie hier nicht auf den Preis.

Wie kommt es, dass der Preis plötzlich Nebensache ist? Das ist das Schöne daran, in einer Nische zu arbeiten. Ob Sie nun Kardiologie oder Zellulite-Behandlung anbieten, Sie können jetzt wesentlich mehr für Ihre Leistungen verlangen, als wenn Sie kein Spezialist wären. Sie werden von Ihren potenziellen und tatsächlichen Kunden anders wahrgenommen. Einen Spezialisten sucht man sich und achtet dabei nicht auf den Preis. Ein Spezialist ist viel höher geachtet als einer, der alles anbietet. Ein Spezialist wird sehr gut bezahlt, damit er ein bestimmtes Problem für seinen Zielmarkt löst.

Finden Sie also heraus, wofür Ihr Markt eine Lösung braucht, etwas, wofür man Sie sehr gut bezahlen wird. Lassen Sie dann ins Gespräch einfließen, was den Kunden im Kopf herumgeht, am besten etwas, worüber sie sich Sorgen machen, wenn sie zu Bett gehen, und was ihr erster Gedanke ist, wenn sie aufwachen. Wenn Sie das tun, werden sich Ihre Ergebnisse dramatisch verbessern.

Wenn Sie versuchen, jeden anzusprechen, bedeutet das, dass Sie niemanden anvisieren. Wenn Sie zu breit angelegt sind, zerstören Sie das, was an Ihnen »speziell« ist, und werden zur Massenware, bei der man auf den Preis achtet. Wenn Sie einen eng umrissenen Zielmarkt festlegen, den Sie begeistern und dem Sie wichtige Lösungen bieten können, werden Sie zum Spezialisten.

Wenn Sie Ihren Zielmarkt eingrenzen, müssen Sie natürlich auch entscheiden, wen Sie ausschließen. Unterschätzen Sie nicht, wie wichtig das ist. Es macht vielen Eigentümern kleiner Unternehmen Angst, potenzielle Kunden auszuschließen. Sie glauben fälschlicherweise, dass ein weitmaschigeres Netz mehr Kunden einfängt. Das ist ein Riesenfehler. Erobern Sie eine Nische, und wenn Sie sie beherrschen, tun Sie das Gleiche mit einer weiteren und dann einer weiteren. Aber tun

Sie das nie mit allen auf einmal. Wenn Sie das tun, verwässern Sie Ihre Botschaft und schwächen Ihr Marketing.

Wie Sie Ihren idealen Kunden finden

Da Sie nun gesehen haben, was für eine starke Wirkung es haben kann, sich für einen eng eingegrenzten Markt zu entscheiden, ist es Zeit, dass Sie Ihren Markt auswählen. Wie die meisten Unternehmen kann es sein, dass Sie aktuell mehrere Marktsegmente bedienen. Zum Beispiel, wenn wir zu unserem Freund, dem Fotografen zurückkehren, könnte er anbieten:

- Hochzeiten
- Unternehmensfotografie
- Fotojournalismus
- Familienporträts

Das sind sehr unterschiedliche Marktsegmente. Um Ihren idealen Markt zu finden, ist der PVP-Index[4] (**P**ersonal fulfillment, **V**alue to the marketplace, **P**rofitability, Deutsch: Persönliche Erfüllung, Marktwert, Profitabilität) eine großartige Methode, mit deren Hilfe Sie jedem Marktsegment, das Sie bedienen, eine Bewertung zwischen 1 und 10 geben.

P – Personal fulfillment/Persönliche Erfüllung: Wie gerne gehen Sie mit diesem Kundentyp um? Manchmal arbeiten wir mit Kunden, die uns eigentlich »gegen den Strich« gehen, nur wegen des Geldes. Hier bewerten Sie, wie gerne Sie in diesem Marktsegment arbeiten.

V – Value to the market/Marktwert: Welcher Wert wird Ihrer Arbeit in diesem Markt beigemessen? Ist man dort bereit, Ihnen für Ihre Arbeit einen hohen Preis zu zahlen?

---

[4] Das PVP-Prinzip habe ich schamlos von Frank Kern gestohlen.

P – Profitability/Profitabilität: Wie profitabel ist die Arbeit, die Sie für dieses Marktsegment erledigen? Manchmal macht man, auch wenn man für seine Arbeit einen hohen Preis verlangt, dennoch kaum Gewinne oder sogar Verluste, wenn man sich die Zahlen ansieht. Denken Sie dran: **Es geht nicht um den »Turnover«, sondern darum, was unterm Strich übrig bleibt.**

Für unseren Fotografen aus dem Beispiel könnte der PVP-Index folgendermaßen aussehen:

Hochzeiten Persönliche Erfüllung = 5 Marktwert = 7 Gewinn = 9 Gesamtpunktzahl: 21	**Fotojournalismus** Persönliche Erfüllung = 9 Marktwert = 7 Gewinn = 2 Gesamtpunktzahl: 18
Unternehmensfotografie Persönliche Erfüllung = 3 Marktwert = 6 Gewinn = 9 Gesamtpunktzahl: 18	**Familienporträts** Persönliche Erfüllung = 9 Marktwert = 8 Gewinn = 9 Gesamtpunktzahl: 26

Die **idealen** Kunden für den Fotografen sind Menschen, die Familienporträts wollen. Sie sind die Kunden, die am meisten Spaß und den meisten Gewinn bringen, bei denen er den höchsten Marktwert hat und die am besten zahlen. Und es ist sehr wahrscheinlich, dass Sie in diesem Marktsegment führend sind.

Das heißt nicht, dass Sie keine Arbeit außerhalb Ihres idealen Zielmarkts annehmen können; doch vorerst konzentrieren sich unsere Marketingmaßnahmen auf das eine, ideale Marktsegment. Wir wollen fokussiert sein wie ein Laserstrahl. Wenn wir einmal dieses Marktsegment beherrschen, können wir uns erweitern und andere Segmente hinzufügen. Wenn wir gleich zu Beginn zu breit aufgestellt sind und eine lange Liste von Marktsegmenten anvisieren, werden unsere Marketingmaßnahmen wirkungslos sein.

Wer gehört zu Ihrem idealen Zielmarkt? Sammeln Sie möglichst detailgenau die Eigenschaften, die relevant sein könnten. Welches Geschlecht haben die Leute in der Zielgruppe, wie alt sind sie, wo wohnen sie?

Haben Sie ein Bild von ihnen? Wenn ja, schneiden Sie es aus oder drucken Sie sich ein Bild von ihnen aus, bevor Sie über die folgenden Fragen nachdenken und sie beantworten:

- Was hält sie nachts wach, wenn sie Sodbrennen haben und mit offenen Augen an die Decke starren?
- Wovor haben sie Angst?
- Was macht sie wütend?
- Auf wen sind sie wütend?
- Was sind ihre täglichen Frustrationen?
- Welchen Trends folgen sie im Leben, die sich auch in ihren Unternehmen widerspiegeln werden?
- Was wünschen sie sich insgeheim und brennend am meisten?
- Folgen sie in ihren Entscheidungen bestimmten Neigungen? Zum Beispiel gehen Ingenieure besonders analytisch vor.
- Haben sie eine eigene Fachsprache oder einen Jargon?
- Welche Zeitschriften lesen sie?
- Welche Webseiten besuchen sie?
- Wie sieht ihr Alltag aus?
- Welches Gefühl herrscht bei den Kunden in diesem Markt vor?
- Was ist die EINE Sache, die sie vor allem anderen anstreben?

Diese Fragen sind keine graue Theorie und sie sind nicht aus der Luft gegriffen. Sie sind der Schlüssel für Ihren Marketingerfolg. Wenn Sie sich nicht in Ihren potenziellen Kunden hineinversetzen können, werden all Ihre Marketingmaßnahmen vergeblich sein – egal wie gut Sie sie ausführen.

Wenn Sie nicht zu Ihrem Zielmarkt gehören, sollte ein Großteil Ihrer ersten Marketingmaßnahmen einer vertieften Recherche gelten, in Form von Interviews und einer sorgfältigen Studie Ihres Zielmarktes.

Erschaffen Sie einen Avatar

Eine der besten Methoden, um sich in Ihren potenziellen Kunden zu versetzen, ist, sich vorübergehend in **ihn zu verwandeln**, indem Sie einen Avatar erschaffen. Keine Sorge, ich werde Ihnen jetzt keinen Humbug aufschwätzen.

Ein Avatar ist eine Beschreibung Ihres Zielkunden und seines Lebens aufgrund detaillierter Recherche. Genau wie ein Profiler bei der Polizei setzen Sie die Teile zusammen und machen sich so ein lebendiges Bild von ihm. Das ist hilfreich, um sich seine Geschichte zu erzählen, sodass Sie das Leben aus seiner Perspektive betrachten können.

Es ist ebenso wichtig, solche Avatare für jeden Typ Entscheidungsträger oder jede einflussreiche Person zu erschaffen, auf die Sie in Ihrem Zielmarkt treffen könnten. Zum Beispiel, wenn Sie IT-Serviceleistungen an kleine Unternehmen in der Finanzberatungsbranche verkaufen, könnten Sie mit dem Unternehmer und dessen Assistenten zu tun haben.

Hier ein Beispiel mit Avataren für Max Cash, den Eigentümer einer erfolgreichen Finanzplanungsfirma, und seine persönliche Assistentin, Angela Assistant.

Max Cash:

- Max ist 51 Jahre alt.
- Er ist Eigentümer einer erfolgreichen Finanzplanungsfirma, die sich über die letzten zehn Jahre ständig vergrößert hat. Davor hatte er bei KPMG und einigen anderen großen Unternehmen gearbeitet, bevor er sich selbstständig machte.
- Er besitzt einen Bachelor- und einen MBA-Abschluss.
- Er ist verheiratet und hat zwei Töchter im jugendlichen Alter sowie einen jüngeren Sohn.
- Er wohnt seit vier Jahren in einer Vorstadtsiedlung der oberen Mittelklasse in einem Haus mit fünf Schlafzimmern. Er fährt einen zwei Jahre alten Mercedes S-Klasse.

- Er hat 18 Angestellte und arbeitet in einem Bürogebäude, das ihm gehört. Sein Büro liegt 15 Autominuten von seinem Zuhause entfernt.
- Das Unternehmen hat einen Jahresumsatz von 4,5 Millionen Dollar, der vor allem aus Serviceleistungen generiert wird.
- Er hat keinen IT-Berater unter seinen Angestellten und delegiert die meisten Aufgaben in IT und Technik an seine PA, Angela Assistant.
- Er gibt etwa 4000 Dollar monatlich für die verschiedenen Software-Bausteine aus, die in seiner Branche angewandt werden und ihm Zugang zu den meisten aktuellen Finanzdaten verschaffen. Er weiß, dass die Software ihm und seinen Klienten nützt, aber er weiß auch, dass es darin noch viele Anwendungen gibt, die von ihm nicht genutzt werden.
- Sein Büroserver und die Bürosysteme sind ein Sammelsurium aus verschiedenen Computern, die meist von seinen Softwarehändlern installiert wurden und die seit ihrer Installation nur wenig gewartet wurden. Die Back-up-Systeme sind uralt und wurden noch nie richtig überprüft.
- Er ist ein Golfnarr. Sein Büro ist voller Golftrophäen. Überall hängen und stehen Fotos von ihm beim Golfspielen. Der Desktophintergrund auf seinem Computer ist ein wunderschönes Panoramafoto des Golfplatzes Pebble Beach.
- In seiner Freizeit spielt er – was nicht überrascht – gerne Golf mit seinen Freunden und Geschäftspartnern.
- Er liest das *Wall Street Journal*, die *Bloomberg Business Week* und die Lokalzeitung seines Heimatortes.
- Er hat ein iPhone, das er aber vor allem für Telefonate und ab und zu für E-Mails nutzt.

Sehen Sie jetzt, welche wertvollen Einblicke wir so darüber gewinnen, wie das Leben unseres potenziellen Kunden aussieht? Werfen wir jetzt einen Blick auf den Avatar einer anderen einflussreichen Person in unserem Zielmarkt:

Angela Assistant:

- Angela ist 29 Jahre alt.
- Sie ist Single und wohnt in einem gemieteten Zwei-Zimmer-Apartment mit ihrer Katze Sprinkles. Sie fährt mit öffentlichen Verkehrsmitteln zur Arbeit und braucht zum Pendeln täglich etwa 30 Minuten.
- Angela ist gut organisiert, immer adrett gekleidet und sehr engagiert.
- Angela ist seit drei Jahren Max' PA, denn damals wuchs das Unternehmen plötzlich sehr schnell. Sie ist der Klebstoff, der Max' Unternehmen zusammenhält, und sie macht ein bisschen von allem, vom Bestellen des Büromaterials bis hin zu IT und HR.
- Auch wenn ihr offizieller Titel PA ist, ist sie mehr als das. Sie ist die eigentliche Büromanagerin und wahrscheinlich sogar bis zu einem gewissen Grad Geschäftsführerin. Zu ihr kommen die Mitarbeiter, wenn es ein Problem gibt, wenn etwas bestellt oder organisiert werden muss.
- Sie kennt sich mit Technik zwar ganz gut aus, ist aber wirklich überfordert, wenn es um die eher technischen und strategischen Aspekte von IT-Systemen geht.
- Nach der Arbeit geht sie meist noch ins Fitnessstudio zum Workout und sieht sich gerne neue Sendungen auf Netflix an. Am Wochenende trifft sie sich mit Freunden und genießt das Nachtleben.
- Sie verbringt viel Zeit damit, im Internet Kosmetik-, Mode- und Promiklatsch-Blogs zu lesen.
- Angela gibt den größten Teil ihres verfügbaren Einkommens für Ausgehen, Unterhaltung und Online-Shopping aus, wobei Letzteres bei ihr fast schon eine Sucht ist. Obwohl Angela ganz gut bezahlt wird, ist sie ständig knapp bei Kasse, was dazu geführt hat, dass sie etwa 10.000 Euro Kreditkarten-Schulden hat. Sie weiß, sie muss das mit dem Geld besser in den Griff bekommen, aber irgendwie gibt es immer zu viele Versuchungen, denen sie nicht widerstehen kann.

- Sie starrt ständig auf ihr Smartphone, schreibt permanent und benutzt die Apps der sozialen Medien.

Um noch einen Schritt weiterzugehen, suchen Sie sich ein Bild aus, um Ihren Avatar sichtbar zu machen, und sorgen Sie dafür, dass Sie es sehen, wenn Sie für ihn Marketingmaßnahmen entwerfen.

Ich hoffe, Sie haben nun erkannt, wie wirkungsvoll Avatare sind. Sie sind das Marketing-Gegenstück zur Schauspielmethode des Method Acting. Sie versetzen Sie direkt in den Kopf Ihres potenziellen Kunden und diese Perspektive ist absolut entscheidend, wenn es darum geht, die Botschaft für Ihren Zielmarkt zu formulieren.

Kapitel 1 Aktionspunkt:

Wer ist Ihr Zielmarkt?
Füllen Sie Feld #1 in Ihrem ***Marketingplan auf einer Seite*** aus.

2

WIE SIE IHRE BOTSCHAFT GESTALTEN

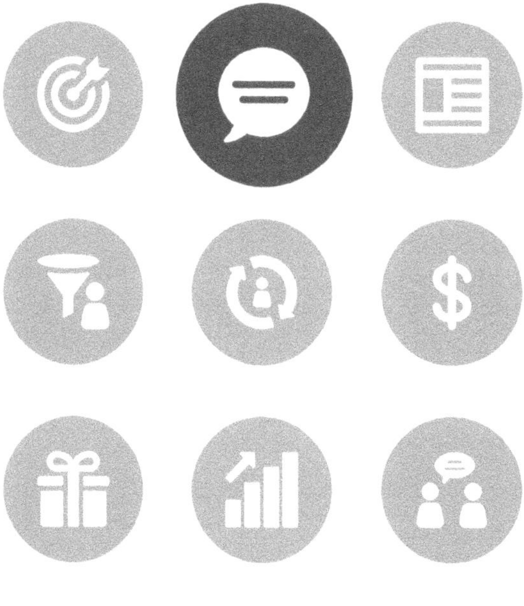

Kapitel 2 – Vorschau

Die meisten Marketingbotschaften sind langweilig, zu schwach und wirkungslos. Um sich von der Masse abzuheben, müssen Sie Ihre Botschaft so gestalten, dass sie attraktiv ist und die Aufmerksamkeit Ihres Zielmarktes auf sich zieht. Haben Sie diese Aufmerksamkeit einmal gewonnen, ist es das Ziel Ihrer Botschaft, Ihre Zielgruppe so zu überzeugen, dass sie darauf reagiert.

Die Kernpunkte in diesem Kapitel sind:

- Warum die meiste Werbung total nutzlos ist, und was man stattdessen tun kann.
- Wie Sie sich von der Masse abheben, selbst wenn Sie ein Massenprodukt verkaufen.
- Warum Sie niemals allein über den Preis konkurrieren sollten.
- Wie Sie ein attraktives Angebot für Ihren Zielmarkt gestalten.
- Einige Beispiele der erfolgreichsten Werbeslogans der Geschichte.
- Wie Sie in den Kopf Ihres potenziellen Kunden kommen und sich in die Selbstgespräche, die dort stattfinden, einbringen.
- Wie Sie Ihrem Unternehmen, Ihrem Produkt oder Ihrer Dienstleistung einen wirkungsvollen Namen geben.

Wie Sie Ihre Botschaft gestalten

Warten auf den glücklichen Zufall

ICH HABE SEHR VIEL ZEIT damit verbracht, mir unterschiedliche Arten lokaler und nationaler Medien anzusehen – aber nicht die Artikel, sondern die Werbung darin. Nachdem ich dies mehrere Jahre lang getan hatte, war ich, bis auf sehr wenige Ausnahmen, absolut erstaunt darüber, wie langweilig, austauschbar und nutzlos die meiste Werbung ist. Das Ausmaß der Verschwendung, die hier stattfindet, ist schwindelerregend. Hinausgeworfenes Geld und verpasste Chancen.

Man könnte den Aufbau der meisten Werbeanzeigen von kleinen Unternehmen zusammenfassend wie folgt beschreiben:

Unternehmensname
Unternehmenslogo
Eine lange Liste der angebotenen Dienstleistungen
Beteuerungen von bester Qualität, bestem Service oder besten Preisen
Ein »kostenloses Angebot«
Kontaktdaten

Im Grunde sind das Name, Dienstgrad und Dienstnummer. Und dann hoffen und beten sie, dass an genau dem Tag, an dem die Werbeanzeige erscheint, ein potenzieller Kunde, der genau dieses Produkt oder diese Dienstleistung sofort braucht, über die Anzeige stolpert und in Aktion tritt. Das ist eine Vorgehensweise, die ich »Zufallsmarketing« nenne. Ein qualifizierter potenzieller Kunde, der genau zum richtigen

Zeitpunkt auf genau die richtige Anzeige stößt, resultiert manchmal in dem glücklichen Zufall, dass ein Verkauf stattfindet.

Wenn solche »Zufälle« nie passieren würden, würde niemand je Werbeanzeigen schalten. Aber manchmal passiert es eben doch, dass ein zufälliger Verkauf oder Kundenkontakt durch diese Art Werbeanzeige zustande kommt. Das quält den Unternehmer furchtbar, denn obwohl er durch die Anzeige eigentlich unterm Strich Verlust macht, scheut er sich davor, sie nicht mehr zu schalten, weil hie und da eben doch ein neuer Geschäftskontakt dadurch zustande kam – und wer weiß, nächste Woche bringt sie vielleicht genau den fetten Auftrag, auf den er schon die ganze Zeit gehofft hat.

Das ist so, als würden diese Unternehmen am Glücksspielautomaten im Casino spielen. Sie stecken ihr Geld hinein, ziehen den Hebel und hoffen auf den Jackpot – aber meistens behält das Haus ihr Geld einfach ein. Hin und wieder bekommen sie ein paar Cents von ihrem Dollar zurück, und das macht ihnen wieder Hoffnung und ermutigt sie, weiterzumachen.

Es wird Zeit, das Marketing bewusst zu gestalten – indem man Werbung wie einen Verkaufsautomaten sieht, bei dem die Ergebnisse und der Mehrwert, die generiert werden, vorhersehbar sind, anders als bei einem Glücksspielautomaten, wo die Ergebnisse Zufall sind und die Chancen schlecht für Sie stehen.

Um mit einem bewusst gestalteten Marketing zu beginnen, müssen wir uns zwei zentrale Fragen stellen:

1. Was ist der Zweck Ihrer Anzeige?
2. Worauf fokussiert sich Ihre Anzeige?

Wenn ich Unternehmer frage, was der Zweck ihrer Anzeige ist, bekomme ich im Allgemeinen eine Liste, die etwa so aussieht:

- Branding
- Meinen Namen platzieren
- Die Leute über meine Produkte und Dienstleistungen informieren

- Verkaufen
- Die Leute dazu bringen, dass sie anrufen und ein Angebot einholen

Das sind alles sehr unterschiedliche Dinge, und man kann unmöglich alle davon mit einer Anzeige erreichen. Im typischen Stil der kleinen Unternehmen versuchen sie, maximalen Nutzen für ihr Geld zu bekommen. Aber indem sie zu viel hineinpacken, erreichen sie am Ende keines ihrer Ziele.

Meine Faustregel ist »eine Anzeige, ein Ziel«. Wenn irgendetwas in der Anzeige nicht diesem Ziel dient, lenkt es davon ab, und Sie sollten es weglassen. Das gilt auch für heilige Kühe wie Ihren Unternehmensnamen oder Ihr Logo. Werbeplatz ist wertvoll, und wenn diese Dinge den wertvollsten, zentralen Platz in Ihrer Anzeige einnehmen, lenken sie oft von Ihrer Botschaft ab, anstatt sie zu verstärken.

Anstatt zu versuchen, direkt über die Anzeige zu verkaufen, laden Sie die potenziellen Kunden einfach nur ein, sich zu melden und Interesse zu bekunden. Das senkt die Hemmschwelle herab und hilft Ihnen beim Aufbau einer Marketingdatenbank – und das ist einer der wertvollsten Schätze in Ihrem Unternehmen.

Sind Sie sich einmal über Ihr Ziel im Klaren, müssen Sie es Ihren Lesern kommunizieren. Was genau sollen sie als Nächstes tun? Sollen sie Sie auf der gebührenfreien Nummer anrufen, um eine Bestellung aufzugeben? Sollen sie Sie anrufen oder Ihre Webseite besuchen, um eine kostenlose Probe zu bekommen? Sollen sie eine kostenlose Infobroschüre anfordern? Sie müssen ganz klar formulieren, was jetzt zu tun ist – nicht so etwas Vages wie »Rufen Sie uns an – wir sind jederzeit gerne für Sie da«.

Sie sollten klar und deutlich machen, was Ihre potenziellen Kunden als Nächstes tun sollen und was sie dann als Gegenleistung bekommen. Bieten Sie auch mehrere Wege an, um in Aktion zu treten. Wenn Sie zum Beispiel wollen, dass man Ihr Produkt bestellt, bieten Sie die Möglichkeit an, es online zu bestellen, übers Telefon oder über einen per Post zugeschickten Coupon. Jeder Mensch hat andere Vorlieben, wie er gerne kommuniziert. Bieten Sie mehrere Möglichkeiten an, zu reagieren, sodass jeder wählen kann, was ihm am liebsten ist.

Waren Sie schon mal auf einer Party oder Versammlung und wurden neben jemanden platziert, der den ganzen Abend immer nur von sich selbst redet? Das ist sehr ermüdend. Sie erhalten mit Mühe ein halbherziges Lächeln aufrecht und nicken höflich, aber in Gedanken sind Sie ganz woanders, und das »Ausgang«-Schild blinkt immer verlockender.

Ganz ähnlich ist es mit der Werbung kleiner Unternehmen, meist ist sie auf sich selbst fokussiert. Anstatt die Bedürfnisse und Probleme ihrer potenziellen Kunden anzusprechen, ist sie ganz auf Selbstdarstellung fokussiert. Das Logo und der Unternehmensname prangen an zentraler Stelle, dann folgt die lange Liste der Angebote und die Beteuerung, der beste Hersteller dieses Produkts oder der Beste in dieser Dienstleistung zu sein. All das schreit nur: »Schau mich an!«

Leider befinden Sie sich in einem Markt, in dem es vor Unternehmen wimmelt, und wenn hier jeder zur gleichen Zeit schreit: »Schau mich an!«, wird es nur zum Hintergrundgeräusch. Im Gegensatz dazu fokussiert man beim Direct-Response-Marketing stark auf die Bedürfnisse, Gedanken und Emotionen des Zielmarktes. Dadurch finden Sie Zugang zu den Selbstgesprächen, die im Kopf Ihres idealen potenziellen Kunden bereits stattfinden. Sie werden Ihren potenziellen Kunden auf einer tieferen Ebene erwischen, und Ihre Anzeige wird sich von den 99 Prozent der anderen Anzeigen abheben, die nur über sich selbst reden.

Seien Sie nicht wie der Kerl auf der Party, der den ganzen Abend nur von sich selbst redet und gar nicht bemerkt, dass seine desinteressierten Zuhörer in Richtung Ausgang schielen. Und überlassen Sie nichts dem Zufall. Sie müssen ganz genau wissen, was Sie mit Ihrer Anzeige erreichen und welche Aktion Sie bei Ihrem potenziellen Kunden bewirken wollen.

Wie Sie eine Unique Selling Proposition entwickeln

Viele kleine Unternehmen haben keinen wirklichen Daseinsgrund. Nimmt man den Namen und das Logo von der Webseite oder von ihrem weiteren Marketingmaterial, man würde niemals wissen, wer sie sind. Sie könnten genauso gut jedes andere Unternehmen in ihrer Kategorie sein. Ihr Daseinsgrund ist zu überleben und dem Eigentümer – der normalerweise gerade so über die Runden kommt, oder möglicherweise nicht einmal das –, so viel einzubringen, dass er davon leben kann.

Aus Kundenperspektive gibt es keinen triftigen Grund, dort zu kaufen, und sie machen Umsätze, nur weil sie gerade da sind. Im Einzelhandel sieht man eine Menge dieser Geschäfte. Die einzigen Verkäufe, die sie tätigen, finden durch zufällige Laufkundschaft statt. Niemand kommt eigens zu ihnen. Niemand will unbedingt haben, was sie anbieten, und wenn es sie nicht gäbe, würde sie niemand vermissen. Hart, aber wahr.

Das Problem ist, dass diese Geschäfte auch wieder nur »Ich auch«-Geschäfte sind. Wie haben sie den Preis kalkuliert? Wie haben sie sich für ihr Produkt entschieden? Wie haben sie über das Marketing entschieden? Meist ist die Antwort, sie haben sich einfach nur angesehen, was ihr nächster Wettbewerber macht, und dann genau dasselbe gemacht oder es nur leicht abgewandelt. Verstehen Sie mich nicht falsch, es ist völlig in Ordnung, etwas nachzumachen, das bereits funktioniert. Es ist sogar ziemlich clever, das zu tun. Doch es ist sehr wahrscheinlich, dass die Wettbewerber, die sie nachahmen, im selben Boot sitzen – und ebenfalls damit zu kämpfen haben, Geschäfte zu machen ohne einen triftigen Grund, aus dem man bei ihnen kaufen sollte. Ihre wichtigsten Geschäftsentscheidungen wurden aufgrund von Annahmen getroffen und aufgrund dessen, was ihre mittelmäßigen Wettbewerber tun. Das ist, wie wenn Blinde andere Blinde führen.

Nachdem sie eine Zeitlang herumgekrebst haben – und gerade genug Geld verdient haben, um zu überleben, aber nicht genug, dass es gut läuft – beschließen viele dieser Geschäftsinhaber, »es mal mit Marketing zu versuchen«. Also fangen sie an, für ihr Ich-auch-Geschäft mit einer ebenso langweiligen Ich-auch-Botschaft zu werben. Wie zu erwarten war, funktioniert es nicht. Und die Zusatzgeschäfte, die das tatsächlich einbringt, decken oft nicht einmal die Kosten ihrer Marketingmaßnahmen.

Was man nämlich wissen muss, ist Folgendes: Die Chance, dass man sein Marketing beim allerersten Versuch perfekt hinbekommt – Botschaft an Markt und die passenden Medien – ist verschwindend gering. Selbst der erfahrenste Marketer wird Ihnen sagen, dass er beim ersten Versuch kaum jemals einen Volltreffer landete. Man braucht mehrere Anläufe. Man muss testen und messen, um irgendwann seine Botschaft an den Markt zu bringen und die richtigen Medien dafür einzusetzen.

Nur, diese Kerle können sich die Zeit, das Geld und die Mühen nicht leisten, die man hineinstecken muss, um es richtig zu machen. Schlimmer noch, mit einem Angebot im Stil von »Ich auch« besteht nicht die geringste Hoffnung.

Stellen Sie sich Marketing wie einen Verstärker vor. Ich gebe Ihnen mal ein Beispiel. Sie erzählen einer Person, was Sie machen, und die Person ist nicht begeistert. Dann versuchen Sie, zehn Personen zu erzählen, was Sie machen, und sie sind auch nicht begeistert. Wenn Sie diese Botschaft durch Marketing verstärken und 10.000 Leuten erzählen, was veranlasst Sie zu der Annahme, dass das Ergebnis in irgendeiner Weise anders sein wird?

Wenn Sie nicht zuvor für sich selbst geklärt haben, warum es Ihr Unternehmen gibt und warum die Leute bei Ihnen kaufen sollten und nicht bei Ihrem nächsten Wettbewerber, dann ist Ihr Marketing zum Scheitern verurteilt.

Sie müssen unbedingt Ihre **Unique Selling Proposition** (USP) entwickeln. Und hier kommen viele nicht weiter. Sie sagen etwas in der Art: »Ich verkaufe Kaffee. Daran ist nun mal nichts Einzigartiges.«

Ist das so? Warum kaufen wir uns dann nicht alle unseren Kaffee für 1 Euro bei Netto? Warum stellen wir uns lange an, um dann 4 bis 5 Euro auszugeben, um unseren Kaffee so einem Hipster abzukaufen, der aussieht, als bräuchte er dringend ein Bad? Denken Sie mal darüber nach. Wir zahlen regelmäßig 400 bis 500 Prozent mehr für ein und dasselbe Massenprodukt.

Oder denken Sie mal an Wasser – eines der am häufigsten vorkommenden Güter auf Erden. Wenn Sie diese Massenware kaufen, in Flaschen entweder in einem Kiosk oder aus einem Automaten, zahlen Sie bereitwillig 2000-mal so viel, wie wenn Sie es zu Hause aus dem Wasserhahn nehmen.

Sie sehen, dass sich in beiden Beispielen die Ware nicht verändert hat, aber die Umstände und die Dinge, die die Ware umgeben, haben sich verändert, oder die Art, wie sie verpackt und geliefert wird.

Das einzige Ziel Ihrer USP ist es, die folgende Frage zu beantworten: **Warum sollte ich bei Ihnen kaufen und nicht bei Ihrem nächsten Wettbewerber?**

Ein weiterer guter Test ist Folgendes: Wenn ich von Ihrer Webseite den Unternehmensnamen und das Logo entfernen würde, würden die Leute immer noch wissen, dass es sich um Sie handelt, oder könnte es jedes andere Unternehmen in Ihrer Branche auch sein?

Der häufigste Fehler, wenn man seinen USP entwickeln will, ist zu sagen »Qualität« oder »Großartiger Service« sei der eigene USP. Darin stecken zwei Fehler:

1. Qualität und großartiger Service sind Erwartungen; sie gehören einfach nur zu einer guten Geschäftspraxis – und sind nichts Einzigartiges.
2. Die Menschen erfahren Ihre Qualität und Ihren großartigen Service erst, wenn sie schon gekauft haben. Eine gute USP ist so angelegt, dass sie potenzielle Kunden anzieht, bevor sie sich entscheiden, wo sie kaufen werden.

Wenn potenzielle Kunden das Gespräch mit Ihnen mit der Frage nach dem Preis eröffnen, dann wissen Sie, dass Sie sich als Massenware verkaufen.

Wenn Sie sich als Massenware positionieren und in der Folge einen Preiskampf führen müssen, ist das eine furchtbare Position für den Eigentümer eines kleinen Unternehmens. Es ist zermürbend und das gegenseitige Unterbieten im Preis wird ein böses Ende nehmen.

Die Lösung besteht darin, eine Unique Selling Proposition zu entwickeln. Etwas, was Sie anders positioniert, sodass potenzielle Kunden Sie nicht mit Ihrem Wettbewerber vergleichen können, denn das wäre, als würde man Äpfel und Birnen miteinander vergleichen.

Wenn man einen Vergleich »*Äpfel mit Äpfeln« von Ihnen und Ihren Wettbewerbern ziehen kann, kommt es allein auf den Preis an, und dann sind Sie verratzt. Es gibt immer jemanden, der bereit ist, billiger zu verkaufen als Sie.

Es gibt nichts Neues unter der Sonne

Es gibt nur sehr wenige Unternehmen oder Produkte, wenn überhaupt, die wirklich einzigartig sind, also stellt sich die Frage: »Wenn es an meinem Unternehmen nichts Einzigartiges gibt, wie entwickle ich dann eine USP?«

Ich stelle meinen Kunden immer zwei Fragen, wenn ich ihnen helfe, ihre USP zu entwickeln. Die Antworten auf diese Fragen sind der Weg zum Marketing und zu finanziellem Erfolg mit Ihrem Unternehmen.

Die zwei Fragen, die Sie sich stellen und beantworten müssen, sind:

1. Warum sollten die Kunden kaufen?
2. Warum sollten die Kunden bei mir kaufen?

Die Antworten auf diese Fragen sollten klar, präzise und quantifizierbar sein. Kein Wischiwaschi-Nonsens wie »Wir sind die Besten« oder »Wir haben die höchste Qualität«.

Welchen einzigartigen Vorteil bieten Sie? Dabei muss die Einzigartigkeit gar nicht immer im Produkt selbst liegen. Man muss sogar sagen, dass es nur sehr wenige wirklich einzigartige Produkte gibt. Die

Einzigartigkeit kann in der Art liegen, wie es verpackt ist, wie es geliefert wird, wie es unterstützt oder sogar, wie es verkauft wird.

Sie müssen das, was Sie tun, auf eine Weise tun, dass die Kunden, selbst wenn Ihr Wettbewerber direkt ihnen gegenüber läge, die Straße überqueren würden, um bei Ihnen zu kaufen anstatt bei Ihrem Wettbewerber.

Wenn Sie das richtig gut machen, kann es sein, dass die Kunden schon die Nacht zuvor Schlange stehen, um bei Ihnen zu kaufen, anstatt bei Ihrem Wettbewerber, wie es bei Apple-Produkten der Fall ist.

Wie Sie es schaffen, dass Ihr Kunde Sie im Kopf hat

Wir wollen es irgendwie schaffen, dass unser Kunde uns im Kopf hat. Was will er wirklich? Das ist nur selten das, was Sie verkaufen; meist ist es das Ergebnis dessen, was Sie verkaufen. Das mag nur wie ein feiner Unterschied scheinen, aber dieser Unterschied ist riesengroß.

Wenn zum Beispiel jemand eine Armbanduhr für 50 Euro kauft, kauft er etwas ganz anderes als jemand, der eine Armbanduhr für 50.000 Euro kauft. Im letzteren Fall kauft er Status, Luxus und Exklusivität. Sicher, auch er will, dass sie die Zeit angibt, genau wie der Käufer der 50-Euro-Uhr, aber das ist wahrscheinlich nicht seine Hauptmotivation.

Um also zu erreichen, dass der Kunde uns im Kopf hat, müssen wir herausfinden, welches Ergebnis er letztlich kauft. Haben Sie dies einmal verstanden, müssen Sie nur noch Ihre Unique Selling Proposition gemäß dem Ergebnis gestalten, das Ihre potenziellen Kunden erreichen wollen.

Wenn Sie zum Beispiel eine Druckerei haben, sind Sie in einem Massengeschäft. Sie wollen also so schnell wie möglich aus diesem Massengeschäft heraus. Ich meine, nicht aus der Branche, sondern Sie müssen die Art und Weise ändern, wie Sie sich positionieren.

Hören Sie auf, Visitenkarten, Broschüren und andere Printwaren zu verkaufen, und fangen Sie an, offene Fragen zu stellen, wie »Warum kommen Sie zu einer Druckerei? Was möchten Sie damit erreichen?« Der potenzielle Kunde will nicht einfach Visitenkarten und Broschüren. Er will das, was Visitenkarten und Broschüren seiner Auffassung nach für sein Geschäft bewirken werden.

Sie könnten sich also mit ihm zusammensetzen und fragen: »Was möchten Sie damit erreichen? Lassen Sie uns in einem Beratungsgespräch einmal alles ausleuchten, wofür Sie die Printware nutzen wollen.« Wenn Sie ihn durch den Prozess hindurch begleiten, können Sie ihn auch für das Beratungsgespräch bezahlen lassen. Wenn er Sie dann tatsächlich engagiert, um seine Printware zu produzieren, können Sie die Kosten für das Beratungsgespräch mit den Druckkosten verrechnen. Jetzt werden Sie nicht mehr nur als Drucker angesehen. Sie werden nun wahrgenommen als vertrauenswürdiger Berater, der genau das erfüllt, was der Kunde braucht.

Wer den Kunden verwirrt, verliert ihn

Halten Sie sich vor Augen, dass Ihr potenzieller Kunde grundsätzlich drei Optionen hat:

1. Bei Ihnen zu kaufen
2. Bei Ihrem Wettbewerber zu kaufen
3. Nichts zu tun

Vielleicht glauben Sie, Ihr größtes Problem seien die Kunden, aber in Wahrheit führen Sie wahrscheinlich einen Kampf gegen die Trägheit. Deshalb müssen Sie zuerst die Frage beantworten, warum die Kunden kaufen sollten. Danach müssen Sie die Frage beantworten, warum sie bei *Ihnen* kaufen sollten.

Wir haben heute eine MTV-Generation vor uns, die nur noch Stichworte gewohnt ist, und die täglich mit Tausenden Nachrichten fertigwerden muss. Nie zuvor war es so wichtig, dass Sie Ihre Botschaft sofort verständlich und wirkungsvoll formulieren.

Können Sie Ihr Produkt und den einzigartigen Vorteil, den es bietet, in einem einzigen kurzen Satz erklären?

Eines müssen Sie dabei unbedingt wissen: Verwirrung führt zu verlorenen Verkaufschancen. Das ist ganz besonders der Fall, wenn Sie ein komplexes Produkt anbieten. Viele Unternehmer glauben fälschlicherweise, dass ein verwirrter Kunde versuchen wird, zu verstehen, oder dass er sich für weitere Informationen an Sie wenden wird. Nichts könnte weiter von der Wahrheit entfernt sein. **Wenn Sie sie verwirren, verlieren Sie sie.**

Die Leute haben heute zu viele Möglichkeiten und zu viel Informationen, mit denen sie permanent bombardiert werden, und sie sind nur selten motiviert genug, um sich durch eine verwirrende Botschaft zu wühlen.

Wie man sich zu etwas Besonderem macht, auch wenn man Massenware verkauft

Wie schafft man es, für seine Produkte und Dienstleistungen hohe Preise zu verlangen, während Ihre Kunden Ihnen dafür noch danken? Kurz gesagt, indem man etwas Besonderes ist.

Wenn sie diese Antwort zu hören bekommen, ist das Erste, was viele Unternehmer tun, etwas in ihren imaginären Bart zu nuscheln wie: »Leichter gesagt als getan.« Vielleicht kommt das daher, dass »etwas Besonderes zu sein« die Vorstellung von unerreichbarer Einzigartigkeit oder Kreativität hervorruft – Bereiche, die andere viel besser beherrschen.

Der Cafébesitzer sagt: »Alter, ich verkaufe einfach nur Kaffee. Wie soll ich denn da etwas Besonderes sein?« Das führt uns zu einer häufig gestellten Frage: Wie kann man etwas Besonderes sein, wenn man Massenware verkauft?

Sehen wir uns ein paar Beispiele an.

Wenn ich davon spreche, etwas Besonderes zu sein, meine ich damit nicht unbedingt, dass das Produkt oder die Dienstleistung, die Sie verkaufen, einzigartig sein soll. Weit davon entfernt. Auf diese Weise einzigartig zu sein ist sogar gefährlich, schwierig und teuer. Sie müssen jedoch anders sein. Wie kann unser Cafébesitzer also anders sein? Sehen Sie sich mal Folgendes an:

Wie viel kostete es das Café zusätzlich, seinen Kaffee mit kleinen Kunstwerken zu versehen? Nahezu null, würde ich sagen. Vielleicht etwas zusätzliche Einweisung für den Barista und ein paar zusätzliche Sekunden für jede Tasse.

Aber wie vielen Menschen wird der Kunde davon erzählen, oder, noch besser, wie viele wird er mitbringen, um es ihnen zu zeigen? Könnte dieser Cafébesitzer 50 Cent mehr pro Tasse verlangen als das Café am Ende der Straße? Definitiv. Das bedeutet 50 Cent Reingewinn, multipliziert mit Hunderttausenden Tassen pro Jahr, direkter Gewinn.

Aber ist das Produkt eigentlich einzigartig? Überhaupt nicht! Es ist nur ein bisschen anders – anders genug, um etwas Besonderes zu sein.

Hier noch ein Beispiel. Die meisten E-Commerce-Seiten versenden dieselbe langweilige Bestellbestätigungsmail, wenn man bei ihnen etwas kauft. Irgendwas in der Art: »Ihre Bestellung wurde versandt. Bitte benachrichtigen Sie uns, wenn sie nicht ankommt. Vielen Dank, dass Sie bei uns gekauft haben.«

Aber sehen Sie sich einmal an, wie CD Baby seinen Kunden ein ganz besonderes Erlebnis und gleichzeitig sich selbst eine virale Marketingchance verschafft, anstatt der normalen, langweiligen Bestätigungsmail:

> *Ihre CD wurde vorsichtig mit sterilisierten, kontaminationsfreien Handschuhen aus unserem CD-Baby-Regal genommen und auf ein Seidenkissen platziert.*
>
> *Ein Team aus 50 Angestellten inspizierte Ihre CD und polierte sie, um sicherzustellen, dass sie im bestmöglichen Zustand ist, bevor sie verschickt wird.*
>
> *Unser japanischer Verpackungsspezialist entzündete eine Kerze und die Menschenmenge hielt plötzlich inne, während er Ihre CD in die edelste, goldgerahmte Schachtel legte, die man für Geld kaufen kann.*
>
> *Wir haben alle danach ganz wunderbar gefeiert, und die ganze Party-Gesellschaft marschierte die Straße hinunter zur Post-*

stelle, wo die gesamte Stadt Portland Ihrem Paket »Bon Voyage« zuwinkte für die Reise zu Ihnen, in unserem CD-Baby-Privatjet, an diesem Tag, Freitag, 6. Juni.

Ich hoffe, Ihr Einkauf bei CD Baby hat Ihnen viel Freude gemacht. Wir haben uns jedenfalls sehr gefreut. Ihr Bild hängt bei uns an der Wand als »Kunde des Jahres«. Wir sind alle erschöpft, aber wir können es kaum erwarten, dass Sie uns wieder auf CDBABY.com besuchen!!

Diese Bestellbestätigungsmail wurde Tausende Male weitergeleitet und auf zahllosen Blogs und Webseiten gepostet. Derek Sivers, der Gründer von CD Baby, schreibt dieser ganz besonderen Bestätigungsmail Tausende neue Kunden zu.

Noch einmal: Es ist nichts Einzigartiges an dem Produkt, aber die Transformation von etwas ganz Normalem und Langweiligem zaubert dem Kunden ein Lächeln auf die Lippen, und es sorgt für kostenloses virales Marketing für das Unternehmen.

Hier ist ein weiteres Beispiel aus einer stark vom Wettbewerb beherrschten Branche für Massenwaren – der Unterhaltungselektronik.

Als Apple seinen legendären Mp3-Player, das iPod, herausbrachte, hätten sie über die Speicherkapazität von fünf Gigabyte reden können oder über andere technische Merkmale, so wie alle anderen Hersteller von Musikabspielgeräten in dieser Zeit es taten. Aber wie haben sie stattdessen dafür geworben?

»1000 Songs in deiner Tasche«

Genial! Fünf Gigabyte sagt den meisten Kunden überhaupt nichts. Ebenso wenig wie ein Haufen technisches Blabla, aber »1000 Songs in deiner Tasche« – das kann jeder sofort verstehen und welche Vorteile einem das bringt.

Das iPod war keineswegs das erste tragbare Musikabspielgerät auf dem Markt, noch nicht einmal das beste, aber es war bei Weitem das erfolgreichste, weil das Unternehmen in der Lage war, schnell und einfach die Gründe darzulegen, aus denen man kaufen sollte.

Wohlgemerkt, in allen drei Beispielen ist das eigentliche Produkt, das verkauft wird, eine Massenware, und was es zu etwas Besonderem macht, ist eine absolute Nebensache für das, was man kauft.

Und dennoch kann das Unternehmen einen Premiumpreis dafür verlangen und tut dies auch, weil es ein besonderes Erlebnis verkauft. Der Kunde zahlt den Premiumpreis nicht nur gern, sondern er belohnt das Unternehmen zusätzlich, indem er die Botschaft des Produkts oder der Dienstleistung weiterverbreitet. Warum? Weil wir alle gern Dinge und Erlebnisse weitererzählen, die etwas Besonderes sind.

Was können Sie in Ihrem Bereich tun, um etwas Besonderes zu schaffen? Wenn Sie sich darüber klar werden, wird es enorme Auswirkungen auf den Erfolg Ihres Unternehmens haben.

Der niedrigste Preis

Manchmal werde ich gefragt: »Kann denn nicht der niedrigste Preis mein USP sein?« Natürlich kann er das, aber können Sie absolut dafür garantieren, dass alles, was Sie verkaufen, einen niedrigeren Preis hat als bei all Ihren Wettbewerbern, auch bei Giganten wie Costco oder Walmart? Unwahrscheinlich.

Es wird immer jemanden geben, der noch schneller pleitegehen will als Sie. Ich rate Ihnen, dieses Spiel nicht zu spielen.

Ein USP, der für manche Dinge den niedrigsten Preis verspricht, ist nicht sehr überzeugend.

Tatsache ist, wenn Sie ein kleines oder mittleres Unternehmen sind, ist es unwahrscheinlich, dass Sie die großen Discounter beim Wettlauf um den niedrigsten Preis schlagen.

Und ehrlich gesagt, das werden Sie wahrscheinlich auch gar nicht wollen. Indem Sie höhere Preise verlangen, ziehen Sie eine bessere Kundschaft an. Auch wenn es zunächst kontraintuitiv wirken mag, Sie haben weit weniger Ärger mit Highend-Kunden als mit Kunden, die billig kaufen wollen. Das habe ich in vielen Unternehmen und vielen verschiedenen Branchen gesehen und erlebt.

Eine bessere Möglichkeit, als den Preis zu senken, ist, den Wert Ihres Angebots zu erhöhen. Kostenlose Extras, zusätzliche Leistungen oder für Kunden maßgeschneiderte Lösungen, all das kann von echtem Mehrwert für Ihre Kunden und für Sie nur mit geringem Aufwand verbunden sein.

Es verhilft Ihnen auch dazu, dass Sie aus dem Massenwarenvergleich heraustreten – von Äpfeln mit Äpfeln hin zu Äpfeln mit Orangen.

Hassen Sie nicht den Spieler; hassen Sie das Spiel. Spielen Sie also nicht das Massenwaren-Niedrigpreis-Spiel, so schwer es Ihnen vielleicht fällt. Entwickeln Sie Ihren USP, halten Sie sich daran und bringen Sie so die andere Seite dazu, Ihr Spiel zu spielen, zu Ihren Bedingungen.

Erstellen Sie einen Aufzugpitch

Für einen Unternehmer ist es eine echte Kunst, präzise zu vermitteln, welches Problem genau er löst, besonders dann, wenn er in einer komplexen Branche tätig ist.

Eine großartige Methode, um Ihren USP einzudampfen, ist der »Aufzugpitch«. Ein Aufzugpitch ist eine präzise, gut einstudierte Zusammenfassung, was Ihr Unternehmen tut und welchen Nutzen es verspricht, und er kann innerhalb der Zeitspanne einer Aufzugfahrt gehalten werden, mit anderen Worten, in 30 bis 90 Sekunden.

Ja, das ist abgedroschen, und Sie werden ihn nicht einmal sehr oft wirklich als Aufzugpitch einsetzen, aber er kann Ihnen wirklich helfen, Ihre Botschaft und Ihren USP klarer zu machen. Das wird extrem wertvoll sein, wenn wir an die Stelle kommen, an der Sie Ihr Angebot gestalten sollen, und wir werden das bald behandeln.

Die 30 Sekunden nach der Frage »Was tun Sie?« sind eine der am häufigsten vertanen Marketingchancen. Die Antwort ist fast immer selbstzentriert, unklar und unsinnig.

An dieser Stelle antworten viele mit dem klangvollsten Titel, den sie finden können, denn sie haben das Gefühl, dass der Fragende ihren Wert abhängig von der Antwort einschätzt. »Ich bin Facility-Manager«, sagt der Hausmeister.

Ich habe einmal eine Frau gefragt, was ihr Beruf ist, und sie antwortete: »Ich bin Aufbaumanagerin im Eventbereich.« Da ich daraus immer noch nicht schlau wurde, bohrte ich weiter, bis ich schließlich verstand, dass sie sich bei Konzerten und großen Events in Stadien um die Sitzverteilung kümmerte.

Auch wenn manche oberflächliche Menschen den Wert einer Person tatsächlich aufgrund ihrer Berufsbezeichnung oder ihres Geschäftsbereiches einstufen, gibt es doch eine viel bessere Art und Weise, auf diese Frage zu antworten – eine, die es nicht erfordert, dass man einen Thesaurus plündert, um die Tätigkeit, die man wirklich ausübt, aufzublasen oder zu verschleiern.

Beim nächsten Mal, wenn Sie gefragt werden, was Ihr Beruf ist, ist das Ihr Stichwort, um einen Aufzugpitch abzuliefern. Es ist die perfekte Gelegenheit, regelmäßig und in den verschiedensten gesellschaftlichen Umfeldern Ihre Marketingbotschaft zu vermitteln.

Natürlich wollen Sie nicht wie ein aufdringlicher, widerlicher Verkäufer wirken, also ist es wichtig, dass Sie Ihren Aufzugpitch richtig strukturieren. Die meisten Aufzugpitches unterliegen demselben Problem wie die aufgeblasenen Berufsbezeichnungen. Sie hinterlassen den Empfänger verwirrt oder mit dem Eindruck »Was für ein Schwachkopf«, anstatt die beabsichtigte Wirkung zu erzielen, nämlich Eindruck zu machen.

Schlechtes Marketing ist stark fokussiert auf das Produkt und die eigene Person beziehungsweise das eigene Unternehmen. **Gutes Marketing, besonders Direct-Response-Marketing, ist immer fokussiert auf den Kunden und das Problem oder dessen Lösung**, und genau so wollen wir unseren Aufzugpitch haben. Wir wollen, dass man sich daran erinnert, welches Problem wir lösen, anstatt an irgendeinen beeindruckenden, aber unverständlichen Titel oder Geschäftsbereich.

Gutes Marketing nimmt den Kunden bei der Hand und führt ihn vom Problem zur Lösung und schließlich zum Beweis. Und genauso sollte auch Ihr Aufzugpitch sein.

Wie also kommuniziert man diese drei Komponenten effektiv innerhalb von 30 Sekunden? Die beste Formel, die ich kenne, ist:

Kennen Sie das, wenn [Problem]? Also, was wir tun, ist [Lösung]. Zum Beispiel [Beweis].

Hier ein paar Beispiele:

Versicherungsagentur: »Wissen Sie eigentlich, dass die Leute nur selten ihren Versicherungsschutz anpassen, wenn sich ihre Lebensumstände ändern? Also, was ich mache, ist, Leuten zu helfen, dass ihr Versicherungsschutz immer ihren aktuellen Lebensumständen entspricht, sodass sie beruhigt sein können. Zum Beispiel ist erst letzte Woche einer meiner Kunden ausgeraubt worden, aber er bekam sämtliche Kosten der Sachen erstattet, die er verloren hatte, weil sein Versicherungsschutz auf dem aktuellen Stand war.«

Elektrotechnik: »Kennen Sie das, wenn Stromausfälle zentrale Systeme in großen Unternehmen stören? Also, ich installiere Back-up-Stromversorgungssysteme bei Unternehmen, die mit ihren Abläufen darauf angewiesen sind, dass die Stromversorgung immer gewährleistet ist. Ich habe zum Beispiel das System bei der XYZ-Bank installiert, und seitdem haben sie 100-prozentige Verfügbarkeit.«

Webseitenentwicklung: »Kennen Sie das, dass bei den meisten Unternehmen die Webseiten veraltet sind? Also, was ich tue, ist eine Software zu installieren, mit der man seine Webseite selbst ganz einfach aktualisieren kann, ohne dass man jedes Mal einen teuren Webdesigner bezahlen muss. Ich habe die Software zum Beispiel vor Kurzem bei einem meiner Kunden installiert, und die Firma hat sich dadurch 2000 Euro im Jahr an Webseiten-Entwicklungskosten gespart.«

Dies gibt Ihnen eine zuverlässige Struktur vor, mit der Sie Ihren Aufzugpitch gestalten können und dabei auf den Kunden beziehungsweise das Problem fokussiert sind, anstatt auf sich selbst und Ihr Produkt.

Ein Angebot erstellen

Dieser Teil ist absolut entscheidend und genau hier sind viele faul und bieten etwas Langweiliges an, reduzieren den Preis oder kopieren das, was ihr nächster Wettbewerber macht.

Denken Sie daran: Wenn Sie Ihrem idealen Zielmarkt keinen überzeugenden Grund liefern, dass Ihr Angebot anders ist, werden die Kunden den Preis zum Hauptkriterium für ihre Entscheidung machen. Denn wenn Verkäufer A Äpfel für 1 Euro anbietet und Verkäufer B die offenbar gleichen Äpfel für 1,50 Euro, bei wem würden Sie aufgrund der Informationen, die Sie haben, kaufen?

Es ist Ihre Aufgabe, ein spannendes Angebot zu gestalten, das sich ganz radikal von dem Ihrer Wettbewerber unterscheidet.

Die zwei großen Fragen, über die Sie nachdenken müssen, bevor Sie Ihr Angebot formulieren, sind:

1. Von allen Produkten und Dienstleistungen, die Sie anbieten, bei welchem sind Sie am zuversichtlichsten? Zum Beispiel, wenn Sie nur dann bezahlt würden, wenn der Kunde sein erwünschtes Ergebnis erzielt, welches Produkt oder welche Dienstleistung würden Sie anbieten? Anders ausgedrückt, bei welchem Problem sind Sie sicher, dass Sie es für jemanden aus Ihrem Zielmarkt lösen könnten?
2. Von allen Produkten und Dienstleistungen, die Sie anbieten, welches ist Ihnen persönlich am liebsten?

Und hier noch ein paar zusätzliche Fragen, die Ihnen dabei helfen können, Ihr Angebot zu formulieren:

- Was kauft mein Zielmarkt wirklich? Zum Beispiel kaufen Menschen nicht wirklich Versicherungen; sie kaufen das Gefühl, beruhigt zu sein.
- Was ist der größte Nutzen, den wir zuerst anführen können?
- Welche emotionalen Formulierungen ziehen die Aufmerksamkeit dieses Marktes auf sich?

- Welche Widerstände und Einwände haben meine potenziellen Kunden, und wie kann ich diese auflösen?
- Welches außergewöhnliche Angebot (das kann auch eine Garantie sein) kann ich machen?
- Gibt es eine packende Geschichte, die ich erzählen kann?
- Wer sonst verkauft etwas Ähnliches wie mein Produkt oder meine Dienstleistung, und wie machen die das?
- Wer sonst hat versucht, diesem Zielmarkt etwas Ähnliches zu verkaufen, und warum ist dieser Versuch gescheitert?

Einer der hauptsächlichen Gründe, dass Marketingkampagnen scheitern, ist, dass das Angebot lahm und schlecht durchdacht ist. Es ist so schrottig und unspannend wie Preisreduzierungen von 10 oder 20 Prozent.

Das Angebot ist einer der wichtigsten Teile Ihrer Marketingkampagne und Sie müssen viel Zeit und Energie darauf verwenden, es korrekt aufzubauen.

Was will mein Zielmarkt?

Einer der ersten Fehler, den Unternehmer im Marketing machen, ist, den falschen Leuten das Richtige vorzusetzen, oder den richtigen Leuten das Falsche.

Genau deshalb geht es im ersten Feld des *Marketingplans auf einer Seite* darum, einen spezifischen Zielmarkt für unsere Marketingmaßnahmen zu bestimmen.

Da wir nun diese Grundlage haben, möchten wir als Nächstes ein Angebot zusammenstellen, das diesen Zielmarkt begeistern wird. Ein Angebot, bei dem die Leute sofort die Geldbörse zücken, eines, das sich von all den langweiligen, lahmen Angeboten unserer Wettbewerber abhebt.

Eine der einfachsten Methoden, herauszufinden, was Ihre potenziellen Kunden wollen, ist, sie einfach zu fragen. Sie können das durch eine Umfrage tun oder durch eine ganz offizielle Marktforschung.

Wir sollten auch berücksichtigen, dass die meisten Menschen gar nicht wissen, was sie wollen, bis sie direkt damit konfrontiert werden. Außerdem antworten die Teilnehmer an Umfragen oder Marktforschung aufgrund von logischen Überlegungen; aber **eine Kaufentscheidung wird über Emotionen getroffen und danach erst durch logisches Denken gerechtfertigt**. Wenn Sie also Fragen stellen, müssen Sie gleichzeitig auch genau beobachten.

Wenn Sie die Menschen im Zielmarkt für teure Luxusautos fragen, was sie wollen, bekommen sie meist logische (und damit unwahre oder halbwahre) Antworten wie »Qualität, Zuverlässigkeit, Komfort«. Was sie aber in Wahrheit wollen, ist Status.

Ein Zitat von Henry Ford trifft es gut: »Wenn ich die Leute gefragt hätte, was sie wollen, hätten sie gesagt, schnellere Pferde.«

Eine der Methoden, die ich für eine Marktforschung empfehle, ist, zu analysieren, was Ihr Zielmarkt sonst noch kauft oder sucht.

Sehen Sie sich Produkte und Kategorien an, die bei Online-Versandhändlern wie Amazon oder eBay im Trend sind.

Eine Analyse der Suchanfragen in den Suchmaschinen über ein Tool wie den Keyword Planner von Google-AdWords kann auch eine hervorragende Methode sein.

Und zuletzt, sehen Sie sich an, welche Themen in den sozialen Medien und auf den Newsseiten der Branche gerade im Trend sind. Worauf reagieren die Leute, was kommentieren sie?

Wenn man diese Tools nutzt, ist es fast so, als würde man das weltweite Bewusstsein anzapfen, und es wird Ihnen eine klare Vorstellung davon vermitteln, was aktuell gefragt ist und worüber man gerade spricht oder nachdenkt.

Wie Sie ein Angebot unwiderstehlich machen

Nun, da Sie wissen, was Ihr Markt will, müssen Sie es gut verpacken und als unwiderstehliches Angebot präsentieren. Essenzielle Elemente dafür sind:

Nutzen: Erst müssen Sie überlegen, was der größte Nutzen ist, den Sie Ihren Kunden bieten könnten. Was ist die Lösung, die Kunden von A nach B bringt, die Sie liefern und mit der Sie gleichzeitig Gewinn machen können?

Dies ist der absolute Dreh- und Angelpunkt Ihres Angebots.

Sprache: Wenn Sie nicht selbst Teil Ihres Zielmarktes sind, müssen Sie die Sprache und den Jargon lernen, der in Ihrem Zielmarkt verwendet wird. Wenn Sie etwa BMX-Bikes verkaufen, müssen Sie von »Endos«, »Sick Wheelies« und »Bunny Hops« sprechen. Wenn Sie Golfplätze verkaufen, müssen Sie »Hooks«, »Slices« und »Handicaps« erwähnen.

Grund für das Angebot: Wenn Sie ein großartiges Angebot haben, müssen Sie rechtfertigen können, warum Sie das tun. Die Menschen sind heute so sehr daran gewöhnt, übers Ohr gehauen zu werden, dass sie skeptisch werden, wenn jemand ein starkes Angebot mit hohem Nutzenwert macht, und sie suchen dann nach dem Haken.

Ich habe das in einem meiner Unternehmen selbst erlebt, als wir einen viel besseren Service zu einem Preis anboten, der etwa halb so hoch war wie der unserer Wettbewerber. Die Leute riefen ständig bei der Telefonbestellnummer an, um sich zu versichern, ob das Angebot von der Webseite wirklich stimmte, und um zu fragen, wo der Haken war.

Ich sage nicht, dass Sie irgendwelche Gründe für Ihr Angebot erfinden sollten, aber Sie müssen einen triftigen Grund angeben können, aus dem Sie dieses großartige Angebot machen; zum Beispiel, dass Sie sich von einem alten Bestand im Lager trennen, dass Sie einen Inventarschaden hatten, dass Sie Platz im Lager brauchen, dass Ihre Firma oder Ihr Lager umzieht oder Ähnliches.

Value Stacking: Wenn Sie viele Zusatzleistungen dazu packen, kann das Ihr Angebot wie ein Schnäppchen aussehen lassen. Das ist ein sehr schlauer Trick, der die Zahl der Neukunden dramatisch erhöhen kann. Ich plädiere sogar sehr dafür, wann immer das möglich ist, die Zusatzleistungen noch wertvoller zu machen als das Hauptangebot. In Infomercials wird das sehr gut gemacht: »Wir verdoppeln Ihr Angebot«; »Aber das ist noch nicht alles, …« und so weiter.

Upselling: Wenn Ihr potenzieller Kunde angebissen hat und im Kaufmodus ist, ist das der perfekte Zeitpunkt, um ihm ein zusätzliches Produkt oder einen Service anzubieten. Es ist die perfekte Gelegenheit, um ein Produkt mit höherer Marge anzubieten, auch wenn das ursprünglich angebotene Produkt nur eine geringe Marge aufweist. Es sind die Pommes zum Burger, die verlängerte Garantie, der Rostschutz fürs Auto. Der Kunde bekommt dadurch einen zusätzlichen Nutzen und Sie einen höheren Gewinn pro Transaktion.

Teilzahlungsplan: Das ist absolut wichtig bei hochpreisigen Artikeln und kann darüber entscheiden, ob der Kunde stockt und weitergeht oder ob er den Kauf tätigt.

Wenn etwas 5000 Euro kostet, ist der Preis viel leichter zu schlucken, wenn man zwölf Teilzahlungen von je 497 Euro anbietet. Die Leute denken über ihre Ausgaben im Allgemeinen auf monatlicher Basis nach, und 497 Euro im Monat fühlen sich viel leichter an als 5000 Euro auf einmal.

Außerdem haben Sie vielleicht bemerkt, dass zwölfmal 497 Euro mehr macht als 5000 Euro. Es ergibt nämlich fast 6000 Euro. Sie tun das in erster Linie, um Ihre eigenen Finanzierungskosten zu decken, wenn Sie den Verkauf vorfinanzieren.

Zweitens wollen Sie damit denjenigen, die die Summe auf einmal zahlen können, einen Anreiz geben, eine »Preisreduzierung« zu bekommen, wenn sie sofort zahlen.

Garantie: Wie schon zuvor in diesem Kapitel erwähnt, brauchen Sie eine unglaublich gute Garantie. Eine, die bei einem Geschäft mit Ihnen jedes Risiko komplett eliminiert. Die Leute haben schon so viele Enttäuschungen erlebt, dass sie nichts mehr glauben, was Sie behaupten. Das ist nicht persönlich gemeint. Es ist eben einfach so. Sie müssen das Geschäft mit Ihnen zur risikofreien Transaktion machen, eine, in der Sie jedes Risiko tragen, sollten Sie Ihre Versprechen nicht einhalten können. »Zufriedenheit garantiert« ist nur ein schwacher und wirkungsloser Spruch.

Knappheit: Ihr Angebot muss irgendein Knappheitselement beinhalten, einen Grund, aus dem die Leute sofort reagieren müssen.

Menschen reagieren viel mehr auf die Angst vor Verlust als auf die Aussicht auf Gewinn. Sie brauchen jedoch, auch hier wieder, einen guten Grund, warum das Angebot knapp ist. Sie wollen ja die Kunden mit Ihrer Knappheitsbehauptung nicht austricksen.

Sie haben nur einen begrenzten Vorrat, begrenzte Zeit, begrenzte Ressourcen. Nutzen Sie das zu Ihrem Vorteil in Ihrem Marketing. Wenn Sie einen Countdown laufen lassen können – über die Zeit oder die verfügbare Ware – kann das die Verlustangst-Reaktion weiter anheizen.

Wie Sie gesehen haben, gibt es viele Komponenten, mit denen man ein Angebot überzeugend gestalten kann. Wenn Sie nur den faulen und gedankenlosen Weg des »10 Prozent auf alles« gehen, können Sie das Geld fürs Marketing auch gleich in die Tonne treten.

Nehmen Sie sich die Zeit, um ein überzeugendes, gut durchdachtes Angebot zu erstellen. Ihre Umwandlungsrate wird durch die Decke gehen und Ihr Ergebnis ebenfalls.

Zielen Sie auf den Schmerzpunkt

Sie haben hämmernde Kopfschmerzen. Sie öffnen Ihren Medizinschrank und beginnen, Ihr Sammelsurium an angebrochenen Tablettenpackungen, Salben und Vitaminen zu durchwühlen, nur um festzustellen, dass Sie überhaupt keine Schmerzmittel mehr haben. Sie rasen also zur nächsten Apotheke, in der Hoffnung, die Tablette zu bekommen, die Ihnen die Erleichterung bringt, die Sie so verzweifelt brauchen.

Machen Sie sich Gedanken über den Preis? Kommt es Ihnen überhaupt in den Sinn, herumzusuchen und zu prüfen, ob Sie das Produkt vielleicht bei einer anderen Apotheke billiger bekommen? Unwahrscheinlich. Sie haben Schmerzen und Sie brauchen sofort etwas dagegen. Selbst wenn die Tabletten das Doppelte oder Dreifache des Normalpreises kosten würden, würden Sie sie wahrscheinlich noch immer kaufen.

Das normale Kaufverhalten geht komplett den Bach runter, wenn wir Schmerzen haben. Und genau das Gleiche gilt auch für Ihre Kunden und potenziellen Kunden. Allzu oft sprechen Unternehmen über die Funktionen und den Nutzen von etwas, anstatt direkt den Schmerz anzusprechen, den der Kunde bereits hat. Wie viel Verkaufsgeschick muss ein Apotheker aufwenden, um jemanden mit hämmernden Kopfschmerzen davon zu überzeugen, ein Schmerzmittel zu kaufen? Ich nehme an, sehr wenig.

Das Gleiche gilt für jeden Bereich, ob Sie nun Fernsehgeräte verkaufen, Autos oder Unternehmensberatung. Sie haben Kunden und potenzielle Kunden, die einen Schmerz haben. Sie wollen, dass der Schmerz aufhört, keine Funktionen und Vorteile. Wenn Sie mir ein Fernsehgerät verkaufen, könnten Sie versuchen, mir die Funktionen und Vorteile zu verkaufen, indem Sie mir erklären, dass das Gerät vier HDMI-Ports hat und eine 4K-Auflösung. Das alles wird den meisten Leuten wenig sagen. Stellen Sie sich hingegen vor, dass Sie meinen Schmerzpunkt ansprechen, nämlich, dass ich das Gerät nach Hause schaffen und auspacken muss und dann stundenlang vor Wut schnaubend versuche, es korrekt an meine anderen Geräte anzuschließen, sodass alles funktioniert.

Anstatt mir einen Preisnachlass zu gewähren und sich damit als Massenanbieter herabzustufen, warum bieten Sie mir nicht an, das Gerät zu mir nach Hause zu liefern, es an der Wand zu montieren, sicherzustellen, dass die Bildqualität spektakulär ist und sicherzustellen, dass es mit meinen sämtlichen anderen Geräten zusammengeschlossen ist und perfekt funktioniert. So liefern Sie mir ein Mittel gegen meinen Schmerz, und der Preis wird weniger wichtig, als wenn Sie mir ein Massenprodukt mit einer langen Liste von Funktionen und Vorteilen verkaufen.

Im genannten Beispiel haben Sie mich als Kunden gewonnen, auch wenn Sie vielleicht genau dasselbe Gerät verkaufen wie Ihr Wettbewerber, weil Sie es auf eine Weise verpacken, die mich von meinem Schmerz befreit. Außerdem ist es so viel wahrscheinlicher, dass ich ein begeisterter Fan von Ihnen werde und Sie weiterempfehle, weil Sie mir nicht nur ein Massenprodukt verkauft haben. Sie waren ein Problemlöser. Jetzt ist es ein Vergleich von Äpfeln mit Orangen. Wie kann man das noch vergleichen mit »er hat vier HDMI-Ports und 4K-Auflösung«?

Wenn Sie Funktionen und Vorteile verkaufen, sind Sie auf dem besten Wege, Ihre potenziellen Kunden zu Niedrigpreiskäufern zu machen, die Ihr Produkt als Massenware betrachten und nur wegen des Preises kaufen. Ihr Ziel ist es aber, ein Problemlöser zu sein, der die Menschen von ihrem Schmerz befreit, und so jeden Vergleich mit den Wettbewerbern zum Vergleich von Äpfeln mit Orangen macht. Denken Sie dran – Menschen sind viel eher bereit, für ein Heilmittel zu zahlen als für Vorsorge. Wenn Sie einen bestehenden Schmerz ansprechen, anstatt ein zukünftiges Vergnügen anzukündigen, werden Sie damit viel mehr Neukunden gewinnen, viel mehr Kundenzufriedenheit erzielen und viel weniger Widerstand beim Preis haben. Suchen Sie nach Schmerzpunkten in Ihrer Branche und werden Sie zum Heilmittel dagegen.

Verkaufen mit Werbetexten: Langweilige Angebote bringen niemanden zum Kaufen

Es gibt kaum eine Fähigkeit, die Ihnen so viel einbringt, wie das Schreiben von überzeugenden Texten. Wenn Sie in der Lage sind, klar auszudrücken, warum ein potenzieller Kunde bei Ihnen statt bei Ihren Wettbewerbern kaufen sollte, und zwar so, dass es bei ihm Emotionen erzeugt und ihn zum Handeln motiviert, ist das die höchste Kunst des Marketing.

Etwas früher in diesem Buch haben wir erwähnt, dass beim Direct-Response-Marketing eine ganz andere Technik des Werbetextens verwendet wird. Beim Direct-Response-Marketing verwenden wir Texte, die die emotionalen Triggerpunkte der Zielgruppe ansprechen sollen.

Anstatt die konventionellen, langweiligen Textformen der »Profis« zu verwenden, verwenden wir Texte, die wie ein Verkehrsunfall sind – egal wie sehr man nicht hinsehen will, man kann einfach nicht anders.

Emotionale Werbetexte im Direct-Response-Marketing verwenden aufmerksamkeitsstarke Überschriften, wirkungsvolle Verkaufssprache und motivierende Aufforderungen zum Handeln. Man nennt es »Salesmanship in Printmedien«.

Viele Unternehmen, besonders jene, die ihre Produkte und Services an andere Unternehmen verkaufen, empfinden diese Art Werbetext als unangebracht für ihren Markt. Und auch wenn es wahr ist, dass wir unseren Ansatz auf unseren speziellen Markt zuschneiden sollen (wie für jeden Zielmarkt), wäre es ein Riesenfehler, hier die Emotionalität aus den Werbetexten im Direct-Response-Marketing herauszunehmen.

Egal ob Sie der CEO eines Fortune-500-Unternehmens sind oder der Hausmeister, wir sind alle Bündel aus Emotionen, unsere Kaufentscheidungen fällen wir emotional, und später rechtfertigen wir sie mit logischen Erklärungen. »Hallo Schatz, ich habe diesen Porsche 911 gekauft, weil er sicher ist, und deutsche Autos sind ja auch wirklich zuverlässig.« Schon klar.

Wenn ich Unternehmer persönlich kennenlerne, stelle ich sehr oft fest, dass ihre Persönlichkeit völlig anders ist, als sie in ihrem Marketing dargestellt wird. Ehrlich gesagt zeigen die meisten von ihnen in ihrem Marketing überhaupt keine Persönlichkeit, weil sie glauben, sie müssten »professionell« wirken. Ihr Marketing ist oft platt und nichtssagend, und wenn Sie das Logo und den Namen aus ihrem Marketingmaterial entfernen würden, könnte es auch jedes andere Unternehmen in der Branche sein. Das ist jammerschade, denn würden sie in ihrem Marketing so kommunizieren, wie sie es persönlich tun, wären sie damit sehr viel erfolgreicher.

Wenn man diese Leute persönlich kennenlernt, sind sie oft hochintelligent, man hört ihnen gern zu und sie sind leidenschaftlich engagiert für ihr Unternehmen, aber wenn man sich ihr Marketingmaterial und ihre Werbetexte ansieht, ist es, als wären sie erstarrt. Plötzlich versuchen sie, »professionell« zu klingen und fangen an, hohle Phrasen zu dreschen, die sie in einem normalen Gespräch niemals benutzen würden. Sie wissen schon, welche Art Phrasen ich meine: »erstklassige Produkte«, »synergetisch«, »strategische Ausrichtung« und so weiter. Worte, die sie in einem echten Gespräch mit Freunden oder Kollegen niemals benutzen würden.

Tatsache ist aber, Menschen kaufen von Menschen, nicht von Unternehmen. In der Welt des direkten persönlichen Verkaufs von Mensch zu Mensch beherrscht man es gut, Beziehungen aufzubauen; aber aus irgendeinem Grund glauben viele Unternehmer, wenn es darum geht, Marketing für viele zu machen, müssten sie ihre Persönlichkeit herausnehmen und zum gesichtslosen Unternehmen werden. Doch Werbetexten ist Salesmanship in Printmedien. Sie müssen Ihren Werbetext so schreiben, als würden Sie direkt zu einer Einzelperson sprechen.

Monotone, langweilige »professionelle« Werbetexte sind der schnellste Weg, das Interesse von Kunden und potenziellen Kunden zu verlieren. Bedeutungslose Klischees und Behauptungen, das führende Unternehmen in Ihrer Kategorie zu sein, lassen Sie aussehen wie ein Ich-auch-Unternehmen. Ich-auch-Unternehmen ziehen die Kunden mit dem kleinsten gemeinsamen Nenner an, die dann nur noch über den Preis einkaufen, denn das ist das Einzige, was ihnen bleibt, um Sie von den anderen zu unterscheiden.

Menschen lieben Authentizität, Persönlichkeit und eine eigene Meinung. Selbst wenn sie nicht Ihrer Meinung sind, werden sie Sie dafür respektieren, dass Sie offen und ehrlich sind. Wenn Sie sie selbst sind und Ihre Persönlichkeit einbringen, wird Ihnen das helfen, aus der einheitlichen, monotonen Masse hervorzustechen. Sehen Sie sich nur eines der dauerhaftesten Fernsehformate an – die Nachrichtensprecherin. Warum verwendet man so viel Sendezeit darauf, das Gesicht der Sprecherin zu zeigen? Wenn man nur ihre Stimme verwenden würde, würde das bedeuten, dass man viel mehr Inhalte vermitteln und Bilder von den Nachrichtenbeiträgen zeigen könnte.

Der Grund jedoch, aus dem man so viel Zeit darauf verwendet, nur den sprechenden Menschen zu zeigen, ist, dass dieses Vorgehen den Beiträgen, die oft banal sind, Persönlichkeit verleiht. Es verleiht ihnen auch Autorität und fühlt sich an wie ein persönliches Gespräch mit einer vertrauenswürdigen Quelle. Menschen reagieren auf Bilder und Videos von anderen Menschen. Es ist kein Zufall, dass YouTube und Facebook zu den größten Internetunternehmen der Welt zählen. Wir sind extrem daran interessiert, was andere Menschen tun oder sagen.

Sie können sich das für Ihr Unternehmen ganz leicht zunutze machen. Ein Beispiel wäre, ein Video auf Ihre Website zu stellen. Es kann so einfach sein wie ein Video, in dem Sie zu sehen sind und Ihre Produkte und Dienstleistungen beschreiben. Das können Sie innerhalb von fünf Minuten aufnehmen und hochladen, einfach mit einer mobilen Kamera oder sogar einem Smartphone. Ein anderes Beispiel wäre, die sozialen Medien als Zweiwege-Kommunikationsmedium zu nutzen, um eine persönliche Beziehung zu Kunden und potenzielle Kunden herzustellen. Allein schon diese zwei Dinge werden Ihre Kundenbeziehungen vertiefen, denn Sie geben Ihrem Unternehmen ein menschliches Gesicht.

Benutzen Sie Ihr Marketingmaterial nicht als Bildschirm, hinter dem Sie sich verstecken können. Nutzen Sie es, um Ihre Meinung kundzutun, Ihre Erkenntnisse, Ihren Rat und Ihre Kommentare und, vor allem anderen, seien Sie Sie selbst und authentisch. Das wird sofort eine Beziehung schaffen und Sie damit von sämtlichem anderen banalen und langweiligen Marketingmaterial um Sie herum unterscheiden.

Die Menschen öffnen ihre Post über einem Papierkorb und lassen beim Durchsehen ihrer E-Mails den Zeigefinger über der »Löschen«-Taste schweben. Sie sortieren ihre Post in zwei Haufen: Der erste wird geöffnet und gelesen und der zweite landet im Müll, oft ungeöffnet. Dabei sehnen sich die Menschen nach etwas Neuem, etwas Unterhaltsamem, etwas anderem. Wenn Sie Ihnen das liefern, haben Sie ihre Aufmerksamkeit. Wenn Ihr Werbetext »professionell« ist, ist er langweilig, monoton und wird ignoriert. Tatsache ist, dass die meisten Unternehmen es nicht wagen, Werbung zu versenden, mit der man auf sie aufmerksam wird. Sie haben Angst davor, was ihre Freunde, Verwandte, Branchenkollegen oder andere sagen oder denken könnten.

Also versenden sie Briefe und Werbeanzeigen, die zaghaft und »ich auch« sind. Nehmen Sie den Unternehmensnamen und das Logo weg, und sie sind so ziemlich austauschbar mit jedem anderen ihrer Wettbewerber. Sie dagegen sollten sich nur über eine Meinung Gedanken machen – die Ihrer Kunden und potenziellen Kunden. Ganz ehrlich, keine andere Meinung, auch nicht Ihre eigene, sollte den Ausschlag dafür geben, was Sie in Ihren Werbetext schreiben. Die Reaktionen zu prüfen und zu messen ist die einzig wirksame Methode, um die Wirksamkeit Ihres Werbetextes zu beurteilen.

Die Massen führen ein Leben in stiller Verzweiflung. Sie verzehren sich förmlich nach etwas, das ihre Aufmerksamkeit auf sich zieht oder sie unterhält, wenn auch nur für einen Moment. Ihre Aufgabe ist es, ihnen genau das zu geben.

Bausteine für großartige Werbetexte

Es ist unglaublich, wie dramatisch sich die Wirksamkeit einer Werbeanzeige verändert, wenn man nur ein Wort oder eine Phrase verändert. Es gibt ein paar Wörter, die extrem wirkungsvoll sind und emotionale Triggerpunkte bedienen. Lassen Sie zum Beispiel einmal diese drei Worte auf sich wirken:

1. Tier
2. Fisch
3. Hai

Welches dieser drei löst bei Ihnen die emotionalste Reaktion aus? Ich nehme an, das letzte, und doch könnten sie alle drei verwendet werden, um dasselbe Wesen zu beschreiben. Dasselbe gilt auch für die Worte, die Sie verwenden, wenn Sie Werbetexte gestalten. Manche Wörter lösen eine stärkere emotionale Reaktion aus als andere. Hier ist nur eine kleine Auswahl der häufigsten Worte, die die Aufmerksamkeit auf sich ziehen:

- kostenlos
- Sie/Du
- sparen
- Ergebnisse
- Gesundheit
- Liebe
- bewährt
- Geld
- neu
- leicht
- Sicherheit
- garantiert
- Entdeckung

Wenn Sie nur ein Wort in Ihrer Überschrift austauschen, kann das die Ergebnisse dramatisch verändern, die Sie erreichen. Denken Sie immer daran, **Menschen kaufen zuerst mit Emotionen und rechtfertigen es im Nachhinein mit logischem Denken**. Der Versuch, mit Fakten und Zahlen an das logische Denken der Menschen zu appellieren, damit sie etwas kaufen, ist totale Zeitverschwendung.

Die fünf größten Motivatoren des menschlichen Verhaltens, besonders des Kaufverhaltens, sind:

1. Angst
2. Liebe
3. Gier
4. Schuldgefühle
5. Stolz

Wenn Ihr Werbetext nicht zumindest einen dieser emotionalen Triggerpunkte anspricht, ist er wahrscheinlich zu zaghaft und damit wirkungslos.

Überschriften gehören zu den wichtigsten Bausteinen in Ihrem Werbetext. Ihre Aufgabe ist es, die Aufmerksamkeit Ihrer Zielgruppe auf sich zu ziehen und sie dazu zu bringen, den Fließtext Ihrer Werbung zu lesen. Die Überschrift ist quasi die Werbung für die Werbung und sollte auf das Ergebnis abzielen, das Ihr Leser bekommen wird. Sie sollten in Ihrem Marketing sehr oft Überschriften einsetzen, wenn Sie E-Mail-Betreffzeilen schreiben, Überschriften über Werbebriefe oder über Internetseiten. Hier eine kleine Auswahl an Überschriften aus den erfolgreichsten Werbekampagnen der Geschichte:

- Als ich mich ans Klavier setzte, lachten sie – aber dann fing ich an zu spielen!
- Wer will noch eine Figur wie ein Filmstar haben?
- Erstaunliches Geheimnis, entdeckt von einbeinigem Golfer, lässt Sie beim Drive 50 Yards weiter schlagen, beseitigt Hooks und Slices und kann Ihrem Spiel bis zu 10 Schläge ersparen – und das fast über Nacht!
- Geständnisse eines Anwalts, dem man die Zulassung entzogen hat
- Haben Sie einen erwachsenen Mann je weinen sehen?
- Offener Brief an jeden übergewichtigen Menschen in Portland
- Ist Ihnen das Leben eines Kindes 1 Dollar wert?
- Wie mich ein seltsamer Unfall vor der Kahlköpfigkeit bewahrte
- Wenn die Regierung Ihr Bankkonto einfriert – Was dann?
- Wie mich eine verrückte Tat zum Starverkäufer machte
- Frau von berühmtem Filmstar schwört unter Eid, dass ihr neues Parfum kein illegales Sex-Stimulans enthält!
- Unentdeckte Gewinne, die in Ihrem Hof verborgen liegen
- Beweis: Ärzte sind gefährlicher als Schusswaffen!

Haben Sie gemerkt, wie all diese erfolgreichen, bewährten Überschriften einen oder mehrere der fünf größten Motivatoren des menschlichen Verhaltens ansprechen?

Angst, besonders die Angst vor Verlust, ist einer der wirkungsvollsten emotionalen Triggerpunkte, den Sie in Ihrem Werbetext ansprechen können. Das Wissen, wie bestimmte Worte mit bestimmten Emotionen verknüpft sind, verleiht Macht.

Viele machen sich Sorgen, dass dies zu manipulativ sei. Genau wie jedes wirksame Werkzeug kann es für gute oder böse Zwecke verwendet werden und mit Sicherheit tun viele Leute beides.

Ein scharfes Messer in der Hand eines Chirurgen kann benutzt werden, um ein Leben zu retten; in der Hand eines Verbrechers, um ein Leben zu nehmen. Doch in jedem Fall müssen wir verstehen, wie dieses mächtige Werkzeug funktioniert, und wir kommen wohl kaum darum herum, es selbst zu verwenden.

Dasselbe gilt auch für emotionale Werbetexte im Direct-Response-Marketing. Sie sind ein wirkungsvolles Hilfsmittel für den Verkauf, aber Sie sollten sie nie auf unethische Weise benutzen.

Wenn Sie etwas verkaufen, das im besten Interesse Ihres Kunden oder potenziellen Kunden ist, erweisen Sie ihm einen großen Dienst, wenn Sie dieses wirkungsvolle Mittel einsetzen. Sie bewahren ihn davor, das minderwertigere Produkt oder den minderwertigeren Service eines anderen Anbieters zu kaufen.

So werden Sie Teil des Selbstgesprächs im Kopf Ihres potenziellen Kunden

Wir alle haben ein Selbstgespräch im Kopf, das ständig läuft. Manchmal wird es auch als »inneres Sprechen« bezeichnet.

Dieses Selbstgespräch ist bei einer werdenden Mutter völlig anders als bei einem Rentner, oder bei einer fanatischen Fitnessanhängerin als bei einem Sofahelden. Auch deshalb ist es so wichtig, Ihren Zielmarkt gut zu verstehen.

Ein emotionaler Triggerpunkt bei der einen Zielgruppe wird bei einer anderen auf taube Ohren stoßen. Emotionale Werbetexte im Direct-Response-Marketing sind kein Ersatz dafür, GANZ GENAU zu verstehen, wer Ihre Zielgruppe ist und was deren emotionale Trigger sind.

Bevor Sie auch nur ein einziges Wort Werbetext schreiben, müssen Sie im Innersten verstehen, wie Ihre Zielgruppe denkt und spricht, welche Sprache sie verwendet und auf welche sie reagiert, wie ihr Tag aussieht und welche Selbstgespräche in ihrem Kopf stattfinden. Was sind ihre Ängste und Frustrationen? Was begeistert und motiviert sie?

Die Forschung ist die am meisten vernachlässigte Komponente beim Werbetexten, und sie ist der Hauptgrund, aus dem selbst die wirkungsvollsten Texte manchmal scheitern. Emotionale Werbetexte im Direct-Response-Marketing sind ein mächtiges Werkzeug in Ihrem Marketingarsenal. Aber Sie müssen wissen, dass sie in einen Prozess eingebettet sind. Stellen Sie Forschungen an, schreiben Sie, dann prüfen und messen Sie, und dann sind Sie 99,9 Prozent Ihrer Wettbewerber weit voraus.

Eine weitere Methode, um Teil des Selbstgespräches Ihrer potenziellen Kunden zu werden, ist, den Elefanten im Raum anzusprechen. Es ist ganz normal, dass man immer versucht, das eigene Unternehmen im möglichst günstigsten Licht darzustellen, wenn man sich selbst vermarktet. Doch das führt oft zu einem der häufigsten Marketingfehler: Man spricht nur die positiven Aspekte an, die sich ergeben, wenn man mit Ihnen ins Geschäft kommt. Den Elefanten im Raum zu vermeiden, mit anderen Worten, die Risiken, die mit einem Kauf bei Ihnen einhergehen, ist ein Anfängerfehler.

Die Amygdala ist der Teil unseres Gehirns, in dem die Angst sitzt. Sie beherrscht unsere Reaktionen auf Ereignisse, die für unser Überleben wichtig sind, und sie stimuliert die Angst, um uns vor unmittelbar drohender Gefahr zu warnen. Wenn Sie nachts von einem verdächtig aussehenden Menschen verfolgt werden und Ihr Herz pocht, dann ist das Ihre Amygdala, die ihre Aufgabe erfüllt. Das ist gut. Doch die Amygdala im Gehirn Ihres potenziellen Kunden kann ihn auch davon abhalten, bei Ihnen zu kaufen. Das ist schlecht.

Egal ob Sie ein Café besitzen oder eine Privatklinik, wenn ein potenzieller Kunde sich überlegt, ob er bei Ihnen kaufen will, führt die Amygdala eine Bewertung der mit der Aktion verbundenen potenziellen Risiken durch. Das Risiko, das die Amygdala bewertet, kann so trivial sein wie ein Latte Macchiato, der nicht schmeckt, oder so schwerwiegend wie der vorzeitige Tod auf einem Operationstisch. Doch in jedem Fall findet im Hintergrund immer eine Risikobewertung statt. Als Unternehmer und Marketer müssen Sie das wissen. Wenn Sie also in Ihrem Marketing dieses Problem aussparen, erlauben Sie der Amygdala im Gehirn Ihres potenziellen Kunden, Alarm zu schlagen und den Verkauf möglicherweise zu vereiteln. Angesichts der Tatsache, dass diese Risikobewertung stattfindet, ob Sie das nun wollen oder nicht, warum dann nicht selbst daran teilnehmen und die Chance ergreifen, indem Sie jegliche potenziellen Hindernisse ansprechen, die dem Verkauf entgegenstehen, bevor diese womöglich noch Ihre Verkaufszahlen schädigen?

Beim traditionellen Verkaufen sagt man, man solle Widerstände überwinden; doch in Wahrheit werden Widerstände nur selten ausgesprochen. Die Höflichkeit in unserer Gesellschaft gebietet uns, unsinniges Zeug zu sagen wie »Das muss ich mir noch mal überlegen«, während in unserem Inneren die Amygdala kreischt: »Nichts wie raus hier!« Zu einem guten Werbetext gehört es auch, potenziellen Kunden zu erklären, für wen Ihr Produkt oder Ihre Dienstleistung NICHT geeignet ist. Es gibt drei sehr gute Gründe, aus denen Sie das tun sollten.

Erstens, es filtert Leute heraus, die nicht zu Ihrem Zielmarkt gehören oder zu denen das, was Sie anbieten, nicht gut passen würde. Das stellt sicher, dass Sie Ihre Zeit nicht mit potenziellen Kunden verschwenden, die keine guten Kunden oder sogar gar keine Kunden sein würden. Es reduziert auch die Anzahl der Rückerstattungen und Beschwerden von Kunden, die nicht richtig verstanden haben, was sie da gekauft haben.

Zweitens macht es Sie sofort glaubhafter, wenn Sie den Kunden erklären, für wen dieses Produkt gedacht ist. Es fühlt sich sehr viel unparteiischer an, wenn Sie beide Seiten darstellen, für wen es ist und für wen nicht.

Und schließlich werden die potenziellen Kunden, für die Ihr Produkt oder Service gedacht ist, dieses eher als maßgeschneidert für ihre Bedürfnisse betrachten, als wenn Sie gesagt hätten, es ist für alle und jeden. Es fühlt sich dann passgenauer und exklusiver an.

Eine weitere ausgezeichnete Methode, in den Kopf Ihres potenziellen Kunden zu kommen, ist es, herauszufinden, wem sie die Schuld geben, und in Ihrem Werbetext dann etwas einzusetzen, was man den »gemeinsamen Feind« nennt. Wenn man sie fragt, warum sie keinen Erfolg hatten, geben die meisten Menschen eine der folgenden Antworten:

- Die Wirtschaft
- Die Regierung
- Zu hohe Steuern
- In schlechten Verhältnissen aufgewachsen/schlechte Eltern gehabt
- Keine Unterstützung durch Familie oder Freunde
- Keine Zeit
- Kein Geld
- Keine Gelegenheit
- Mangel an Fähigkeiten oder Bildung
- Unfairer Chef

An dieser Liste ist nur eines falsch: Sie selbst stehen nicht drauf!

Im Folgenden sehen Sie die Ergebnisse einer nationalen Umfrage, die eine größere Zeitung über die »Belastung durch die Lebenshaltungskosten« durchführte, auch bekannt als »zu hohe Ausgaben und zu geringes Einkommen«. Sie sehen, wie wenige Menschen sich selbst die Schuld an ihren aktuellen Lebensumständen geben.

Wem geben Sie die Schuld an der Belastung durch die Lebenshaltungskosten?
(Erste Angabe von Menschen, die nicht oder kaum zurechtkommen)

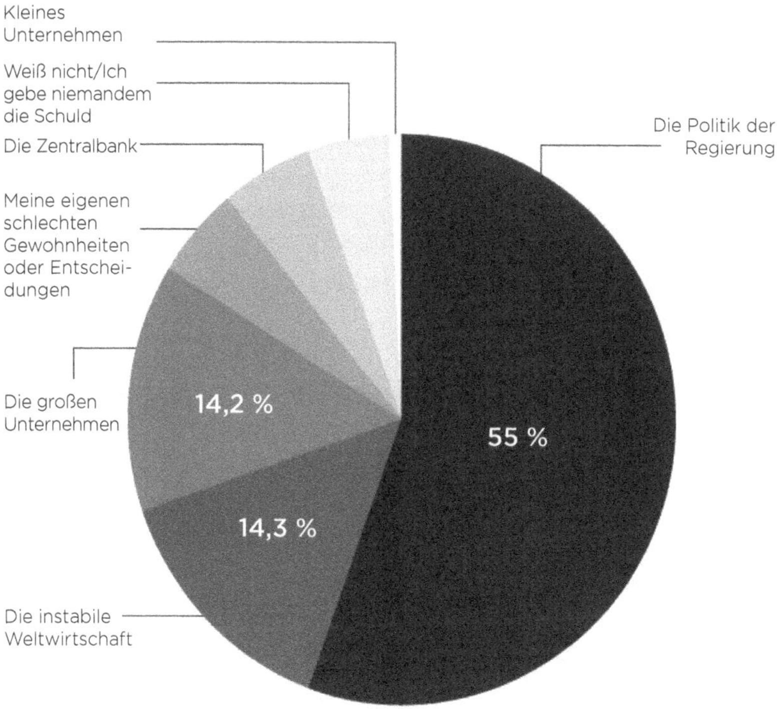

Laut einer Studie des *Journal of Safety*[5] glauben 74 Prozent der Amerikaner*innen, dass sie überdurchschnittliche Autofahrer*innen sind. Dagegen glauben nur 1 Prozent, dass sie unterdurchschnittlich fahren.

Mit dem Schuldbewusstsein ist es genau das Gleiche. Wie oft haben Sie schon Kinder sagen hören »Das ist nicht meine Schuld!«? Als Erwachsene sind die Menschen größtenteils genauso. Die meisten von uns glauben nicht, dass wir im Unrecht sind. Und was können Sie mit diesem Wissen anfangen? Erstens: Geben Sie in Ihrem Werbetext

5 *Journal of Safety Research* vol. 34 (2003).

niemals Ihren potenziellen Kunden die Schuld für die Position, in der sie sich befinden. Wenn wir Teil des Gesprächs in ihrem Kopf werden wollen, muss unsere Marketingbotschaft diesen laufenden Gedankenprozess berücksichtigen – egal wie sehr er uns vielleicht widerstrebt.

Der »gemeinsame Feind« ist eine großartige Methode, um sich die »Das ist nicht meine Schuld«-Mentalität zunutze zu machen. Nehmen Sie etwas Wichtiges aus der Beschuldigungsliste Ihres potenziellen Kunden, schlagen Sie sich auf seine Seite und verknüpfen Sie es mit einer Lösung, die Sie anbieten können. Hier ein Beispiel für eine Überschrift, die ein Buchhalter nützlich finden könnte:

»Kostenlose Infobroschüre erklärt, wie Sie Ihr hart verdientes Geld vom gierigen Steuereintreiber zurückholen können«

Dies ist eine großartige Möglichkeit, sich mit Ihrem potenziellen Kunden zu verbünden und ihm gleichzeitig eine Lösung anzubieten. Indem Sie einen gemeinsamen Feind anführen, stellen Sie mit dem potenziellen Kunden eine Verbindung her und werden als Retter vor dem Feind betrachtet – in diesem Fall die Steuerbehörde.

Der »gemeinsame Feind« rüttelt sie auf, wird Teil des Selbstgesprächs in ihrem Kopf und lässt die Emotionen hochkochen, die dicht unter der Oberfläche bereits vorhanden sind.

Es ist eine großartige Methode, zum potenziellen Kunden durchzudringen und seine Aufmerksamkeit auf sich zu ziehen.

Den richtigen Namen für Ihr Produkt, Ihren Service oder Ihr Unternehmen finden

Ich hatte schon viele Male mit Unternehmern die »Namensdiskussion«. Meist verläuft sie so: Ich werde um meine Meinung über einen neuen Namen oder mehrere Varianten davon für ein neues Produkt, eine Dienstleistung oder ein unternehmerisches Vorhaben gefragt. Dann folgt oft eine Erklärung des Namens oder der Namen, die man in Betracht zieht. Hier meine Einstellung zum Thema Namen: Wenn man den Namen erklären muss, ist er für mich schon gescheitert. Der

Titel sollte mit dem Inhalt übereinstimmen. Mit anderen Worten, wenn der Name nicht automatisch klarmacht, was das Produkt, die Dienstleistung oder das Unternehmen ist, haben Sie von vornherein einen Nachteil. Wenn ich den Leuten diesen Rat gebe, schütteln manche ungläubig den Kopf. Was ist dann mit den großen Marken mit ungewöhnlichen Namen wie Nike, Apple, Skype, Amazon und so weiter? Da muss mir doch etwas entgangen sein, wenn ich einen so simplen Rat erteile? Die Sache ist die: All diese großen Marken geben Hunderte Millionen Dollar für Werbung aus, um den Menschen beizubringen, wer sie sind und was sie machen. Wie viel sind Sie bereit, dafür auszugeben?

Und dabei sprechen wir hier noch nicht einmal von Werbung, die etwas verkauft oder Kundenkontakte generiert. Wir sprechen von Werbung, die den Leuten einfach nur erklärt, was Sie tun. Ich kann mir keine größere Geldverschwendung vorstellen. Indem Sie einen Namen wählen, der nicht selbsterklärend ist, haben Sie von vornherein einen Nachteil und müssen diesen dann aufholen, indem Sie einen Haufen Geld für Werbung ausgeben, um die Situation klarzustellen. Dabei war alles, was Sie tun mussten, um diese kolossale Geldverschwendung zu vermeiden, Ihr Unternehmen »Ruck-zuck Klempnerservice« zu nennen, was sofort erklärt, was Sie tun und wofür Sie stehen, anstatt »Aqua Solutions«, wonach Sie dann erklären müssen, dass »Aqua« Lateinisch für »Wasser« ist, »Solutions« Englisch für »Lösungen« und dass Sie »Komplettlösungen im Sanitärbereich« anbieten (was das auch immer heißen soll), und deshalb der Name »Aqua Solutions«.

Ich habe schon so viele Male Namen für Unternehmen oder Produkte gesehen, deren Bedeutung unklar war. Manchmal ist es ein Wortspiel; ein anderes Mal ist es ein unergründlicher Bezug auf etwas Literarisches; und beim nächsten Mal ein erfundenes Wort, dessen Bedeutung sich nur seinem Erschaffer erschließt. Die Wahrheit ist, egal wie clever Ihr Name ist, nur wenige werden sich die Mühe machen, seine Bedeutung oder Herkunft zu entschlüsseln. Diese Dinge sind für Sie vielleicht wichtig, weil Ihr Unternehmen Ihr Baby ist, aber nur selten verschwendet ein potenzieller Kunde oder Kunde darauf auch nur einen Gedanken.

Was noch schlimmer ist, ist, dass »clever sein« oft Verwirrung stiftet und gegen Sie arbeitet. Wie wir schon früher in diesem Kapitel erwähnten, führt Verwirrung zum Verlust von Abschlüssen. Wenn Sie die Leute verwirren, verlieren Sie sie. So einfach ist das. **Wählen Sie immer Klarheit vor Cleverness**. Es ist schon schwer genug, die Leute dazu zu bringen, eine Nachricht zu lesen, zu verstehen und dann im besten Fall darauf zu reagieren. Aber wenn Sie ein kleines Unternehmen mit einem bescheidenen Marketingbudget sind und in diesen Mix absichtlich noch Verwirrung hineinbringen, ist das einfach Irrsinn.

Und schließlich, fragen Sie bitte nicht Freunde und Familienangehörige nach ihrer Meinung über Ihren cleveren neuen Namen. Sie werden natürlich Ihre Idee hoch loben und Ihnen Komplimente machen, was ein gutes Gefühl, aber wahrscheinlich nicht wirklich hilfreich ist. Sie sollten auf jeden Fall Tests machen und Meinungen einholen, aber von objektiven Leuten, die zu Ihrem Zielmarkt gehören – nicht von denen, die schon wissen, was Sie machen. Ein Name kann für Sie oder gegen Sie arbeiten und es ist teuer und schwierig, ihn später noch einmal zu ändern. Machen Sie sich also Gedanken darum und investieren Sie einiges an Zeit und Mühen, und vor allem anderen: Fokussieren Sie sich auf Klarheit.

Kapitel 2 Aktionspunkt:

Was ist Ihre Botschaft an Ihren Zielmarkt?
Füllen Sie Feld #2 in Ihrem ***Marketingplan auf einer Seite*** aus.

3

POTENZIELLE KUNDEN MIT MEDIENWERBUNG ERREICHEN

Kapitel 3 – Vorschau

Werbung in den Medien ist das Vehikel, über das Sie Ihren Zielmarkte erreichen und Ihre Botschaft vermitteln. Meist ist sie die teuerste Komponente Ihres Marketings, also muss die Medienwerbung sorgfältig ausgewählt und gemanagt werden, um sicherzustellen, dass Sie einen guten ROI (Return on Investment) bekommen.

Zentrale Punkte in diesem Kapitel sind:

- Warum es nichts bringt, »Ihren Namen bekannt zu machen«.
- Wie man durch Werbung einen guten ROI (Return on Investment) bekommt.
- Der Customer-Lifetime-Value und wie er zwischen »Front-End« und »Back-End« aufgeteilt wird.
- Welche Rolle die sozialen Medien für Ihr Unternehmen spielen.
- Wie Sie E-Mail und Post effektiv für Ihre Werbemittelstrategie einsetzen.
- Wie Sie Ihr Unternehmen vor dem SPoF (Single Point of Failure) schützen.

Potenzielle Kunden mit Medienwerbung erreichen

Glücksspiel um den ROI

JOHN WANAMAKER, EINER DER Großen des Marketing, ist bekannt für sein Zitat: »Die Hälfte des Geldes, das ich für Werbung ausgebe, ist verschwendet; das Problem ist nur, dass ich nicht weiß, welche Hälfte.«

Vor 100 Jahren, als er das sagte, war das verständlich, doch heutzutage ist es ein grober Verstoß, so etwas zu sagen. Und dennoch führt tatsächlich kaum ein kleines Unternehmen ein Tracking seiner Werbung durch, und wenn, dann nur sporadisch. Wenn man nicht misst, woher die eigenen Leads und Verkäufe herkommen, und wenn man den ROI der Ausgaben für Werbung nicht nachverfolgt, ist man ein Amateur. Jeder von uns hat heute die Technik zur Verfügung, um schnell, einfach und billig die Effektivität der Werbung nachzuverfolgen.

Tools wie kostenlose Rufnummern, Webseitenanalyse oder Coupon-Codes machen das Ganze sehr einfach. Denken Sie daran: **Nur was gemessen wird, kann auch gesteuert werden**. Seien Sie rigoros mit Ihren Ausgaben für Werbung, indem Sie kappen, was nicht läuft, und stattdessen mehr in die Maßnahmen investieren, die laufen. Und um zu wissen, was läuft und was nicht, muss man natürlich tracken und messen.

Das ist lebenswichtig, denn die Medien sind mit Abstand die teuerste Komponente unter Ihren Marketingausgaben. Sie sind die Brücke, die Ihr Angebot mit Ihrem Zielmarkt verbindet. Egal ob Sie traditionelle Medien nutzen, wie Radio, Fernsehen oder Print, oder neuere, digitale Medien, wie soziale Medien, Suchmaschinenoptimierung (SEO) oder E-Mail-Marketing, Sie müssen deren jeweilige Eigenarten kennen.

Es würde den Rahmen dieses Buches sprengen, auf die technischen Details jeder Medienkategorie und Unterkategorie einzugehen. Ich möchte Ihnen jedoch folgenden ganz allgemeinen Rat geben: Engagieren Sie Experten, die sich auf das jeweilige Medium spezialisiert haben, das Sie für Ihre Kampagne gewählt haben – diese Leute sind Gold wert. Versuchen Sie nicht, es selbst zu machen, vor allem, wenn es um den teuersten Teil in Ihrem Marketingprozess geht. **Was Sie nicht wissen, WIRD Ihnen schaden**. Ob Sie Onlinemedien wie soziale Medien, E-Mail oder das Internet verwenden oder analoge Medien wie Direktmailings, Print oder Radio, jeder Bereich hat seine eigenen Regeln und technischen Finessen, und Sie werden es sehr wahrscheinlich vermasseln, wenn Sie damit keine Erfahrung haben. Es wäre doch tragisch, wenn Sie Ihren Zielmarkt gefunden und Ihr Angebot richtig gestaltet hätten, und dann Ihre Kampagne floppt, weil Sie ein technisches Detail bei Ihrem Medium vermasselt haben.

Man stellt mir oft Fragen wie »Was ist eine gute Rücklaufquote für ein Direktmailing?« oder »Welche Öffnungsrate kann ich beim E-Mail-Marketing erwarten?«. Man erwartet dann von mir, dass ich eine Zahl sage. Etwas wie »Von Direktmailing können Sie eine Rücklaufquote von 2 Prozent erwarten« oder »Bei E-Mails können Sie eine Öffnungsrate von 20 Prozent erwarten«.

Meist kommen diese Fragen von gutmeinenden Unternehmern, die noch dabei sind, ihre Marketinginfrastruktur aufzubauen. Meine Antwort ist immer dieselbe – es kommt darauf an. Manchmal ist eine Rücklaufquote von 50 Prozent ein Desaster und manchmal ist eine Rücklaufquote von 0,01 Prozent ein Riesenerfolg.

Die Rücklaufquote hängt ganz stark von bestimmten Faktoren ab, etwa wie relevant die Botschaft für den Zielmarkt ist, wie überzeugend das Angebot ist und wie die Liste zustande kam, die Sie bewarben. Hinter der, eigentlich unsinnigen, Frage, was eine gute Rücklaufquote ist, verbirgt sich in Wahrheit die Frage: »Wie kann ich den Erfolg meiner Marketingkampagne messen?«

Wie also misst man den Erfolg einer Marketingkampagne?

Für die Ungeduldigen hier die kurze Antwort: Hat Ihnen die Marketingkampagne mehr Geld eingebracht, als sie Sie gekostet hat? Oder anders gesagt, was war der Return on Investment (ROI) der Marketingkampagne? Wenn die Kampagne Sie mehr gekostet hat, als Sie Gewinn damit gemacht haben (oder je machen werden), dann ist sie gescheitert. Wenn sie Sie weniger kostete, als sie Gewinn brachte, dann ist sie ein Erfolg.

Natürlich werden mir hier einige widersprechen und sagen, dass selbst eine Kampagne, bei der man Geld verlor, einen Wert hatte, weil sie »Ihren Namen bekannt gemacht hat« oder eine Art »Branding«-Übung war. Aber wenn Sie keine Mega-Marke sind wie Nike, Apple, Coca-Cola oder Ähnliche, dann ist es sehr wahrscheinlich, dass Sie es sich nicht leisten können, zig Millionen Euro mit einem vagen Marketing wie »Branding« zu verbrennen oder um »Ihren Namen bekannt zu machen«.

Anstatt »Ihren Namen bekannt zu machen«, sollten Sie sich vielmehr darauf konzentrieren, sich mit den Namen Ihrer potenziellen Kunden vertraut zu machen.

Ich stelle mir Marketing gerne als einen Vorrat an Schießpulver vor. Sie müssen Ihren begrenzten Vorrat an Schießpulver klug einsetzen, damit Ihre Jagd erfolgreich ist, Sie siegreich heimkehren und Ihre Familie ernähren können. Wenn Sie jedoch anfangen, wild in der Gegend herumzuballern, erschrecken und verscheuchen Sie Ihre Beute nur. Wenn Sie Erfolg haben wollen, müssen Sie schon gezielt und clever vorgehen.

Wenn Sie ein kleines oder mittleres Unternehmen sind, müssen sich Ihre Ausgaben fürs Marketing auszahlen. Wenn Sie Ihr vergleichsweise winziges Marketingbudget in ein schwammiges Marketing stecken, hat das denselben Effekt wie Kinderpipi im Meer.

Massenmarketing/Branding/seinen Namen bekannt machen – diese Spiele kann im Marketing nur gewinnen, wer über einen Munitionsvorrat von der Größe einer Atombombe verfügt. Wenn Sie ein kleines bis mittleres Unternehmen sind, ist das kein Spiel, für das Sie gerüstet sind. Für diesen Fall müssen wir uns zunächst einmal die Zahlen genau ansehen.

Spielen wir einmal ein Zahlenbeispiel durch, um das Ganze zu verdeutlichen. Ich werde die Zahlen klein und gerade halten, damit es so klar wie möglich ist.

Sie starten eine Direktmailing-Kampagne, bei der Sie 100 Briefe herausschicken.

Die Kosten für den Druck und das Versenden der 100 Briefe betragen 300 Euro.

Auf die 100 Briefe antworten zehn Leute (10 Prozent Antwortrate).

Von den zehn Leuten, die geantwortet haben, kaufen am Ende zwei etwas von Ihnen (20 Prozent Abschlussrate).

Daraus können wir eine der wichtigsten Zahlen im Marketing errechnen: die Kundenakquisitionskosten (Customer Acquisition Cost). In diesem Beispiel haben Sie zwei Kunden akquiriert, und die Kampagne kostete Sie insgesamt 300 Euro. Also betragen Ihre Kundenakquisitionskosten 150 Euro.

Wenn nun das Produkt oder die Dienstleistung, die Sie diesen Kunden verkaufen, Ihnen einen Gewinn von nur 100 Euro pro Verkauf einbringen, dann haben Sie durch diese Kampagne einen Verlust gemacht. Sie haben mit jedem Kunden, den Sie durch diese Kampagne akquiriert haben, 50 Euro verloren (negativer ROI).

Wenn jedoch das Produkt oder die Dienstleistung, die Sie verkaufen, Ihnen einen Gewinn von 600 Euro pro Verkauf einbringt, dann war die Kampagne gewinnbringend. Sie haben an jedem akquirierten Kunden 450 Euro verdient (positiver ROI).

Das ist natürlich ein sehr vereinfachtes Beispiel, aber es zeigt, wie irrelevant statistische Größen wie Antwortraten oder Abschlussraten sein können. Unsere primäre Sorge gilt dem Return on Investment, der von den Kundenakquisitionskosten abhängt und davon, wie viel tatsächlichen Gewinn eine Marketingkampagne erbringt.

Einer der ganz großen Vorteile, wenn man eine Nische bewirbt, ist, dass das Marketing damit sehr viel billiger wird. Gezielte Werbung ist am Ende sehr viel billiger als Massenmarketing, denn dabei gibt es viel weniger Verschwendung.

Wenn Sie Fotos von Neugeborenen machen, sind Sie besser damit bedient, im Magazin *Eltern* zu werben, als eine Fotoanzeige in den allgemeinen Kleinanzeigen zu schalten.

Ihre Kundenakquisitionskosten werden dramatisch sinken, weil der Message-to-Market-Match – die Tatsache, dass die Botschaft zum Markt passt – viel besser ist und von daher Ihre Erfolgsquote viel höher sein wird, als wenn Sie eine allgemeine Botschaft in Ihrer Werbeanzeige hätten.

Die Kosten für Ihre Werbeanzeigen wären ebenfalls geringer, weil Ihr Zielmarkt kleiner ist.

Denken Sie dran: Das einzige Ziel Ihrer Anzeige ist, dass Ihr potenzieller Kunde sagt: »Oh, das ist ja was für mich.«

Wenn man versucht, für jeden alles zu sein, ist es unwahrscheinlich, dass man diese Reaktion erhält.

»Front-End«, »Back-End« und Customer Lifetime Value

Im genannten Beispiel haben wir errechnet, dass wir, wenn wir nur 100 Euro Gewinn pro Verkauf machen, durch die Kampagne Verluste einfahren. Doch in diesem Beispiel haben wir eine andere wichtige Zahl nicht berücksichtigt, die den Erfolg von Marketing misst – den **Customer Lifetime Value**.

Wenn wir zum Beispiel als direktes Ergebnis aus der Kampagne 100 Euro verdienen, der Kunde aber dann weiterhin bei uns einkauft, ändert das die Wirtschaftlichkeit der Kampagne vollkommen. Eine Kampagne, die zunächst wie ein Verlust aussieht, kann zum Gewinn werden, wenn wir den lebenslangen Wert eines Kunden berücksichtigen.

Jetzt müssen wir berücksichtigen, wie viel wir wahrscheinlich über die gesamte Dauer der Geschäftsbeziehung mit einem Kunden an ihm verdienen, wenn Sie zum Beispiel Drucker verkaufen, die Patronen brauchen, oder ein Auto, das regelmäßige Wartung braucht, oder etwas anderes, das ein Kunde immer wieder kauft; zum Beispiel einen Haarschnitt, Massagen, Versicherungen, Internetanschluss und so weiter.

Der Gewinn, den wir gleich zu Beginn einer Kampagne machen, wird »Front-End« genannt. Der Gewinn, den wir später durch nachfolgende Käufe machen, wird »Back-End« genannt. Zusammengenommen machen diese beiden Kennzahlen den Customer Lifetime Value aus.

Der Customer Lifetime Value und die Kundenakquisitionskosten sind die beiden Schlüsselkennzahlen, die Sie kennen müssen, um die Effektivität Ihres Marketings zu messen. Die anderen Statistiken, wie Reaktionsraten und Umwandlungsraten, sind für sich gesehen nutzlos. Wir verwenden sie lediglich, um diese beiden Kennzahlen zu bestimmen, die uns das wahre Bild davon vermitteln, wie effektiv unser Marketing ist.

Wenn Sie diese Kennzahlen für Ihr eigenes Unternehmen noch nicht kennen, wird es jetzt Zeit, mit dem Messen anzufangen und Ihr Marketing berechenbar zu machen. Wenn man diese Kennzahlen konsequent prüft, misst und verbessert, bauen Sie damit ein Wachstumsunternehmen auf.

Das »Front-End«-Angebot ist das Angebot, das von potenziellen Kunden gesehen wird (Leuten, die noch nicht Ihre Kunden sind). Das sind Leute, die Sie nicht kennen und keinen Grund haben, Sie zu mögen oder Ihnen zu vertrauen. Im Allgemeinen ist es das Ziel Ihres Front-End-Angebots, sich Kunden zu verschaffen und genug Gewinn durch die erste Transaktion zu machen, um zumindest die Kundenakquisitionskosten zu decken. Das macht das Schalten von Anzeigen sehr nachhaltig. Der echte Gewinn wird aber mit dem »Back-End« gemacht, durch wiederholte Käufe von bestehenden Kunden.

Manchmal ist es sinnvoll, »ins Minus zu gehen«, also im Front-End Geld zu verlieren, weil Sie ganz sicher wissen, dass Sie es im

Back-End mehr als wettmachen werden. Das ist oft bei Subskriptionsgeschäften oder Geschäften, die einen hohen Lifetime Value haben, der Fall. Wenn Sie Ihre Kennzahlen aber nicht kennen, kann das eine sehr riskante Strategie sein, bleiben Sie also zunächst bei dem Ziel, dass das Front-End die Kundenakquisitionskosten deckt, bis Sie Ihre Lifetime-Value-Kennzahlen gut im Griff haben. In Kapitel 8 werden wir noch mehr über das Back-End und den wachsenden Customer Lifetime Value sprechen. Dies kann Ihr Geschäft revolutionieren und Verlustkampagnen in Gewinnerkampagnen verwandeln.

Sind die sozialen Medien ein Allheilmittel?

Zweifellos sind das Internet und die sozialen Medien ein Durchbruch. Sie haben die Information demokratisiert und haben nie dagewesene Möglichkeiten der Vernetzung geschaffen. Es wird jedoch eine Menge Hype um diese »neuen Medien« gemacht, wie man sie auch oft nennt. Besonders bei dem Hype, der um die sozialen Medien gemacht wird, könnte man meinen, sie seien ein Marketing-Allheilmittel. Viele selbsternannte »Gurus« in den sozialen Medien möchten Sie glauben lassen, dass die sozialen Medien die Zukunft jeglichen Marketings sind, und wenn man nicht den Großteil oder sämtliche Marketingressourcen in die sozialen Medien stecke, sei man ein Technikfeind, der bald auf der Strecke bleiben werde.

Natürlich muss man, wie bei allen Hypes, einen kühlen Kopf bewahren, um Fakten und Fiktion zu unterscheiden. Doch bevor ich hier noch als Gegner der sozialen Medien gebrandmarkt werde, möchte ich die Dinge richtigstellen. Ich habe schon in zahlreichen Unternehmen soziale Medien genutzt und nutze sie noch immer regelmäßig.

Aber weil um die sozialen Medien ein solcher Riesenhype gemacht wird, möchte ich sie für Sie ins rechte Licht rücken und Ihnen helfen, zu erkennen, wo sie in die Gesamtstrategie Ihres Marketings hineinpassen.

Eine erfolgreiche Marketingkampagne muss drei zentrale Elemente berücksichtigen:

1. **Markt** (siehe Kapitel 1): der Zielmarkt, an den Sie Ihre Botschaft richten
2. **Botschaft** (siehe Kapitel 2): die Marketingbotschaft oder das Angebot, das Sie versenden
3. **Medien** (siehe dieses Kapitel): das Kommunikationsmittel, das Sie verwenden, um Ihre Botschaft an Ihren Zielmarkt zu bringen; zum Beispiel Radio, Direktmailing, Telemarketing, Internet, Fernsehen und so weiter

Für eine erfolgreiche Kampagne müssen Sie alle drei abdecken. Sie müssen die richtige Botschaft an den richtigen Zielmarkt über die richtigen Medienkanäle schicken. Wenn Sie eines dieser Elemente nicht richtig angehen, wird das Ihre Marketingkampagne wahrscheinlich zum Scheitern bringen. Wenn Sie diese Rahmenbedingungen verstehen, verstehen Sie den Gesamtzusammenhang. Soziale Medien sind – per definitionem – eine **Medienform**, und das ist noch keine Strategie.

Die lange erprobten Grundlagen des Marketings ändern sich nicht plötzlich, nur weil gerade ein neues Medium daherkommt. Als Nächstes muss man sich fragen, ist dies das richtige Medium für mein Geschäft? Wohlgemerkt, von den drei Dingen, die wir für eine erfolgreiche Kampagne brauchen, sind die Medien nur eines. Jede Medienform hat ihre Eigenarten, und auch die sozialen Medien sind da keine Ausnahme. Hier einige Tipps, worauf Sie bei den sozialen Medien achten müssen.

Erstens sind sie nicht das ideale Verkaufsumfeld. Ich stelle mir die sozialen Medien gerne wie eine geselliges Beisammensein oder eine Party vor. Wir haben es alle schon einmal erlebt, dass bei so einer Party jemand – vielleicht ein Familienmitglied oder eine Freundin – meinte, er oder sie müsste unbedingt dieses Multi-Level-Marketing-Ding durchziehen. Sie wissen schon, wenn derjenige anfängt, einem vorzuschwärmen, wie gesund diese neuen Kapseln oder dieser neue Vitamintrunk sind, und versucht, einem etwas zu verkaufen oder andere anzuheuern, selbst etwas zu verkaufen.

Das löst bei jedem ein ungutes Gefühl aus, denn es fühlt sich nach Push-Verkauf an und ist eine völlig unpassende Gelegenheit für eine Verkaufsveranstaltung. Mit den sozialen Medien ist es genau dasselbe. Offenes Verkaufen und permanentes Pitchen von Angeboten werden im Allgemeinen in den sozialen Netzwerken als schlechtes Benehmen betrachtet, und das kann dazu führen, dass man die Menschen eher von seinem Unternehmen wegtreibt, als sie zu gewinnen.

Aber genau wie ein echtes geselliges Treffen sind die sozialen Medien ein großartiger Ort, um Beziehungen zu knüpfen und auszubauen, die später zu etwas Kommerziellem werden können, wenn es gut passt. Eines der wirkungsvollsten Vorgehen, die ich in den sozialen Medien gesehen habe, ist die Möglichkeit, die Emotionen der Kunden in Bezug auf das eigene Unternehmen zu beurteilen und sich auf mündliche Kundenäußerungen in einem öffentlichen Forum einzulassen, seien es Lob oder Beschwerden.

Ein positiver Nebeneffekt davon ist, dass man sich in der Gesellschaft beweisen kann. Zugänglich zu sein, auf Kritik oder Lob zu reagieren und sich auf die Kunden einzulassen, baut Vertrauen auf und gibt potenziellen wie bestehenden Kunden das Gefühl, dass sie es mit Menschen zu tun haben und nicht mit einem gesichtslosen Unternehmen. Denn eines ist klar: Menschen wollen bei Menschen kaufen.

Es gibt allerdings zwei potenzielle Fallen bei den sozialen Medien.

Erstens können sie ein Zeitfresser sein. Wenn man das Gefühl hat, man müsste auf jeden noch so banalen Kommentar antworten, kann das anstrengend sein, und es kann Zeit kosten, die Ihnen dann für andere Marketingmaßnahmen fehlt, die Ihnen im Verhältnis zu der Zeit und dem Geld, das sie hineinstecken, weit mehr Gewinn bringen würden. Es ist wichtig, dass man in der Anwendung der sozialen Medien diszipliniert ist. Genau wie Sie Ihre Angestellten nicht den ganzen Tag herumstehen und quatschen lassen würden, können Sie auch nicht zulassen, dass Sie selbst oder Ihre Mitarbeiter sich in ewigen

Internetchats verlieren. Manche haben den Eindruck, Marketing auf den sozialen Medien sei »kostenlos«. Das ist es aber nur, wenn Ihre Zeit nichts wert ist.

Zweitens ist da noch die Eigentumsfrage. Ihre Seite und Ihr Profil in den sozialen Medien sind eigentlich das Eigentum des sozialen Netzwerks. Wenn Sie also riesige Mengen Zeit und Geld dafür verwenden, in diesen Netzwerken ein Profil zu erstellen und sich ein Publikum aufzubauen, macht damit eher das Netzwerk Gewinn als Sie.

Ich ziehe es vor, so weit wie möglich meine eigenen Marketingkanäle aufzubauen, wie Webseiten, Blogs, E-Mail-Verteiler und so weiter. Ich nutze dann die sozialen Medien einfach als Möglichkeit, den Verkehr in diese Marketingkanäle zu leiten. Auf die Art stecke ich meine Zeit und Mühen in die Renovierung meines eigenen »Hauses«, anstatt in das eines Vermieters, der mich jederzeit rausschmeißen kann.

Ein klassisches Beispiel dafür, warum man das tun sollte, ist die Änderung der Geschäftsbedingungen für Facebook-Unternehmensseiten. Wenn zuvor Menschen Ihre Unternehmensseite »geliked« haben, konnten Sie dieses ganze Publikum kostenlos erreichen. Also investierten die Unternehmen eine Menge Zeit, Geld und Arbeit, um die Leute dazu zu bewegen, sie auf ihrer Facebook-Seite zu »liken«.

Jetzt verlangt Facebook aber, dass man jedes Mal bezahlt, wenn man seinem gesamten Publikum eine Nachricht schicken will. Ansonsten hat man nur die Möglichkeit, einen kleinen Prozentsatz zu erreichen. Für jene, die riesige Ressourcen dafür aufgewendet hatten, sich ein Facebook-Publikum aufzubauen, nur um sich dann den Teppich unterm Hintern wegziehen zu lassen, war das ein herber Schlag.

Das ist einer der Gründe, aus denen ich lieber 1000 Leute in meinem eigenen E-Mail-Verteiler habe als 10.000 Leute, die meine Facebook-Seite »geliked« haben.

Wie bei jeder Marketingstrategie ist es äußerst wichtig, herauszufinden, wo Ihre potenziellen Kunden »sich aufhalten«, und die passenden Medien zu verwenden, um Ihre Botschaft bei ihnen anzubringen. Die sozialen Medien können einer dieser Orte sein, wo sie sich aufhalten, oder auch nicht.

E-Mail-Marketing

E-Mail ist eine direkte, persönliche Möglichkeit, sich an potenzielle und bestehende Kunden zu wenden. Da heutzutage Smartphones und mobile Endgeräte weit verbreitet sind, hat so gut wie jeder Mensch sein E-Mail-Programm in der Tasche oder kann leicht darauf zugreifen.

Der Aufbau einer Datenbank mit E-Mail-Adressen spielt eine zentrale Rolle in Ihrer Online-Marketingstrategie. Ein zentraler Teil Ihrer Webseite sollte ein Registrierungsformular sein. Dies ermöglicht es Ihnen, die E-Mail-Adressen von Webseitenbesuchern zu registrieren, und dann können Sie die Besucher weiter bedienen, die vielleicht noch nicht so weit sind, dass sie kaufen, aber doch Interesse zeigen und mehr Informationen haben möchten.

Wie wir in den folgenden beiden Kapiteln besprechen werden, sind das Erfassen von Leads und deren Pflege zwei entscheidende Phasen im Marketingprozess. Sie geben uns die Möglichkeit, auf intelligente Weise mit interessierten potenziellen Kunden umzugehen, die vielleicht noch nicht ganz so weit sind, dass sie sich für einen Kauf entscheiden. Im Allgemeinen machen diese potenziellen Kunden die Mehrheit aller potenziellen Kunden und einen wesentlichen Teil Ihrer zukünftigen Verkäufe aus. Wenn Sie diese interessierten Nichtkäufer nicht einfangen, verlieren Sie sie wahrscheinlich für immer. Ihre einzige Hoffnung wäre dann, dass sie sich, wenn sie irgendwann doch kaufen wollen, unter Hunderten Webseiten, die sie vielleicht besucht haben, an Ihre Webseite erinnern und den Kaufvorgang abschließen, den sie vor Tagen, Wochen oder Monaten angefangen hatten.

Die E-Mail ermöglicht es Ihnen auch, die gute Beziehung mit Ihrem Kundenstamm aufrechtzuerhalten, und macht es einfach, neue Produkte und Dienstleistungen zu lancieren. Mit der Zeit, während Sie eine Beziehung mit Ihren E-Mail-Kontakten aufbauen, wird Ihre Datenbank immer wertvoller für Ihr Marketing.

Eine solche Liste von E-Mail-Kontakten, die eine hohe Reaktionsrate haben, bietet Ihnen praktisch die Möglichkeit, im »Cash-on-demand-Verfahren« zu produzieren. Sie erstellen ein verlockendes Angebot mit einem Antwortmechanismus und versenden ein Mailing an Ihre Verteilerliste. Sie bekommen ein unmittelbares Feedback darüber, ob das Angebot ein Treffer oder ein Fehlschuss ist. Das ist eine wunderbare Möglichkeit, Angebote ganz billig vorab zu testen, bevor man in teurere Medien investiert, wie Print- oder Pay-per-Click-Werbung.

Obwohl die sozialen Medien so gewachsen und so populär geworden sind, bleibt Ihre Datenbank mit den E-Mail-Abonnenten noch immer eines der wichtigsten Elemente Ihrer Online-Marketingstrategie. Wie wir auf den vorherigen Seiten besprochen haben, ist es problematisch geworden, Menschen über soziale Medien zu erreichen, weil nur ein kleiner Prozentsatz Ihrer Follower Ihre Nachricht wirklich sehen wird. Und selbst wenn Ihre Nachricht jeden erreichen könnte, würden Sie wahrscheinlich untergehen in all dem Lärm. Lustige Katzenvideos, Witze und Memes werden Ihre Marketingbotschaft übertönen. Es heißt ja schließlich nicht umsonst **soziale** Medien.

Was aber noch wichtiger ist: Eine E-Mail-Datenbank ist ein Wert, den **Sie** besitzen. Sie ist unabhängig davon, welche Plattform im nächsten Monat wieder angesagt sein wird. Erinnern Sie sich noch an MySpace? Auch wenn ich glaube, dass Facebook oder X (ehemals Twitter) nicht so schnell verschwinden werden, ist dies ein schnelllebiger Bereich. Wenn Sie Ihr Unternehmen auf der Plattform eines anderen aufbauen und diese Plattform an Beliebtheit nachlässt, haben Sie Ihr wertvollstes Marketinginstrument in den Sand gesetzt.

Doch auch wenn E-Mails ein wirkungsvolles Medium sind, gibt es ein paar Dinge, die Sie dabei beachten müssen. Hier sind ein paar zentrale Dos und Don'ts im Umgang mit E-Mails.

Verschicken Sie keine Spams. In den meisten Ländern gibt es strenge Regeln für E-Mail-Marketing. Vor allem müssen Sie das Einverständnis des E-Mail-Empfängers haben, um ihm Marketing-E-Mails zu schicken. Deshalb ist es so wichtig, dass Sie auf Ihrer Webseite ein Registrierungsformular haben. Kaufen oder erstellen Sie niemals Listen mit E-Mail-Adressen, deren Empfänger das Mailing nicht ausdrücklich angefordert haben. Das ist nicht nur eine sehr schlechte Positionierung, denn es versetzt Sie in dieselbe Kategorie wie die Spammer, sondern es ist auch illegal. Wir werden das Thema Positionierung in Kapitel 6 näher besprechen.

Seien Sie menschlich. Schreiben Sie eine E-Mail nicht wie ein Roboter, oder als würden Sie einen förmlichen Brief schreiben. E-Mail ist ein sehr persönliches Medium, und selbst wenn Sie dieselbe E-Mail an Tausende Abonnenten versenden, schreiben Sie so, als würden Sie eine einzige Person anschreiben. Seien Sie ruhig auch ein bisschen informell.

Verwenden Sie ein kommerzielles E-Mail-Marketingprogramm. Verwenden Sie niemals Outlook, Gmail oder ein ähnliches Standard-E-Mail-Programm für Massen-E-Mail-Marketing. Diese Dienste sind für Eins-zu-eins-E-Mails gemacht, nicht Eins-zu-Viele. Ihr Account wird entweder geschlossen oder auf die schwarze Liste gesetzt, wenn Sie anfangen, von dort aus Massen-E-Mailings zu versenden. Es gibt kommerzielle E-Mail-Marketingprogramme, die billig und einfach zu bedienen sind. Zu den beliebtesten gehören ActiveCampaign, MailChimp, ConvertKit, Infusionsoft oder Ontraport. Das Schöne an diesen Services ist, dass sie sich automatisch um die Einhaltung vieler gesetzlicher Vorschriften kümmern, wie zum Beispiel die Option, den Newsletter abzubestellen, und Ihre Kontaktdaten am Ende Ihrer Marketing-E-Mails. Sie bemühen sich auch sehr darum, Spamfilter zu umgehen, und um eine gute Zustellbarkeit.

E-Mailen Sie regelmäßig. Wenn Sie Ihre E-Mail-Adressen nur selten anschreiben, werden sie langsam »abkühlen«. Die Leute haben sich in Ihre E-Mail-Datenbank eingetragen, aber wenn sie lange nichts mehr von Ihnen gehört haben, könnten sie vergessen, wer Sie sind, und Sie als Spammer markieren. Schlimmer noch, der Wert Ihres wichtigsten Online-Marketinginstruments beginnt zu bröckeln. Um die Beziehung aufrechtzuerhalten, schreiben Sie Ihre E-Mail-Kontakte mindestens einmal im Monat an. Besser wäre einmal wöchentlich, aber dabei kommt es auch auf Ihren Zielmarkt an. Ich kenne Marketingleute, die täglich oder sogar mehrmals am Tag E-Mails versenden. Es gibt keine festen Regeln für die Häufigkeit. Gehen Sie aber sicher, dass Ihre E-Mail auch relevant und wertschöpfend ist.

Vermitteln Sie Mehrwert. Wenn Sie den Abonnenten auf Ihrer Verteilerliste nur dann E-Mails schicken, wenn Sie ihnen etwas verkaufen wollen, wird sich das schnell abnützen, und sie werden sich entweder aus Ihrer Liste abmelden, Ihre E-Mails ignorieren oder sie als Spam markieren. Alle gesunden Beziehungen beruhen auf einem Austausch von Wert. Stellen Sie sicher, dass die Mehrzahl Ihrer E-Mails keine Verkaufsangebote sind, sondern etwas, was für Ihre Abonnenten einen Mehrwert hat. Ein gutes Verhältnis ist drei wertschöpfende E-Mails zu einer Verkaufsmail.

Automatisieren Sie es. Ein weiterer sehr guter Grund, eine kommerzielle E-Mail-Marketingplattform zu nutzen, ist die Automatisierung. Diese Plattformen ermöglichen es Ihnen, Folgemails zu erstellen, die automatisch an neue Abonnenten versendet werden. Zum Beispiel können Sie Ihre E-Mail-Marketingplattform, wenn sich jemand neu registriert, automatisch eine Willkommensmail schicken lassen. Einen Tag später könnte eine E-Mail voller Mehrwert verschickt werden, die dem Empfänger hilft, die Produktkategorie besser zu verstehen, an der er interessiert ist. Drei Tage später könnte die Plattform ihm eine E-Mail schicken, die ihm mehr über Sie und Ihr Unternehmen verrät. Eine Woche später könnte sie ihn einladen, ein Telefongespräch mit Ihnen zu vereinbaren. All das kann per Autopilot stattfinden. Eine E-Mail-Marketingplattform kann einer der besten Verkäufer in Ihrem Unternehmen sein. Sie ist nie krank, beschwert sich nie und vergisst nie, ihre Aufgaben zu erledigen.

Beim E-Mail-Marketing gibt es drei Herausforderungen:

1. **Ihre E-Mail muss ankommen**. Wie gesagt, die beste Art, um sicherzustellen, dass E-Mails ankommen, ist, eine kommerzielle E-Mail-Plattform zu nutzen. Außerdem sollten Sie beachten, dass Ihre E-Mail keine Spamphrasen enthält und nicht zu viele Bilder oder Links.
2. **Ihre E-Mail muss geöffnet werden**. Die beste Voraussetzung, dass Ihre E-Mail geöffnet wird, schafft eine überzeugende Betreffzeile. In dem Abschnitt über Werbetexte in Kapitel 2 haben wir über die Strategie von Werbetexten und Überschriften gesprochen. Stellen

Sie sich Ihre E-Mail unter Hunderten anderen im Postfach Ihres potenziellen Kunden vor. Die Aufgabe der Betreffzeile Ihrer E-Mail ist es, Neugier zu wecken und den Empfänger dazu zu motivieren, Ihre E-Mail zu öffnen.

3. **Ihre E-Mail muss gelesen werden.** Manche Marketingleute plädieren dafür, die E-Mails an die Abonnenten kurz zu halten. In Wahrheit ist die Länge Ihrer E-Mails aber nicht so wichtig wie ihre Relevanz und Qualität. Wenn Sie einen überzeugenden Inhalt vermitteln, wird es auch gelesen. Zum Beispiel schreiben einige führende E-Mail-Marketer und Blogger durchaus sehr lange E-Mails. Sie mailen ihren Abonnenten auch sehr oft. Da sie zahlreiche Datenpunkte über ihre Zielmärkte gesammelt haben, wissen sie ganz genau, was diese lesen wollen. Ihre E-Mails sind zwar lang, aber sie sind dennoch hoch relevant und interessant für ihre Zielmärkte. Ein alternativer Ansatz wäre, die E-Mails kurz zu halten, indem man nur einen Teaser oder eine Zusammenfassung im E-Mail-Text anführt. Die Leserinnen werden dann eingeladen, auf einen Link zu klicken, um auf Ihrer Webseite oder Ihrem Blog weiterzulesen.

E-Mails sind ein sehr wirkungsvoller und persönlicher Medienkanal. Er macht es Ihnen möglich, überzeugende Kampagnen mit einem hohen Grad an Automatisierung durchzuführen. Wenn man es richtig angeht, kann das ein wertvoller Teil sowohl Ihrer Online- als auch Ihrer Offline-Strategie sein.

Schneckenpost

In einem Zeitalter, in dem das Internet, E-Mails und soziale Medien eine so große Rolle für unser Privat- und Berufsleben spielen, sind viele der Ansicht, dass die Post, oder »Schneckenpost«, so gut wie tot ist. Nichts könnte weiter von der Wahrheit entfernt sein.

Ich bin äußerst technikaffin und ich bin mit dem Internet aufgewachsen, von den ersten Entwicklungen an und auch davor. Ich war außerdem Mitgründer zweier sehr erfolgreicher Tech-Start-ups, denen ich beim Aufbau von null zu schnellem Wachstum bis zum Exit verhalf. Und trotz dieses Hintergrundes – oder vielleicht gerade deshalb – betrachte ich die »Schneckenpost« als eines der wichtigsten und viel zu wenig genutzten Marketingmedien. Wenn es um Ihre Medienstrategie geht, sollten Sie sich im Klaren sein, dass **E-Mails die Post nicht ersetzen, sondern ergänzen**.

Wir lieben die Schnelligkeit und Effizienz von allem Virtuellen; es wäre jedoch ein Fehler, die Wirkung von physischen Dingen zu unterschätzen, wenn es darum geht, Menschen von der emotionalen Seite anzusprechen. **Und genau darum geht es ja beim Marketing: Menschen auf emotionale Weise zu einer erwünschten Handlung zu bewegen**. Stellen Sie sich vor, dass ein Mann seiner Frau an ihrem Hochzeitstag »Ich liebe dich« als Textnachricht oder E-Mail schreibt, und dann, dass er dieselbe Nachricht mit einer handgeschriebenen Karte und einem Strauß ihrer Lieblingsblumen übermittelt. Zwischen den beiden – wenn auch inhaltlich gleichen – Nachrichten liegen Welten.

Haben Sie schon mal eine dieser Google-AdWords-Gutscheinkarten im Briefkasten gehabt? Es ist schon aufschlussreich, dass das Aushängeschild des digitalen Zeitalters, Google, für seine Marketingstrategie für kleine Unternehmen die analoge Post nutzt. Analoge Post hat eine sehr viel längere Lebensdauer, und es ist mit Aufwand verbunden, sie zu entsorgen. Nicht selten halten Menschen Briefe von anderen, die ihnen im Leben etwas bedeuten, in Ehren, und bewahren sie jahrzehntelang auf. Das ist bei E-Mails wohl kaum der Fall, weil sie so kurzlebig sind – in einem Moment im Posteingang, im nächsten schon gelöscht und vergessen.

Ein weiterer wichtiger Punkt bei der analogen Post ist, dass sie in den letzten paar Jahren bedeutend weniger überlaufen ist, was aus Sicht eines Marketers ein Traum ist. Überfüllung ist der Feind der Nachricht, die durchkommen soll, und ein Medium, das aktuell weniger überlaufen ist, macht es umso reizvoller. Die E-Mail dagegen ist um ein Vielfaches mehr überlaufen als früher. Die Überfüllung der Posteingänge hat aberwitzige Ausmaße angenommen, und selbst wenn jemand gut im Sortieren ist, geht er es mit einer völlig anderen

Grundhaltung an als bei der Post. Die Leute checken ihre E-Mails mit dem Finger über der Löschtaste. Alles, was nicht sofort umsetzbar ist, wird gelöscht, weitergeleitet oder in einem E-Mail-Archiv vergessen.

Solange wir noch nicht herausgefunden haben, wie man physische Objekte von einem Ort zum anderen teleportiert, wie bei *Star Trek*, sind wir auf Kurierdienste und die Post angewiesen, um die Post und physische Objekte für uns zu transportieren.

Zweifellos ist die analoge Post ein wirkungsvoller Medienkanal. Jedoch ist es, wie bei allen Medien, wichtig, nicht bei einem Kanal zu bleiben oder sich nur an diesen einen zu binden. Ihr Ziel ist, herauszufinden, wie Sie einen guten ROI für Ihre Medieninvestition bekommen, sei es nun mit der Post oder irgendetwas anderem.

Wie man ein unbegrenztes Marketingbudget bekommt

Man kann nicht über das Thema Marketing oder Medieninvestitionen sprechen, ohne auf das Budget einzugehen. Wenn man Geld für Marketing ausgibt, wird einer der folgenden Fälle eintreten:

1. Ihr Marketing scheitert (mit anderen Worten, Sie machen weniger Gewinn, als Sie Marketingausgaben hatten).
2. Sie haben keine Ahnung, ob Ihr Marketing ein Erfolg oder Misserfolg war, weil Sie die Ergebnisse nicht messen.
3. Ihr Marketing ist erfolgreich (mit anderen Worten, Sie machen mehr Gewinn, als Sie Marketingausgaben hatten).

Für jedes dieser Szenarien gibt es einen einfachen Handlungsverlauf:

1. Wenn Ihr Marketing permanent scheitert und Sie damit Geld verlieren, dann STOPPEN Sie es und machen Sie etwas anderes.
2. Wenn Sie Ihre Marketingergebnisse nicht messen, ist das einfach nur dumm, weil es mit der Technologie, die wir billig und einfach

zur Verfügung haben, leichter denn je ist, die eigenen Marketingergebnisse und den Return on Investment (ROI) nachzuverfolgen.
3. Wenn Ihr Marketing funktioniert und Ihnen dauerhaft einen positiven ROI liefert, sollten Sie es ausbauen und so viel Geld hineinstecken, wie Sie können.

Eines der verrücktesten Dinge, die ich bei den Eigentümern kleiner Unternehmen beobachte, ist, dass sie ein »Marketingbudget« festlegen. Indem Sie ein Marketingbudget festlegen, implizieren Sie, dass Ihr Marketing entweder nicht funktioniert, und dann ist es eine reine Ausgabe (mit anderen Worten, Geldverschwendung). Oder Sie haben keine Ahnung, ob es funktioniert, weil Sie die Ergebnisse nicht messen. Also stecken Sie Geld hinein, in der Hoffnung, dass es Ihnen irgendeine Art positives Ergebnis liefert. Wenn Ersteres der Fall ist, dann müssen Sie natürlich ein Budget festlegen, weil Sie keine grenzenlos ausufernden Ausgaben in Ihrem Unternehmen dulden können. Aber da wäre doch eine gute Frage, warum verschwenden Sie überhaupt Geld für Marketing, das nicht funktioniert? Wenn Letzteres der Fall ist, müssen Sie ganz schnell etwas verändern. Sie würden ja auch keinen Mitarbeiter einstellen und dann seine Produktivität nicht messen. Warum um alles in der Welt sollten Sie also permanent für Marketing bezahlen und nicht wissen, welches Ergebnis es generiert?

Wenn Ihr Marketing funktioniert (was Ihnen einen positiven Return on Investment bringt), warum um alles in der Welt sollten Sie es dann durch ein Budget beschränken? Effektives Marketing ist wie eine legale Gelddruckmaschine. Man nennt dieses Szenario Geld zum Sonderpreis. Wenn ich 100-Euro-Noten für je 80 Euro verkaufen würde, würden Sie dann nicht so viele kaufen, wie Sie bekommen könnten?

Oder würden Sie sagen: „Tut mir leid, mein Budget für günstige 100-Euro-Noten für diesen Monat beträgt nur 800 Euro, ich nehme also bitte nur zehn Stück."

Genau deshalb sage ich immer, stellen Sie für Marketing, das funktioniert, ein unlimitiertes Budget zur Verfügung. Ein Gegenargument, das ich hier oft höre, ist die Sorge, dass man nicht in der Lage sein könnte, der plötzlichen hohen Nachfrage nachzukommen. Erstens ist dies ein wirklich großes Problem, wenn man es hat. Zweitens, wenn Sie wirklich mehr Nachfrage bekommen, als Sie erfüllen können, ist dies die perfekte Gelegenheit, um Ihre Preise zu erhöhen. Dadurch gehen Ihre Margen sofort durch die Decke und es bringt Ihnen qualitativ höherwertige Kunden.

Die einzige Situation, in der man ein gedeckeltes Marketingbudget haben sollte, ist, wenn man noch in der Testphase ist. In der Testphase rate ich dazu, dass man oft und billig scheitert, bis man einen Gewinner hat. Testen Sie Ihre Überschrift, Ihr Angebot, die Positionierung Ihrer Werbeanzeigen und andere Variablen. Sortieren Sie dann die Verlierer aus und optimieren Sie die Gewinner so lange, bis Sie schließlich eine Kombination haben, die Ihnen den besten Return on Investment gibt.

Sie müssen bedenken, die Post berechnet Ihnen dieselben Portokosten für ein schlechtes Direktmailing, das ein Schuss in den Ofen ist, wie für ein Direktmailing mit einer hohen Umwandlungsrate, das Ihnen Millionen einbringt. Haben Sie einmal einen Gewinner gefunden, der Ihnen mehr einbringt, als er sie kostet, schrauben Sie die Marketingausgaben hoch und damit gleichzeitig auch die Geschwindigkeit Ihrer legalen Gelddruckmaschine!

Die gefährlichste Zahl von allen

Die Eins ist die gefährlichste Zahl für Ihr Unternehmen. Sie untergräbt Ihr Unternehmen.

Hat Ihr Unternehmen nur eine Quelle für Kundendaten? Einen Hauptzulieferer? Einen Hauptkunden? Sind Sie von einem einzigen Medienkanal abhängig? Bieten Sie ein einziges Produkt an? Um einen Begriff aus der Computertechnik zu verwenden: Hat Ihr Unternehmen einen »Single Point of Failure[6]« Wenn ja, dann steht Ihr Unter-

---

6 Unter einem Single Point of Failure versteht man einen Bestandteil eines technischen Systems, dessen Ausfall den Ausfall des gesamten Systems nach sich zieht. (Quelle: Wikipedia, Anm. d. Übers.)

nehmen auf wackligen Füßen, und eine kleine Veränderung der Umstände, die Sie nicht unter Kontrolle haben, könnte für Sie eine vernichtende Wirkung haben.

Wenn man in so eine Situation gerät, ist das sehr schlimm. Viele Unternehmen wurden schwer getroffen, als Google seinen Suchmaschinenalgorithmus veränderte. Diese Unternehmen hatten ihr gesamtes Marketingbudget und ihre Anstrengungen in die Suchmaschinenoptimierung gesteckt und buchstäblich über Nacht war ihre einzige Quelle zur Kundendatenakquise weg.

Ganz ähnlich war es, als Google begann, Änderungen bei den bezahlten Anzeigen vorzunehmen, die dort erschienen, und selbst Werbekunden, die Google jeden Monat enorme Geldsummen zahlten, die »Google-Ohrfeige« bekamen. Das heißt, Google verlangte plötzlich vier-, fünf-, manchmal sogar zehnmal so viel, wie sie zuvor verlangt hatten. Diese Änderung zwang die Werbenden dazu, ihre Kampagnen zu stoppen und zu versuchen, das Problem zu beheben oder eine andere Quelle für ihre Leads zu finden. In der Zwischenzeit standen ihre Unternehmen praktisch still. Das Versenden von Faxen wurde in den Vereinigten Staaten tatsächlich verboten, und viele Unternehmen, die als alleinige Quelle für Leads darauf angewiesen waren, gingen pleite.

Manche alte, weise Sprüche empfehlen, dass man sein Haus auf Stein und nicht auf Sand bauen solle. Auf diese Weise wird das Haus nicht einstürzen, wenn der unvermeidliche Sturm kommt. Der erste Schritt dazu ist, die Szenarien zu finden, in denen die Zahl Eins Ihnen potenziell Schaden zufügen kann. Hier ein paar Beispiele:

- Was passiert, wenn Ihr größter Kunde Sie verlässt und zu einem Wettbewerber wechselt, oder was passiert, wenn dieser Kunde insolvent geht?
- Was passiert, wenn es einen Regierungswechsel gibt, und das Produkt, das Sie aktuell anbieten, verboten wird oder durch ein Verbot in Vergessenheit gerät?
- Was passiert, wenn Ihre wichtigste Werbestrategie plötzlich nicht mehr funktioniert?

- Was passiert, wenn Ihre Kosten für Werbung sprunghaft ansteigen?
- Was passiert, wenn Ihre aktuell gute Platzierung in den Suchmaschinen verschwindet oder die Pay-per-Click-Kosten plötzlich stark ansteigen?
- Was passiert, wenn Ihr größter Zulieferer seine Preise erhöht, in Lieferschwierigkeiten gerät oder Pleite macht?
- Was passiert, wenn Sie sich voll und ganz auf E-Mail-Marketing verlegt haben, und die Regierung dagegen hart vorgeht?

All diese Szenarien können eintreten und tun es auch. Wenn Sie sich auf eine einzige Sache verlassen, machen Sie sich damit verwundbar – Sie bauen Ihr Haus tatsächlich auf Sand. Wenn dann der Sturm kommt und die Fluten ansteigen, wird das Haus einstürzen. Spüren Sie *Single Points of Failure* in Ihrem Unternehmen auf und eliminieren Sie sie.

Auf diese Weise wird Ihr Unternehmen auf der sicheren Seite sein, wenn sich die Gesetzeslage ändert, wenn die Werbekosten steigen, wenn plötzlich eine bestimmte Strategie nicht mehr so gut funktioniert wie früher. Sie werden weiterhin die Kontrolle haben, weil Sie nicht von einem einzelnen Parameter abhängig sind. Jim Rohn hatte eine hervorragende Einstellung zu diesem Thema:

> *Man muss im Sommer schon an den Winter denken. Es ist allzu leicht, sich täuschen zu lassen, wenn der Himmel blau ist und die Schäfchenwolken ziehen. Man muss sich auf den Winter vorbereiten, denn er wird kommen, das tut er immer.*

Doch bis dahin, selbst wenn keines dieser Szenarien je eintritt, haben Sie zumindest ein resilienteres und wertvolleres Unternehmen aufgebaut.

Ein weit verbreitetes Szenario, das mir begegnet, wenn es um die Medienstrategie geht, ist, dass viele kleine Unternehmen nur eine einzige Quelle für Kundenakquise haben. Ich plädiere dafür, mindestens fünf verschiedene Quellen für neue Leads und Kunden zu haben.

Außerdem empfehle ich, dass die Mehrzahl dieser fünf Quellen aus bezahlten Medien besteht. Mit anderen Worten, es kostet Sie Geld, sich damit zu vermarkten. Es gibt zwei Gründe, aus denen bezahlte Medien so wichtig sind.

Erstens, sie sind extrem zuverlässig. Wenn ich eine Zeitung dafür bezahle, dass meine Anzeige erscheint, dann ist die Wahrscheinlichkeit äußerst hoch, dass die Anzeige auch tatsächlich erscheint. Es ist viel schwerer, einen so zuverlässigen und konstanten Lead Flow aus kostenlosen (oder scheinbar kostenlosen) Marketingmethoden zu bekommen, wie Mund-zu-Mund-Propaganda.

Zweitens zwingt bezahltes Marketing Sie dazu, sich auf den Return on Investment (ROI) zu fokussieren. Wenn eine bezahlte Marketingmethode nicht funktioniert, stoppen Sie sie. Sie verschwenden keine weitere Zeit und kein weiteres Geld mehr dafür. Wenn die Marketingmethode vordergründig kostenlos ist, wie Mund-zu-Mund-Propaganda, neigen wir dazu, weniger streng zu sein, und am Ende verschwenden wir wahnsinnig viel Zeit, weil wir erst einmal nichts dafür zahlen mussten. Doch die Opportunitätskosten dafür, wenn man es einmal genau analysiert und umrechnet, machen oft eine erstaunlich hohe Summe an barem Geld aus.

Die Kunst und Wissenschaft, jeden Euro bezahlter Werbung durch Direct-Response-Marketing mit Reaktionskontrolle in einen Euro oder mehr Gewinn zu verwandeln, wird Ihr Unternehmen resilient machen, und das kann für Sie zur Quelle für schnelles Unternehmenswachstum werden.

Kapitel 3 Aktionspunkt:

Welches Medium werden Sie nutzen, um Ihren Zielmarkt zu erreichen?
Füllen Sie Feld #3 in Ihrem ***Marketingplan auf einer Seite*** aus.

II. Akt:

DIE »WÄHREND-DESSEN«-PHASE

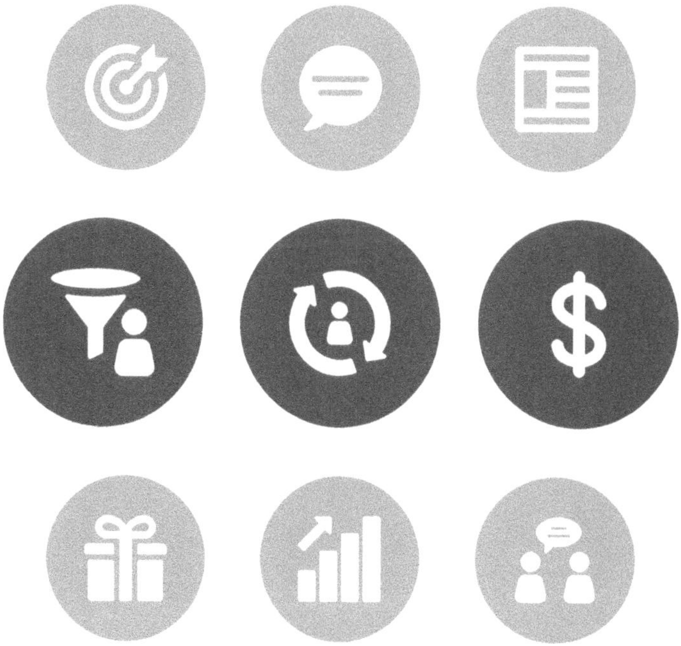

Die »Währenddessen«-Phase – Vorschau

In der »Währenddessen«-Phase geht es um Leads. Leads sind Menschen, die Sie kennen und die Interesse an dem bekundet haben, was Sie anbieten, indem sie auf Ihre Marketingbotschaft reagiert haben. In dieser Phase werden Sie diese interessierten Leads in einem Datenbanksystem erfassen, sie mit regelmäßigen, werthaltigen Informationen pflegen und sie in zahlende Kunden umwandeln.

Ziel dieser Phase ist es, Ihre Leads dahin zu bringen, Sie und das, was Sie anbieten, ausreichend **zu mögen**, um zum ersten Mal bei Ihnen zu kaufen. Haben sie dann einmal bei Ihnen gekauft, werden sie zu Kunden und treten in die dritte und letzte Phase Ihres Marketingprozesses ein.

4

LEADS ERFASSEN

Kapitel 4 – Vorschau

Leads in einem Datenbanksystem für ein zukünftiges Nachfassen zu erfassen, ist für Ihren Marketingerfolg ganz entscheidend. Denn nur ein sehr kleiner Prozentsatz der interessierten Leads wird gleich bereit sein, bei Ihnen zu kaufen. Bei der Erfassung von Leads geht es vor allem darum, mit dem Interesse richtig umzugehen und Ihre zukünftige Vertriebspipeline aufzubauen.

Zentrale Punkte in diesem Kapitel sind:

- Warum Sie nie versuchen sollten, direkt über eine Anzeige zu verkaufen, und was Sie stattdessen tun sollten.
- Wie Sie vom »Jagen« zum »Ackerbau« kommen und sicherstellen, dass Sie immer eine volle Pipeline mit neuen Geschäftskontakten haben.
- Warum Sie nicht alle potenziellen Kunden gleichbehandeln sollten.
- Wie man einen »ethischen Hebel« ansetzt, um potenzielle Kunden mit hoher Wahrscheinlichkeit zu entdecken.
- Wie Sie die Effektivität Ihrer Werbung sofort um 1,233 Prozent steigern.
- Warum manche Unternehmen ständig Leads und potenzielle Kunden bekommen und andere damit Probleme haben.
- Wie man von seinem Zielmarkt als Experte und Autorität gesehen wird.

Leads erfassen

Jagen kontra Ackerbau

STELLEN SIE SICH VOR, Sie seien ein Jäger. Sie wachen morgens auf, packen Ihre Waffen zusammen und machen sich auf zum Jagen. An manchen Tagen kommen Sie mit Beute zurück und Ihre Familie bekommt ein Festmahl. An anderen Tagen kommen Sie mit leeren Händen zurück und Ihre Familie muss hungern. Jeden Tag haben Sie den Druck, erfolgreich zu jagen – es ist ein permanenter Kampf.

Stellen Sie sich nun vor, Sie seien ein Farmer. Sie säen Ihre Saat und warten, bis sie reif für die Ernte ist. In der Zwischenzeit pflegen Sie sie und behandeln sie mit Sorgfalt. Sie bewässern Ihr Korn und kümmern sich darum. Wenn das Korn reif ist, beginnen Sie zu ernten. Meiner Erfahrung nach sind die meisten Unternehmen Jäger, keine Farmer:

- Sie betreiben Kaltakquiseanrufe, um neue Geschäftskontakte zu bekommen.
- Sie verwenden sehr viel Zeit und Energie darauf, neue Kunden zu gewinnen, und tun alles, um den Verkauf so schnell wie möglich abzuschließen.
- Ihrer Werbung merkt man die Verzweiflung an, wenn sie mit Preissenkungen und Preiswettbewerb versuchen, möglichst schnell etwas zu verkaufen.
- Sie verschwenden sehr viel Zeit damit, Menschen zu belästigen, die an ihrem Produkt oder ihrem Service gar nicht interessiert sind.

Die meisten Unternehmer haben keine Ahnung, was das Ziel ihres Marketings sein soll. Sie klatschen einfach den Namen ihres Unternehmens auf ihre Anzeige, mit einem hübschen Logo und irgendeinem nichtssagenden Slogan, in dem sie behaupten, das führende Unternehmen ihrer Branche oder ihres Bereichs zu sein. Wenn man sie fragt, was das Ziel ihrer Werbung ist, werden die meisten sagen, ihre Produkte zu verkaufen oder »ihren Namen bekannt zu machen«. Das ist **falsch**! Ganz und gar falsch. Da könnten sie genauso gut ihr Geld die Toilette runterspülen.

Beim Direct-Response-Marketing ist das Ziel Ihrer Werbung, Menschen zu finden, die sich dafür interessieren, was Sie tun, anstatt durch die Anzeige gleich einen Verkauf anzustreben. Wenn Ihre interessierten Leads antworten, erfassen Sie sie in Ihrer Follow-up-Datenbank, sodass Sie für diese Leads Mehrwert schaffen, sich selbst als Autorität positionieren und eine Beziehung schaffen, die auf Vertrauen beruht.

Wenn Sie das getan haben, wird der Verkauf (wenn es für die Leads passt) als natürliche Konsequenz folgen. Dies erfordert ein Umdenken, aber es ist absolut wesentlich, dass Sie dieses Konzept verstehen.

Und warum soll man nicht direkt über die Anzeige verkaufen? Manche Menschen sind ja vielleicht tatsächlich sofort bereit zu kaufen, wenn sie Ihre Anzeige lesen, aber die **große Mehrheit** wird nicht bereit sein, sich am allerersten Tag, an dem sie Ihre Anzeige lesen, für einen Kauf zu entscheiden – selbst, wenn sie sich dafür interessieren, was Sie tun.

Wenn Sie sie nicht in einer Datenbank erfassen, haben Sie sie verloren. Sie wären vielleicht in einem Monat, sechs Monaten oder einem Jahr bereit gewesen, zu kaufen. Aber da Ihre Werbung nur »ein Schuss« war, haben Sie diese Chance komplett vertan. Die Wahrscheinlichkeit, dass sie sich an Ihre Ein-Schuss-Anzeige von vor sechs Monaten erinnern, ist extrem gering.

Unsere Art Marketing ist genau wie das Ausbringen der Saat auf einem Bauernhof.

Gold schürfen mit ethischer Bestechung

Selbst in einem begrenzten Zielmarkt sollte man nicht alle potenziellen Kunden gleich behandeln.

Wenn alle anderen Bedingungen gleich sind, stehen Ihre Chancen, potenzielle Kunden mit hoher Wahrscheinlichkeit in Kunden umzuwandeln, umso besser, je mehr Geld Sie für deren Marketing zur Verfügung haben.

Erinnern Sie sich an den sprichwörtlichen Bogenschützen, von dem wir in Kapitel 1 sprachen? Er hat nur eine begrenzte Anzahl an Pfeilen und genau wie er haben auch Sie nur eine begrenzte Summe Geld für Ihre Marketingkampagne, also ist es wesentlich, dass Sie dieses Geld klug einsetzen.

Wenn Sie zum Beispiel 1000 Euro für eine Werbekampagne zur Verfügung haben, die 1000 Menschen erreicht, investieren Sie eigentlich 1 Euro pro potenziellem Kunden.

Nehmen Sie jetzt einmal an, dass von den 1000 Menschen, die die Anzeige erreicht, 100 potenzielle Kunden für Ihr Produkt sind. Indem Sie alle gleich behandeln, wie man es beim Massenmarketing tun muss, verschwenden Sie 900 Euro an uninteressierte und unmotivierte Leute, nur um die 100 zu erreichen, die interessiert sind.

Wie wäre es denn, wenn Sie, anstatt alle gleichzubehandeln, sichten, sortieren und filtern könnten, sodass Sie es nur mit potenziellen Kunden mit hoher Kaufwahrscheinlichkeit zu tun haben und keine wertvolle Zeit und Marketing-Euros an uninteressierte und unmotivierte Leute verschwenden?

Dann könnten Sie nämlich die ganzen 1000 Euro für die hochwahrscheinlichen Kunden verwenden. Das würde es Ihnen ermöglichen, für jeden von ihnen 10 Euro zu haben, um sie zu beeindrucken, anstatt des mageren 1 Euro pro potenziellem Kunden, den Sie haben, wenn Sie sie alle gleich behandeln.

Mit zehnmal so viel Munition, auf die richtigen Ziele ausgerichtet, denken Sie, dass wir damit eine bessere Umwandlungsrate hätten? Natürlich hätten wir das.

Aber wie trennt man die Spreu vom Weizen? Die kurze Antwort ist: Wir bestechen sie, damit sie es uns verraten!

Nein, keine Angst, es geht hier nicht um Gaunereien. Wir bieten ihnen eine »ethische Bestechung« an, um sie dazu zu bringen, uns ihre Identität zu verraten. Unser Freund, der Fotograf, könnte zum Beispiel eine kostenlose DVD anbieten, die zukünftigen Bräuten genau erklärt, worauf sie bei einem Hochzeitsfotografen achten sollten, und dazu ein paar Beispiele aus seiner Arbeit anführen.

Eine ganz einfache leaderzeugende Anzeige könnte die Überschrift tragen: »Kostenlose DVD verrät Ihnen, wie Sie die sieben teuersten Fehler vermeiden, die Sie bei der Auswahl eines Hochzeitsfotografen machen können.«

Jede, die diese »ethische Bestechung« anfordert, würde sich als hochwahrscheinliche Kundin zu erkennen geben. Sie hätten jetzt zumindest ihren Namen und ihre Adresse, die Sie in Ihre Datenbank einpflegen können.

Denken Sie daran, das Ziel ist einfach nur, Leads zu generieren. Geben Sie nicht der Versuchung nach, direkt über Ihre Anzeige verkaufen zu wollen. In diesem frühen Stadium wollen Sie nur die Uninteressierten und Unmotivierten herausfiltern, sodass Sie Ihre Datenbank mit den hochwahrscheinlichen Kunden aufbauen können.

Und hier ist noch ein Grund, aus dem Sie es vermeiden wollen, direkt über Ihre Anzeige zu verkaufen: Zu jeder gegebenen Zeit sind (im Schnitt) etwa 3 Prozent Ihres Zielmarktes hoch motiviert und sofort bereit zu kaufen. Das sind die potenziellen Kunden, die man beim Massenmarketing umzuwandeln hofft. Es gibt jedoch weitere 7 Prozent, die sehr offen für einen Kauf sind, und weitere 30 Prozent, die interessiert sind, aber nicht jetzt sofort. Die nächsten 30 Prozent sind nicht interessiert, und die letzten 30 Prozent schließlich würden Ihr Produkt nicht einmal nehmen, wenn sie es geschenkt bekämen.

Wenn Sie versuchen würden, direkt über Ihre Anzeige zu verkaufen, würden Sie nur auf die 3 Prozent zielen, die bereit sind, sofort zu kaufen, und würden die übrigen 97 Prozent verlieren.

Der Markt für Ihr Produkt oder Ihre Dienstleistung

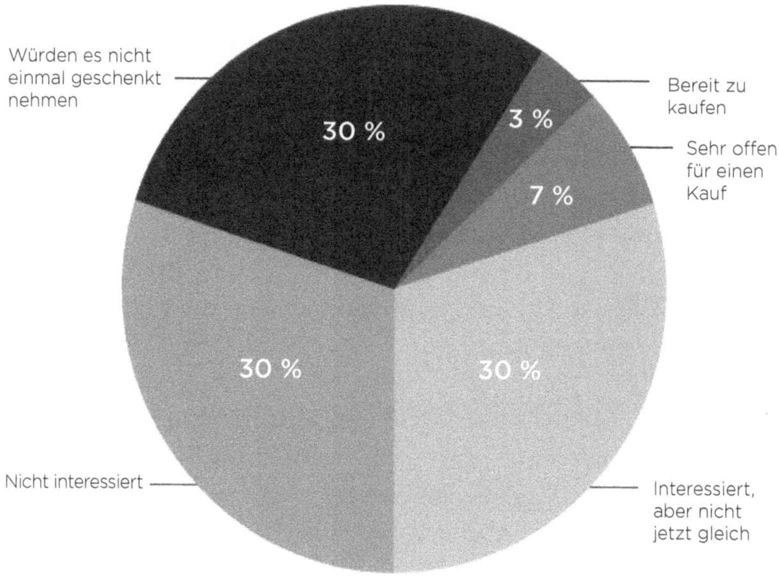

Wenn Sie eine leadgenerierende Anzeige schalten, erhöhen Sie Ihren adressierbaren Markt auf 40 Prozent. Sie tun dies, indem Sie nicht nur die 3 Prozent, die sofortige Käufer wären, erfassen, sondern auch die 7 Prozent, die für ein Gespräch offen sind, ebenso wie die 30 Prozent, die interessiert sind, aber nicht jetzt gleich.

Indem Sie von einem 3-prozentigen auf einen 40-prozentigen adressierbaren Markt kommen, erhöhen Sie die Effektivität Ihrer Werbung um 1233 Prozent.

Dies hat auch noch einen sekundären Effekt auf die Leute, die bereit sind, sofort zu kaufen. Sie sehen, dass Sie nicht unbedingt gleich verkaufen oder Ihr Produkt oder Ihren Service billiger anbieten müssen. Sie sehen, dass Sie daran interessiert sind, zunächst eine Beziehung aufzubauen, anstatt Ihr »Wild direkt erlegen« und verkaufen zu wollen. Diese Art Marketing gleicht dem Säen auf einem Bauernhof. Es ist eine Investition in Ihre Zukunft, denn in dem Maße, wie Ihre

Datenbank mit interessierten potenziellen Kunden wächst, werden auch Ihr Unternehmen und Ihre Ergebnisse wachsen.

Wenn Sie die Leute beraten und unterrichten, werden Sie als Experte und Autorität angesehen. Man wird Sie nicht mehr infrage stellen; sondern man wird Ihrem Rat folgen und erkennen, dass es Ihnen ein persönliches, aufrichtiges Anliegen ist, anderen zu helfen.

Eine Musterkampagne könnte zum Beispiel ein kostenloses Infoblatt oder eine Videoserie anbieten, die Ihrem potenziellen Kunden eine Beratung zu den Dingen verspricht, die er beachten muss – wie man vermeidet, übers Ohr gehauen zu werden, und wonach man suchen sollte. Erhält Ihr potenzieller Kunde dann die wertvolle Beratung, haben Sie sämtliche Versprechen eingehalten, die Sie in Ihrer Anzeige gegeben haben.

Ihre Vertrauenswürdigkeit geht durch die Decke. Sie sind jetzt als Experte positioniert und heben sich von Ihren Wettbewerbern ab. Sie haben in Ihrer Anzeige keinerlei Verkaufsdruck aufgebaut, nur um einen schnellen Verkauf zu erzielen. Stattdessen haben Sie den Prozess in Gang gebracht, potenzielle Kunden dazu zu bringen, sich bei Ihnen zu melden. Sie bitten sie, sich mit Ihnen in Verbindung zu setzen, und wenn sie das tun, haben sie sich selbst bei Ihnen als hochwahrscheinlichen Kunden zu erkennen gegeben.

So managen Sie Ihre Goldmine

Als Kind sah ich mir immer die Science-Fiction-Zeichentrickserie *Die Jetsons* an. Ich war mir sicher, wenn ich erwachsen wäre, würden wir uns alle in fliegenden Autos fortbewegen. Nun, meine Frau zumindest meint, ich sei wohl noch immer nicht ganz erwachsen, aber ungeachtet dessen bewegt sich mein hauptsächliches Transportmittel viele Jahre später noch immer am Boden.

Sicher, moderne Autos sind mit allem möglichen Schnickschnack ausgestattet, aber in ihrer Grundform und Funktion haben sich Autos in über 100 Jahren nicht wirklich verändert. Stellt sich also die

Frage, warum düsen wir nicht alle in individuellen Flugmaschinen herum?

Die Technik für individuelle Flugmaschinen hat man schon seit einer Weile und die Kosten dafür sind überraschend niedrig. In Massenproduktion käme es dem sicher ziemlich nahe, was Autos kosten. Was ist also das Problem? Kurz gesagt, es gibt einfach keine Infrastruktur für individuellen Flug. Der allergrößte Teil unserer Infrastruktur ist für Autos gebaut. Moderne Häuser, Gebäude und Städte sind alle dafür gebaut, dass sich Autos darin bewegen können.

Warum bekommen manche Unternehmen einen konstanten Zufluss an Leads und potenziellen Kunden, während andere immer damit zu kämpfen haben? Die Antwort ist dieselbe wie die Antwort auf unser Dilemma mit dem individuellen Fliegen – die Infrastruktur.

Manche Unternehmen haben eine Marketinginfrastruktur aufgebaut, die konstant neue Leads hereinbringt, bei ihnen nachfasst, sie pflegt und sie in begeisterte Kunden umwandelt. Andere Unternehmen, und ich würde sagen, die meisten, tun etwas, was ich »willkürliche Marketinghandlungen« nenne. Sie werfen eine Anzeige hier, eine Anzeige dort ins Geschehen, vielleicht auch eine Webseite oder eine Infobroschüre. Sie bauen keine Infrastruktur auf – ein System, bei dem zu Beginn ein kalter Lead hereinkommt und am Ende ein begeisterter Kunde herauskommt.

Solche sporadischen, zufällig platzierten Einzelaktionen im Marketing kosten meist am Ende mehr, als sie bringen, was demoralisierend ist und Unternehmer manchmal dazu bringt, lächerliche Dinge zu sagen wie: »In meiner Branche funktioniert Marketing nicht.«

Um ein **System** aufzubauen, müssen wir es von Anfang bis Ende durchplanen. Wir müssen verstehen, wie es funktioniert und welche Ressourcen wir brauchen, damit es läuft.

Im absoluten Zentrum Ihrer Marketinginfrastruktur ist Ihre Datenbank über Kunden und potenzielle Kunden, aber um Ihre Datenbank effektiv zu verwalten, brauchen Sie unbedingt ein Customer-Relationship-Management-System (CRM-System). Das CRM-System ist Ihr Nervenzentrum. Es ist der Ort, an dem Sie Ihre Goldmine managen.

Und nun müssen all Ihre Leads, all Ihre Kundeninteraktionen in Ihrem CRM landen. Und hier wird es dann spannend.

Kapitel 4 Aktionspunkt:

Welches System haben Sie, um Leads zu erfassen?
Füllen Sie Feld #4 in Ihrem ***Marketingplan auf einer Seite*** aus.

5

DIE PFLEGE DER LEADS

Kapitel 5 – Vorschau

Die Pflege der Leads ist der Prozess, Menschen von einem vagen Interesse an dem, was Sie anzubieten haben, dahin zu bringen, dass sie sich dieses wünschen und mit Ihnen ins Geschäft kommen wollen. Der Prozess der Lead-Pflege stellt sicher, dass Leads interessiert, motiviert, qualifiziert und empfänglich dafür sind, bei Ihnen zu kaufen, noch bevor Sie jemals versucht hätten, ihnen etwas zu verkaufen.

Die Kernpunkte in diesem Kapitel sind:

- Das Geheimnis hinter dem »besten Verkäufer der Welt« im *Guinness-Buch der Weltrekorde*.
- Warum das Geld im Follow-up steckt und wie man sich das zunutze macht.
- Wie man seine Wettbewerber vernichtend schlägt und sich selbst in eine ganz andere Klasse bringt.
- Eine einfache Strategie, um potenzielle Kunden weiter in den Kaufzyklus hineinzubringen.
- Warum eine »Marketinginfrastruktur« für Ihren Unternehmenserfolg entscheidend ist und wie man eine solche aufbaut.
- Die drei wichtigsten Menschentypen, die Sie in Ihrem Team brauchen, damit Ihr Unternehmen funktioniert.
- Wie Sie internationale Talente nutzen, um den Erfolg Ihres Unternehmens zu sichern.

Die Pflege der Leads

Das Geheimnis hinter dem besten Verkäufer der Welt

JOE GIRARD STEHT IM *Guinness-Buch der Weltrekorde* als »bester Verkäufer der Welt«. Er hat mehr hochpreisige Artikel Stück für Stück verkauft als irgendein anderer Verkäufer der Geschichte. Verkaufte er irgendeine erstaunliche neue Technologie, die jeder haben wollte? Nein. Verkaufte er an Mega-Reiche? Wieder falsch. Er verkaufte ganz normale Autos an ganz normale Leute. Zwischen 1963 und 1978 verkaufte er über 13.000 Autos bei einem Chevrolet-Händler. Seine Statistiken sind erstaunlich:

- Insgesamt verkaufte er 13.001 Autos. Das ist ein Durchschnitt von sechs Autos pro Tag.
- An seinem besten Tag verkaufte er 18 Autos.
- In seinem besten Monat verkaufte er 174.
- In seinem besten Jahr verkaufte er 1.425.
- Joe Girard verkaufte allein mehr Autos als 95 Prozent der Vertragshändler in Nordamerika.
- Was seine Leistung noch unglaublicher macht, er verkaufte sie alle im Einzelhandel – Stück für Stück. Keine Flottenverkäufe.

Was war das Geheimnis für Joes Erfolg? Er zählt mehrere auf, unter anderem hart zu arbeiten und freundlich zu sein. Ich will diese Faktoren nicht unterbewerten, aber ich bin mir sicher, dass es zu der Zeit Tausende Verkäufer gab, die diese bewundernswerten Eigenschaften hatten, aber sie haben nicht einen Bruchteil der Menge verkauft, die Joe verkaufte. Eines der herausragenden Dinge, die Joe tat, war, mit seinen Kunden permanent in Kontakt zu bleiben. Er schickte jeden Monat eine persönliche Grußkarte an seine gesamte Kundenliste. Im Januar war es eine Neujahrskarte, und drinnen stand: »Ich mag Sie.« Darunter setzte er seine Unterschrift und den Stempel mit den Kontaktdaten des Händlers, bei dem er arbeitete. Im Februar bekamen seine Kunden vielleicht eine Karte zum Valentinstag. Wieder war die Nachricht darin dieselbe: »Ich mag Sie.«

Er variierte Größe und Farbe des Umschlags und jeder war per Hand adressiert und gestempelt. Dies war entscheidend, um sie aus der übrigen Post herausstechen zu lassen, wenn die Leute über dem Papierkorb – dem Äquivalent des heutigen Spamfilters – standen und alles wegwarfen, das wie Werbung aussah, unseriöse Lockangebote, Kreditkartenangebote und andere Wurfsendungen. Er wollte, dass seine Kunden seinen Umschlag öffneten, seinen Namen und die positive Nachricht darin lasen und dass ihnen das ein gutes Gefühl gab. Das tat er Monat für Monat, Jahr für Jahr, mit dem Wissen, dass sie irgendwann ein neues Auto brauchen würden. Und wenn das so war, was glauben Sie, wer ihnen als Erstes in den Sinn kam? Am Ende seiner Karriere versandte er monatlich 13.000 Karten und musste einen Assistenten einstellen, der ihm half.

Als er zehn Jahre im Job war, gingen zwei Drittel seiner Verkäufe an wiederholte Kunden. Es kam so weit, dass Kunden Termine mit ihm ausmachen mussten, um zu ihm zu kommen und ein Auto zu kaufen. Halten Sie sich den Unterschied vor Augen zu anderen Autoverkäufern, die nur wartend herumstanden und auf Laufkundschaft hofften.

Marketing wie ein Farmer

Wie oft, würden Sie schätzen, fasst ein Verkäufer bei einem Lead im Durchschnitt nach? Wenn Sie auf ein- oder zweimal getippt haben, liegen Sie in etwa richtig.

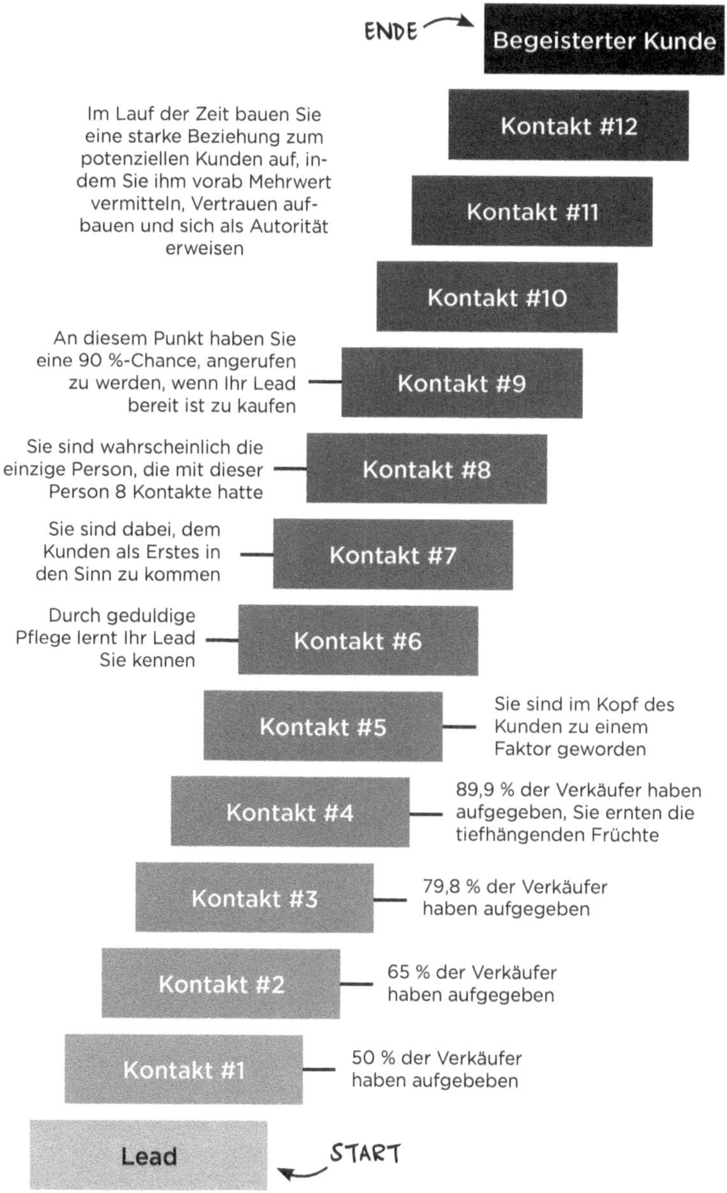
ENDE
Begeisterter Kunde
Kontakt #12
Im Lauf der Zeit bauen Sie eine starke Beziehung zum potenziellen Kunden auf, indem Sie ihm vorab Mehrwert vermitteln, Vertrauen aufbauen und sich als Autorität erweisen
Kontakt #11
Kontakt #10
An diesem Punkt haben Sie eine 90 %-Chance, angerufen zu werden, wenn Ihr Lead bereit ist zu kaufen
Kontakt #9
Sie sind wahrscheinlich die einzige Person, die mit dieser Person 8 Kontakte hatte
Kontakt #8
Sie sind dabei, dem Kunden als Erstes in den Sinn zu kommen
Kontakt #7
Durch geduldige Pflege lernt Ihr Lead Sie kennen
Kontakt #6
Kontakt #5
Sie sind im Kopf des Kunden zu einem Faktor geworden
Kontakt #4
89,9 % der Verkäufer haben aufgegeben, Sie ernten die tiefhängenden Früchte
Kontakt #3
79,8 % der Verkäufer haben aufgegeben
Kontakt #2
65 % der Verkäufer haben aufgegeben
Kontakt #1
50 % der Verkäufer haben aufgebeben
Lead
START

50 Prozent aller Verkäufer geben nach einem Kontakt auf, 65 Prozent geben nach zwei und 79,8 Prozent nach drei Kontakten auf.[7] Stellen Sie sich vor, ein Farmer würde die Saat aussäen und sich dann weigern, sie mehr als ein- oder zweimal zu wässern. Wird er eine gute Ernte einfahren? Wohl kaum.

Beim Marketing **steckt das Geld im Follow-up**. Auf dieser Grundlage ist das Modell von der unwiderstehlichen Pflege der Leads aufgebaut.

Sofort nachdem Sie einen Lead erfasst haben, sollte er in Ihr System eingepflegt werden, von wo aus im Laufe der Zeit wiederholte Kontakte erfolgen. Kontakt bedeutet nicht, Leads auf aufdringliche Weise zum Kauf zu drängen. Sie bauen eine Beziehung auf, vermitteln Mehrwert im Voraus, noch bevor die Kunden irgendetwas bei Ihnen gekauft haben, schaffen damit Vertrauen und beweisen Autorität in Ihrem Spezialbereich.

Akzeptieren Sie die Tatsache, dass die Leute nicht sofort bereit sein werden, etwas zu kaufen. Speichern Sie sie in einer Datenbank – und diese Datenbank könnte E-Mail-Adressen oder Postanschriften enthalten (am besten beides). Senden Sie ihnen regelmäßig etwas, um in Kontakt zu bleiben, und positionieren Sie sich dadurch als Experte in Ihrer Branche oder Ihrem Bereich (mehr dazu im nächsten Kapitel).

Genau wie ein Farmer sein Feld, bereiten Sie Ihre potenziellen Kunden auf die Ernte vor. Genau wie Joe Girard können auch Sie sich eine riesige Pipeline potenzieller Kunden aufbauen, denen Sie als Erstes in den Sinn kommen, wenn **diese** bereit sind, zu kaufen. Umso spannender ist es, dass diese potenziellen Kunden schon prädestiniert sind, mit Ihnen ins Geschäft zu kommen, wegen der Beziehung, die

---

7 Diese Statistiken werden in Verkäufer- und Marketingkreisen oft zitiert. Ich habe versucht, die Originalquelle dieser Zahlen zu finden, aber nach ein paar Stunden Recherche war das Beste, was ich finden konnte, die Aussage, dass sie »auf den Ergebnissen von großen nationalen Forschungsfirmen« beruhen würden. Wie die meisten Statistiken sollte man sie also mit Vorsicht genießen. Doch egal woher sie stammen oder wie genau diese Zahlen ermittelt wurden, meiner Erfahrung nach stimmen sie in etwa. Der Punkt ist, dass nur wenige Verkäufer sich die Mühe machen, Kunden öfter als ein paar Mal zu kontaktieren.

Sie schon im Vorfeld aufgebaut haben. Sie müssen niemanden mehr überzeugen oder eine aggressive Verkaufstaktik anwenden; der Verkauf ist dann einfach nur der nächste logische Schritt.

Diese wachsende Liste von potenziellen Kunden und die Beziehung, die Sie mit ihnen haben, wird zum wertvollsten Gut für Ihr Geschäft. Es ist die Goldene Gans. Wenn der potenzielle Kunde schließlich bereit ist zu kaufen, sind Sie ein willkommener Gast anstatt einer Belästigung. Das Wichtigste, was Sie hier für sich lernen können, ist, ein Marketing-Farmer zu werden. Es ist ein einfacher Prozess in drei Schritten:

1. Werben Sie mit der Intention, Menschen zu finden, die daran interessiert sind, was Sie tun. Tun Sie dies, indem Sie freie Infobroschüren, Videos, Audio-Interviews oder Ähnliches anbieten. Jegliche Form von relevanter, kostenloser Information, die eine Lösung für ein Problem darstellt, das sie haben, wird funktionieren. Dies positioniert Sie als Experte und Berater und nicht als Verkäufer. Bei wem würden **Sie** lieber kaufen?
2. Erfassen Sie sie in Ihrer Datenbank.
3. Pflegen Sie die Kontakte und liefern Sie Mehrwert; zum Beispiel ein Newsletter über Ihre Branche oder Informationen darüber, wie man das meiste herausholt aus dem, was Sie auch immer anbieten. Wichtig dabei: Machen Sie daraus keinen permanenten Verkaufspitch. Das wird sich sehr schnell abnutzen. Stellen Sie sicher, dass Sie wertvolle Informationen anbieten, in die Sie hie und da ein Verkaufs- oder Sonderangebot einstreuen. Was am allerwichtigsten ist, stellen Sie sicher, dass Sie regelmäßig in Kontakt bleiben, sonst wird der Kunde Sie vergessen, und Ihre Beziehung fällt dann wieder zurück auf die Stufe eines kalten Kontakts und eines lästigen Verkäufers.

Wenn Sie ein »Marketing-Farmer« werden, werden Sie reiche, nachhaltige Ernten einfahren, während Ihre Datenbank an Anzahl und Qualität der Kontakte zunimmt.

Wie Sie Ihre Marketinginfrastruktur aufbauen

Im vorherigen Kapitel haben wir das Konzept vorgestellt, Werbung mit der Intention zu betreiben, Leads zu erfassen. Leads zu erfassen ist das eine, aber was man dann mit diesen Leads anfängt, trennt die Spreu vom Weizen, wie man so sagt. Ist es Ihnen schon einmal so gegangen, dass Sie sich über ein Produkt oder eine Dienstleistung informiert haben und dann nur einen lahmen Nachfassanruf bekamen, sonst nichts? Das ist ein Zeichen für eine dysfunktionale Marketinginfrastruktur.

Das Traurige daran ist, dass sehr viel, ja, die meiste Routinearbeit beim Follow-up automatisiert stattfinden kann, indem man ein CRM-System nutzt. Die meisten guten Systeme können so eingestellt werden, dass sie automatisch eine E-Mail oder SMS an einen Kunden absenden oder eine Vertriebsperson benachrichtigen, die zurückruft und den Kontakt nachverfolgt. Der automatische Prozess kann durch irgendeine Handlung des potenziellen Kunden ausgelöst werden, durch Nachverfolgen von Anfragen und Verkäufen oder aufgrund von festgesetzten Zeitabständen. Automatisierte Systeme ermöglichen es Ihnen, Kunden und potenzielle Kunden maschinell sortieren, prüfen und filtern zu lassen, sodass Sie Ihre Zeit effektiver nutzen können.

Nun, da Sie eine Datenbank mit hochwahrscheinlichen Kunden haben, ist es **Ihre Aufgabe, sie zu bewerben, bis sie kaufen oder sterben**. Das mag jetzt so aussehen, als würde ich dafür plädieren, die Leute zu bedrängen und zu gängeln, bis sie nachgeben und kaufen. Nichts liegt mir ferner.

Traditionelles Verkaufstraining legt den Fokus oft auf Taktiken, mit denen man Druck ausübt, wie »haben Sie immer den Abschluss im Visier« oder andere armselige Verkaufstechniken, die auf Druck basieren. Das macht den Verkäufer zum Plagegeist, den die potenziellen Kunden loswerden wollen.

Anstatt ein Plagegeist zu sein, plädiere ich dafür, ein willkommener Gast zu sein. Senden Sie Ihren hochwahrscheinlichen Kunden einen permanenten Strom von Mehrwert, bis **diese** bereit sind, zu kaufen. Das könnte in Form von Tutorials, Artikeln, Fallstudien oder sogar etwas so Einfachem wie einem monatlichen Newsletter stattfinden, in dem es um den Interessensbereich des Kunden geht. Das schafft Vertrauen und Wohlwollen und positioniert Sie als Experten und Berater und nicht als Verkäufer, der nichts als Profit im Sinn hat.

Verschiedene technische Tools erleichtern die Automatisierung dieses kontinuierlichen Follow-up-Mechanismus, was ihn zu einer kosteneffizienten und skalierbaren Methode macht, eine riesige Pipeline aus interessierten und motivierten potenziellen Kunden aufzubauen.

Manche dieser potenziellen Kunden werden sofort in Kunden umgewandelt, während andere erst Wochen, Monate oder sogar Jahre später zu Kunden werden. Der Punkt ist, dass Sie zu dem Zeitpunkt, wenn sie bereit sind, zu kaufen, bereits eine solide Beziehung zu ihnen aufgebaut haben, die auf Wertvermittlung und Vertrauen beruht. Das macht Sie zur logischen Wahl, wenn es für sie an der Zeit ist, sich für einen Kauf zu entscheiden.

Dies ist eine der ethischsten und schmerzlosesten Verkaufsmethoden, denn sie basiert vollkommen auf Vertrauen und dem Austausch von Mehrwert. Während Ihre Wettbewerber blind Pfeile in alle Richtungen abschießen, in der Hoffnung, einen der 3 Prozent sofortigen Käufer zu erwischen, richten Sie mit dieser Methode Ihre gesamte Schusskraft auf ein klares und sichtbares Ziel.

Ihre Marketinginfrastruktur wird aus »Vermögenswerten« bestehen. Hier sind ein paar der Vermögenswerte, die ich erfolgreich in Marketinginfrastrukturen eingesetzt habe, die ich mit aufgebaut oder gemanagt habe:

- Webseiten, die Leads erfassen können
- Kostenlose automatische Infolines
- Newsletter
- Blogs
- Kostenlose Infoblätter
- Direktmailing-Aktionen

- Soziale Medien
- Online-Videos und DVDs
- Podcasts und Audio-CDs
- Printwerbung
- Handschriftliche Nachrichten
- Automatisierte E-Mail-Antworten
- Automatisierte SMS-Antworten
- Werbepakete (wird im nächsten Abschnitt erklärt)

All dies ist Teil meiner Marketinginfrastruktur. Ich baue kontinuierlich immer größere und raffiniertere Vermögenswerte auf, aber diese gehören zu meinen wichtigsten Werten. Jeder davon hat seinen Platz und seine Funktion. Alle Werbemethoden, die ich einsetze, sind darauf ausgerichtet, kalte Leads ins System zu bringen und sie in begeisterte Kunden umzuwandeln.

Natürlich braucht es Zeit und Geld, so eine Marketinginfrastruktur aufzubauen, aber genau wie bei der physischen Infrastruktur, wie dem Straßen- oder Schienennetz, fließen die meiste Zeit und das meiste Geld in den Aufbau am Anfang. Danach geht es nur noch um Wartung und beständige Anpassung.

Und jetzt kommt das Interessante: Dank der Fortschritte der Technologie ist ein Großteil meines Marketing automatisiert, was mir enorme Wirkungskraft verleiht. Wenn ich eine Kombination finde, die funktioniert, kann ich sie immer wieder anwenden und jedes Mal zuverlässig dieselben Ergebnisse damit erzielen.

Während ich meine Marketinginfrastruktur immer weiter ausbaue, werden auch meine Ergebnisse immer besser. Wie ist es mit Ihnen? Bauen Sie Ihre Marketinginfrastruktur aus? Arbeiten Sie ständig an Ihren Marketingsystemen und verbessern Sie sie kontinuierlich? Wenn Sie das tun, werden Sie Ihren Wettbewerbern weit voraus sein, die einfach mit planlosen Marketingmaßnahmen im Nebel stochern.

Ausgebeulte Umschläge und Werbepakete

In Kapitel 3 haben wir über die starke Wirkung der Post als Medienkanal gesprochen. »Ausgebeulte Umschläge« sind eine Möglichkeit, diesen wirkungsvollen Medienkanal noch zu boostern. Denken Sie einmal daran, wie Sie Ihre Post normalerweise sortieren. Sie haben einen Stapel mit Umschlägen, dann bemerken Sie, dass in einem der Umschläge etwas ist, was ihn ausbeult. Es ist irgendein Objekt darin, vielleicht ein Buch, eine DVD oder irgendein Werbegeschenk. Welcher der Umschläge wird zuerst geöffnet und bekommt die meiste Aufmerksamkeit? Wenn Sie wie die meisten Leute sind, ist es der ausgebeulte.

Ausgebeulte Umschläge sind ein Aufmerksamkeitsmagnet und geben Ihnen die Möglichkeit, sehr kreativ mit Ihren Direktmailing-Kampagnen zu sein. Im Direktmailing-Geschäft nennt man Werbegeschenke, die bewusst verschickt werden, um Aufmerksamkeit zu erwecken, »Grabber«. Grabber nehmen oft das Thema Ihres Verkaufsbriefes auf. Zum Beispiel könnten Sie einen kleinen Plastikmülleimer in den Umschlag stecken, in dem der Verkaufsbrief das Thema hat: »Hören Sie auf, Geld zu verschwenden.« Oder Sie stecken einen Magneten hinein, zum Thema »Wie Sie mehr Kunden anziehen«. Es hört sich abgedroschen an und vielleicht ist es das auch, aber es erweckt Aufmerksamkeit, ist unterhaltsam und, noch wichtiger, wenn es richtig gemacht ist, bringt es großartige Ergebnisse.

Bücher, CDs oder DVDs sind weitere ausgezeichnete Gegenstände, die man in Umschläge stecken kann, um sie ausgebeult erscheinen zu lassen. Wenn man sie öffnet, erwecken sie nicht nur einmal kurz die Aufmerksamkeit, sondern diese Gegenstände werden meist nicht weggeworfen. Ihre Kunden und potenziellen Kunden werden wahrscheinlich aufheben, was Sie ihnen zugesandt haben, und es wird sie permanent an Sie erinnern.

Wenn man das Thema ausgebeulte Umschläge auf das nächste Level bringen möchte, kommt man zum Werbepaket.[8] Das Werbepaket

[8] Name und Konzept des im Amerikanischen »Shock and awe«-Paket genannten Konzepts werden im Allgemeinen der Direct-Response-Marketinglegende Dan Kennedy zugeschrieben.

ist vielleicht eines der wirkungsvollsten Follow-up-Tools im Direct-Response-Marketing, das es gibt. Wenn es richtig gemacht ist, kann es Ihre Umwandlungsrate und Positionierung weit vor die Ihrer Wettbewerber katapultieren. Es ist so wirkungsvoll, dass es Ihre Wettbewerber praktisch vernichtet und Sie in eine Extraklasse versetzt. Das Erstaunliche an Werbepaketen ist, dass selbst wenn Ihre Wettbewerber herausfinden, was Sie tun, sie es nicht wagen, Sie zu kopieren. Das macht praktisch niemand.

Im vorigen Kapitel sprachen wir darüber, wie wichtig es ist, die Daten von potenziellen Kunden zu erfassen, die Interesse bekundet haben. Der Zweck davon ist natürlich, mit ihnen in Kontakt zu bleiben und sie bei der Stange zu halten, bis sie bereit sind, Kunden zu werden.

Denken Sie jetzt zurück an das letzte Mal, als Sie sich über ein Produkt oder eine Dienstleistung informiert haben. Vielleicht haben Sie angerufen, eine E-Mail geschickt oder Ihre Anfrage über die Registrierung auf einer Webseite gemacht. Sie haben den typischen Tanz des potenziellen Kunden vollführt: »Schickt mir mehr Information.« Was haben Sie auf diese Anfrage für eine Reaktion bekommen? Wahrscheinlich hat das Unternehmen, das Sie angefragt haben, eines der folgenden Dinge getan:

- Ihnen einen Link zu einer Webseite gesendet
- Ihnen eine E-Mail gesendet (vielleicht zusammen mit ein paar Anhängen)
- Mit Ihnen am Telefon gesprochen und Ihre Fragen beantwortet

Sie haben vielleicht alles oben Genannte getan oder nur manches davon. Und sehen Sie, was passiert? Sie reagieren auf Ihre Anfrage auf die billigste und effizienteste Weise. Grundsätzlich ist nichts Falsches an billig und effizient, aber niemand wird dadurch unterhalten, erfreut oder inspiriert. Niemand wird innehalten und sagen: »Wow, die haben mir ein PDF mit sämtlichen Angaben geschickt. Das ist ja wunderbar!«

Bei den ersten paar Interaktionen mit potenziellen Kunden haben Sie die Möglichkeit, einen der folgenden Eindrücke zu hinterlassen:

1. genau wie alle anderen
2. totaler Schrott
3. total beeindruckend

Die meisten Unternehmer wählen Option 1; eine überraschend hohe Anzahl wählt Option 2, und fast niemand wählt Option 3. Ihre Aufgabe ist es, sich etwas auszudenken, um Option 3 zu sein. Zum Glück müssen Sie nicht das Rad neu erfinden. Ein Werbepaket ist eine der besten Möglichkeiten, um total beeindruckend zu sein.

So ein Werbepaket besteht im Wesentlichen aus einer Schachtel, die Sie an potenzielle Kunden verschicken und die voller einzigartiger, wertiger Dinge ist, die mit Ihrem Unternehmen und Ihrer Branche zu tun haben. Folgende Dinge kann und sollte ein Werbepaket enthalten:

- Bücher: Menschen sind darauf konditioniert, Bücher fast nie wegzuwerfen. Ein großer Bonuspunkt ist es, wenn Sie das Buch geschrieben haben. Bücher sind ein wunderbares Mittel, um sich zu positionieren und Sie vom bloßen Verkäufer zum Berater, Experten und zur Autorität auf Ihrem Gebiet zu katapultieren. Ich tue genau dies gerade mit diesem Buch! :-)
- DVDs oder CDs, in denen Sie sich vorstellen und die speziellen Probleme, die Ihr Produkt, Ihr Service oder Unternehmen für Ihren Kunden lösen können
- Erfahrungsberichte von Kunden als Video, Audio oder in Papierform
- Ausschnitte von Medienberichten oder -beiträgen über Sie, Ihr Produkt oder Ihre Branche
- Broschüren, Verkaufsbriefe oder anderes Marketingmaterial
- Unabhängige Berichte oder White Papers, die Ihr Anliegen untermauern oder den Wert Ihres Produkts oder Ihrer Dienstleistung zeigen

- Eine Probe Ihres Produkts oder Ihrer Dienstleistung. Gutscheine mit einer Wertangabe können wirkungsvoll sein, denn man hat das Gefühl, »Geld zu verschwenden«, wenn man sie einfach wegwirft. Sie motivieren den potenziellen Kunden auch dazu, Sie auszuprobieren.
- Ungewöhnliche Werbegeschenke, die unterhaltsam, informativ und beeindruckend sind. Ich habe schon von personalisierten Kaffeebechern bis hin zu iPads gehört, die in solchen Paketen waren.
- Ein handgeschriebener Brief, in dem Sie dem Kunden für sein Interesse danken oder sich auf ein Telefongespräch beziehen, das Sie mit ihm geführt haben.

Waaaas? Höre ich Sie jetzt sagen. Analoge Post in diesem Informationszeitalter mit ständigem sofortigem Zugriff und On-demand-Produktion? Die Antwort lautet: JA! Vertrauen Sie mir, niemand liebt die Technik so wie ich. Ich bin süchtig nach dem neuesten »i-Irgendwas«, und ich klebe permanent an irgendeinem meiner vielen Bildschirme. Aber genau wie die meisten Menschen liebe ich es, Pakete zu bekommen – und das umso mehr, wenn sie unerwartet eintreffen.

Während die Leute früher viel mehr Post bekommen haben, ist es heute leichter denn je, mit analoger Post Aufmerksamkeit zu bekommen, besonders mit Paketen. Wenn bei Ihnen eine FedEx-Schachtel auf dem Schreibtisch landet, wie lange dauert es, bis Sie sie aufreißen? Wenn Sie so sind wie die meisten Leute, wird es wohl nicht sehr lange dauern.

Ich sage hier bestimmt nicht, dass Sie auf Anfragen nicht sofort über Telefon, E-Mail oder Internet reagieren sollten, aber Sie müssen verstehen, dass die ersten paar Interaktionen mit einem potenziellen Kunden heilig sind und gut orchestriert sein sollten. Nichts sollte dem Zufall überlassen werden. Ein Werbepaket ist ein wunderbares Werkzeug, um bei Ihrem Kunden die erwünschte »Wow«-Reaktion hervorzurufen.

Ein Werbepaket sollte drei Dinge erfüllen:

- Ihrem potenziellen Kunden beeindruckenden und unerwarteten Mehrwert vermitteln

- Sie als Experten und vertrauenswürdige Autorität auf Ihrem Gebiet positionieren
- Ihren potenziellen Kunden im Kaufzyklus weiter nach vorne bringen, als er sonst wäre

Wie viel wirkungsvoller ist dies als die Standardreaktion: »Ja, natürlich, ich schicke Ihnen gleich eine E-Mail mit weiteren Informationen.«

Ein häufiger Einwand gegen Werbepakete ist, dass sie zu teuer sind. Im vorherigen Kapitel haben wir Folgendes besprochen: Je mehr Geld Sie unter gleichen Voraussetzungen für das gezielte Marketing an hochwahrscheinliche Kunden ausgeben, desto besser stehen Ihre Chancen, sie in Kunden umzuwandeln. Und genau darum geht es beim Werbepaket. Wenn Sie Ihren Wettbewerber übertreffen können, indem Sie mehr dafür ausgeben, um potenzielle Kunden zu überraschen und zu beeindrucken, stellen Sie ihn in den Schatten. Dabei **müssen Sie natürlich Ihre Zahlen kennen**, besonders Kennzahlen wie den Customer Lifetime Value, sonst machen Sie minus. **Gutes Marketing kann schlechtes Rechnen nicht wettmachen**.

Die Zahlen müssen natürlich stimmen. Wenn Sie nicht in einem Geschäft mit extrem niedrigen Margen sind, das auf reiner Transaktion beruht (was ich Ihnen wirklich nicht empfehlen kann), dann sollten die Zahlen stimmen, und die Versendung von Werbepaketen sollte sehr kosteneffizient sein.

Machen Sie nicht den Fehler, billig und effizient zu sein, wenn es darum geht, potenzielle Kunden zu beeindrucken. Werbepakete sind ein Riesenvorteil im Wettbewerb. Die meisten Wettbewerber werden es nicht verstehen, und selbst wenn sie es verstehen, werden sie nicht den Mut haben, sie einzusetzen, denn wenn sie so wie die meisten anderen Unternehmen sind, kennen sie ihre Zahlen nicht. Sie werden es als zu teuer betrachten; denn schließlich gibt es billigere und effizientere Möglichkeiten, Kunden zu akquirieren. Überlassen Sie Ihren Wettbewerbern also ruhig das billige und effiziente Marketing, während das Ihre unterhaltsam, erfreulich, inspirierend und beeindruckend ist. Sie werden ihnen um Welten voraus sein.

Schnelles Wachstum durch produktiveres Marketing

Eine der Gemeinsamkeiten bei Wachstumsunternehmen ist, dass sie sich stark auf das Marketing fokussieren und sehr viele Angebote machen. Manche dieser Angebote sind Fehlschläge und manche Treffer. Das Spannende daran ist, dass man nicht viele Treffer braucht, um seine Fehlschläge auszugleichen, besonders, wenn man das Risiko gering hält, indem man das Angebot zunächst bei einem kleinen Kundensegment testet.

Indem Sie viele Angebote machen, bekommen Sie mit der Zeit ein sehr gutes Gefühl dafür, was funktioniert und was nicht. Wenn Sie ein produktiveres Marketing betreiben, ist es viel einfacher, Trends zu erkennen und Reaktionen durch Split-Testing wissenschaftlich zu messen.

Ein weiteres wichtiges Merkmal von Wachstumsunternehmen ist, dass sie mit ihren Angeboten nicht zurückhaltend sind. Sie nehmen Risiken auf sich, setzen attraktive Werbetexte ein und gewähren unglaubliche Garantien.

Kann es wirklich so einfach sein? Attraktivere und häufigere Angebote? Die kurze Antwort ist: Ja. Die Grundlagen ändern sich nie. Natürlich gibt es heute mehr Medienkanäle, durch die man seine Angebote machen kann, neue Marketingtechnologien, mit denen man den Return on Investment besser messen und Split-Testing besser durchführen kann, aber die Grundlagen ändern sich nie.

Attraktivere und häufigere Angebote = schnelles Unternehmenswachstum.

Wenn Sie ein produktiveres Marketing betreiben, wird es in Ihrem Unternehmen brummen. Ihre Kunden und potenziellen Kunden werden Sie mehr und mehr wahrnehmen, und Sie werden mit der Zeit aus der Masse herausragen und Ihre Vertriebspipeline füllen.

Jede Veränderung, die für Sie zur Routine wird, wird mit der Zeit starke Auswirkungen haben, sei es positiv oder negativ. Wenn Sie das Erstellen und Versenden von Angeboten an Ihre Liste der Kunden und potenziellen Kunden zur Routine machen, werden Sie binnen kurzer Zeit ein ganz anderes Unternehmen haben.

Das regelmäßige Schalten von Angeboten wird Sie im Marketing besser machen. Und in Marketingwissenschaften gut zu sein, ist der Schlüssel für schnelles Unternehmenswachstum. Und wenn Sie selbst besser werden, wird auch für Sie alles besser werden.

Erstellen – realisieren – wiederholen

In der Schule hat man uns beigebracht, für uns allein zu arbeiten. Man musste Mathe, Naturwissenschaften und Englisch bestehen, um in die nächste Klasse vorzurücken. Stellen Sie sich vor, Sie hätten sich mit ein paar Freunden zusammengetan und die Talente aufgeteilt. Eine Freundin, die gut in Mathe war, hätte alle Matheprüfungen erledigt. Ein anderer Freund, der gut in Naturwissenschaften war, hätte sich um die Prüfungen in den Naturwissenschaften gekümmert. Und schließlich hätten Sie alle Englischprüfungen gelöst, denn das war das Fach, in dem Sie gut waren. In der Schule hätte man diese Art der Zusammenarbeit Betrug genannt und Sie wären alle drei bestraft und vielleicht sogar von der Schule verwiesen worden. Im Geschäftsleben ist der Zusammenschluss verschiedener Talente für ein gemeinsames Ziel genau die Struktur, die erfolgreiche Ergebnisse erzielt. Geschäfte betreiben ist ein Teamsport, den man niemals allein gewinnen kann.

Man braucht verschiedene »Typen«, damit ein Unternehmen funktioniert. Hier die drei Haupttypen:

1. **Der Unternehmer/die Unternehmerin**: Das ist die Person mit den Ideen und der Vision. Sie erkennt ein Problem oder eine Marktlücke und ist bereit, Risiken auf sich zu nehmen, um dieses Problem für Gewinn zu lösen. **Sie entwirft das Konzept**, weil sie zum Beispiel eine Marktlücke für ein bestimmtes Produkt erkannt hat, und engagiert die richtigen Leute, die nötig sind, um das Unternehmen zu gründen und zum Laufen zu bringen.
2. **Der Spezialist/die Spezialistin**: Das ist derjenige, der die Vision des Unternehmers implementiert. Er kann ein Ingenieur sein, ein Ven-

ture-Capital-Investor, ein Grafik-Designer. Er übernimmt die Vision oder Teile davon und hilft dabei, diese in die Realität umzusetzen. **Er setzt es in die Realität um**, zum Beispiel, indem er die Fabrik baut, um das Produkt zu produzieren, die richtige Werkzeugausstattung besorgt oder die Verpackung für das Produkt entwirft.

3. **Der Manager/die Managerin**: Der Typ des Managers ist jeden Tag vor Ort und sorgt dafür, dass es vorangeht, dass gearbeitet wird und die Vision auf der richtigen Spur ist. **Er kümmert sich um den Ablauf**, zum Beispiel, indem er die Fabrik leitet, dafür sorgt, dass Lieferungen rechtzeitig rausgehen, oder indem er sicherstellt, dass die Qualität stimmt.

Für den Erfolg eines Unternehmens braucht man alle drei Typen, und es ist extrem selten, dass eine Person in allen drei Bereichen gut ist. Viele Eigentümer kleiner Unternehmen sind entweder der Unternehmer oder der Spezialist oder beides, aber selten der Manager.

Selbst wenn Sie aktuell der alleinige Geschäftsführer Ihres Unternehmens sind, müssen Sie einen Weg finden, alle drei Bereiche abzudecken. Sie können dies tun, indem Sie Bereiche outsourcen oder jemanden einstellen. Eigentümer kleiner Unternehmen versuchen oft, zu viel auf einmal selbst zu erledigen, und dann ist es unvermeidlich, dass manches auf der Strecke bleibt. Das Fehlen einer Person, die die Managerrolle übernimmt, ist oft der Grund dafür, dass die Marketinginfrastruktur nie richtig aufgebaut wird oder läuft. Deshalb gehen monatliche Newsletter nicht raus, oder Werbepakete werden nie rausgeschickt. Der Unternehmer mag ja zustimmen, dass es großartige Ideen sind, um Leads zu pflegen (was sie wirklich sind), aber er ist zu beschäftigt damit, Unternehmer oder Spezialist zu sein, und da es keinen Manager gibt, der sich um die Marketinginfrastruktur kümmert, werden die dazu nötigen operativen Dinge oft nicht erledigt.

Aber welchen Sinn hat es, wenn man die raffiniertesten Marketingtools und -werte hat, wie Werbepakete, und diese dann nicht konsequent angewandt werden?

Sie haben wahrscheinlich alle drei Rollen bereits in vielen anderen Teilen Ihres Unternehmens. Zum Beispiel, als Sie anfingen, hatten Sie die Idee und die Vision, was Sie aufbauen wollten – Sie haben das Konzept entworfen. Dann haben Sie vielleicht einen Rechtsanwalt engagiert, der Ihnen die gesetzliche Form Ihres Unternehmens erstellt hat – Ihr Anwalt setzte es in die Realität um. Dann kümmert sich vielleicht jedes Jahr Ihre Finanzmanagerin um Ihre Steuern und finanziellen Verpflichtungen – Ihre Finanzmanagerin kümmert sich um den Ablauf.

Nun ist es entscheidend, dass Sie dasselbe auch für Ihre Marketinginfrastruktur tun. Installieren Sie Systeme (in Kapitel 7 sprechen wir mehr über Systeme). Bringen Sie die Marketingideen ein, oder noch besser, stehlen Sie sie ganz ungeniert aus diesem Buch; engagieren Sie Grafik-Designerinnen, Webentwickler und Werbetexterinnen, die die Ideen in die Realität umsetzen; holen Sie sich dann Hilfe für die Verwaltung oder nutzen Sie externe Dienstleister, die sich um den Ablauf kümmern. Wie schon zuvor besprochen, vieles davon kann automatisiert werden, und was nicht automatisiert werden kann, sollte delegiert werden. Es ist einfach zu wichtig, um es zu vernachlässigen. Das Fehlen einer funktionellen, laufenden Marketinginfrastruktur wird Ihr Unternehmen schädigen oder sogar vernichten.

Der Grund, aus dem man seine jährliche Steuererklärung nicht vernachlässigt, ist, dass man vom Staat dazu verpflichtet ist. Die staatlich festgesetzten Abgabefristen geben vor, wann die Steuererklärung abgegeben werden muss und wann die verschiedenen Steuern fällig sind.

Einen ähnlich verpflichtenden Mechanismus können Sie auch durch Marketingfristen in Form eines »Marketingkalenders« installieren. Ein Marketingkalender zeigt auf, welche Marketingaktivitäten täglich, wöchentlich, monatlich, vierteljährlich oder jährlich stattfinden sollen, und Sie setzen diese auf Ihren Terminplan wie alle anderen wichtigen Geschäftstermine auch.

Zum Beispiel könnten Sie für Ihr Unternehmen folgenden Marketingkalender beschließen:

- **Täglich**: Kommentare in den sozialen Medien checken und angemessen reagieren.
- **Wöchentlich**: Blog-Post schreiben und den Link als E-Mail an die Liste der registrierten Teilnehmer senden.
- **Monatlich**: Kunden und potenziellen Kunden einen auf Papier gedruckten Newsletter oder eine Postkarte schicken.
- **Vierteljährlich**: Kunden, die schon länger nicht mehr gekauft haben, einen Reaktivierungsbrief schicken.
- **Jährlich**: Allen Kunden einen Geschenkkorb schicken, mit dem Sie sich für deren Treue bedanken.

Nachdem Sie festgelegt haben, **was** getan werden muss und **wann**, stellt sich Ihnen nur noch die Frage, **wer** dafür verantwortlich sein wird, dass jede der geplanten Marketingaktivitäten auch durchgeführt wird. Noch mal, wenn Sie ein kleines Unternehmen oder Sie der alleinige Geschäftsführer sind, versuchen Sie nicht, alles selbst zu machen. Wo immer möglich, übertragen Sie diese sich wiederholenden operativen Aktivitäten jemand anderem.

Zusätzlich zu den regelmäßigen, geplanten Marketingaktivitäten müssen Sie auch anlassbezogene Marketingaktionen mit einplanen. Zum Beispiel folgende Anlässe und die damit korrespondierenden Aktionen:

- **Sie lernen bei einem Geschäftsevent einen potenziellen Kunden kennen**: Übertragen Sie dessen Daten von der Visitenkarte in Ihr CRM-System und setzen Sie ihn auf Ihre Liste für den monatlichen Newsletter/Postkarte.
- **Sie bekommen eine Kaufanfrage**: Senden Sie dem Kunden einen handschriftlichen Brief und Ihr Werbepaket.
- **Sie haben einen neu registrierten Teilnehmer auf Ihrer E-Mail-Liste von Ihrem Blog**: Pflegen Sie ihn in Ihr CRM-System ein, das

ihm im Verlauf der folgenden 30 Tage automatisch per Mail eine fünfteilige Beratungsvideoserie schickt.

- **Sie haben eine Kundenbeschwerde bekommen**: Nachdem die Angelegenheit gelöst wurde, schicken Sie ihm einen handschriftlichen Entschuldigungsbrief und einen Gutschein über 100 Euro Preisnachlass für den nächsten Einkauf.

Und noch mal: Übertragen Sie diese anlassbezogenen Aktivitäten jemand anderem. Das wird Sie für Marketingaufgaben auf einem höheren Level frei machen, wie neue Marketingkampagnen zu entwerfen und zu testen, oder die Wertschöpfung Ihres Angebots zu verbessern. Nur wenige Unternehmensaktivitäten zahlen sich so gut aus wie die Arbeit an Ihrem Marketing.

Auch wenn Ihr Unternehmen derzeit noch klein ist, engagieren Sie jemanden vom Typ »Manager«, der für Sie »den Laden schmeißt« und sicherstellt, dass Ihre geplanten und anlassbezogenen Marketingaktivitäten eingehalten werden.

Wir Unternehmer haben eine »Macher«-Mentalität. Das bedeutet, dass wir oft, wenn etwas getan werden muss, versucht sind, die Ärmel hochzukrempeln und es einfach zu tun. Doch wenn Sie sehr viel Zeit mit Dingen verbringen, die nicht Ihr Spezialgebiet sind oder für die Ihre Zeit eigentlich zu schade ist, kann das sehr schnell zu einer teuren Angelegenheit werden. Denken Sie daran – Geld ist eine erneuerbare Ressource, man kann immer mehr Geld bekommen, aber niemals mehr Zeit.

Eine weitere sehr verbreitete Sorge beim Outsourcing oder Delegieren von Aufgaben ist die Qualität. Werden die anderen den Job so gut machen wie Sie? Die Antwort ist: wahrscheinlich nicht. Aber eine Faustregel, die ich gerne anwende, besagt: **Wenn jemand anders es zu 80 Prozent so gut macht wie Sie, sollten Sie es delegieren**.

Es kann schwer sein, loszulassen, besonders wenn Sie ein Kontrollfreak und Perfektionist sind, wie die meisten Unternehmertypen. Aber es ist nötig, wenn Sie Ihr Unternehmen skalierbar und wachstumsfähig machen wollen. Ansonsten endet es damit, dass Sie sich selbst für Routineaufgaben Mindestlohn bezahlen, während hochwertige Aufgaben, wie der Aufbau Ihrer Marketinginfrastruktur, die Ihr Unternehmen auf eine ganz andere Stufe heben würden, auf der Strecke bleiben.

Hier zitiere ich Jim Rohn mit einer zeitlosen Weisheit:

Lerne, die wichtigen von den unwichtigen Dingen zu unterscheiden. Vielen Menschen geht es nicht gut, einfach weil sie die unwichtigen Dinge für wichtig halten.

Verwechsle nicht Aktionismus mit Erfolg. Man kann sich durch aktive Beschäftigung leicht täuschen lassen. Die Frage ist aber: Aktiv beschäftigt womit?

Die Tage sind kostbar. Wenn du einen Tag verbringst, hast du einen weniger. Achte also darauf, dass du jeden Tag gut verbringst.

Wir können es uns ebenso wenig leisten, viel Zeit mit den unwichtigen Dingen zu verbringen, wie wir es uns leisten können, wenig Zeit mit den wichtigen Dingen zu verbringen.

Zeit ist wichtiger als Geld. Man kann mehr Geld bekommen, aber man kann nicht mehr Zeit bekommen.

Zeit ist das meistgehütete Geheimnis der Reichen.

Und schließlich lautet die häufigste Klage, dass es zu teuer ist, jemanden einzustellen oder Dinge outzusourcen. Das war vielleicht vor ein paar Jahren so, aber heute nicht mehr, dank dem Wunder der Geo-Arbitrage. Es gibt einen riesigen Pool an Talenten in Südostasien, Indien und Osteuropa, die für Sie für einen Bruchteil des Lohnes der hiesigen Angestellten und Vertragspartner arbeiten.

Es hat gute Gründe, dass große Unternehmen einen Großteil ihrer Routineaufgaben in diese Länder verlegen. Sie sind voll von talentierten Arbeitskräften, die engagiert und gut ausgebildet sind und fließend Englisch sprechen.

Sie können Aufgaben abgeben und sie wie durch Zauberei über Nacht erledigen lassen, während Sie schlafen. Wichtig ist hier, dass es nicht nur um Kosten geht, sondern auch um Skalierbarkeit. Vor Ort müssten Sie sich um die Compliance für jede Menge Regelungen kümmern, die für das Einstellen und Entlassen von Mitarbeitern oder sogar für Vertragspartner gelten. Doch dank der riesigen Online-Jobportale wie 99Designs, Upwork oder Freelancer können Sie ein Heer von persönlichen Assistentinnen, Grafik-Designern, Webentwicklerinnen und fast jedes andere Talent engagieren, das man sich vorstellen kann. Und sie alle können on-demand für ein Projekt engagiert werden oder als Teil Ihres Teams in dauerhafter Beschäftigung.

Die Produktion dieses Buches ist ein perfektes Beispiel dafür. Es wurde von mir in Australien geschrieben und von zwei Lektorinnen redigiert – eine in den Vereinigten Staaten, die andere in Kanada. Meine Recherche-Assistentin wohnt auf den Philippinen. Das Internet hat die geografischen Grenzen bedeutungslos gemacht und jedem die Möglichkeit gegeben, sich weltweit Arbeitskräfte zu besorgen. Nie zuvor war Talent so einfach zu bekommen, und noch dazu so kosteneffizient.

Natürlich kommt hier auch immer wieder das lahme alte Argument vom Patriotismus und dass man in der Region Jobs schaffen soll, aber wie viele regionale Jobs schaffen Sie, wenn Sie die entscheidenden Marketingstrategien nicht implementieren können und Ihr Unternehmen aufgeben müssen? Die Globalisierung von Arbeitskräften und Talenten ist längst Realität. Internationales Outsourcing und Geo-Arbitrage, die früher nur großen multinationalen Unternehmen vorbehalten waren, sind jetzt auch für kleine und mittlere Unternehmen und Unternehmer wie Sie und mich leicht nutzbar. Das sind heute ganz andere Voraussetzungen. Als Unternehmer ist es unsere Aufgabe, Veränderungen bereitwillig anzunehmen und Wege zu finden, wie wir sie uns zunutze machen und daraus profitieren können, anstatt uns dagegen zu sperren.

Wenn Sie immer mehr Erfolg haben, werden Sie sowieso dazu beitragen, dass regionale Jobs entstehen, aber das wird eher ein Nebenprodukt für Sie sein. Wenn Sie Ihr Haus ausbauen, eine großzügige

Spende für einen guten Zweck machen oder ein neues Auto kaufen, tragen Sie ebenso zur Schaffung regionaler Jobs bei und nützen Ihrer Gemeinde, und das wäre nicht in diesem Umfang möglich, wenn Ihr Unternehmen scheitern würde.

Kapitel 5 – Aktionspunkt:

Welches System haben Sie, um Ihre Leads zu pflegen? Füllen Sie Feld #5 in Ihrem ***Marketingplan auf einer Seite*** aus.

6

DER VERKAUFSABSCHLUSS

Kapitel 6 – Vorschau

Beim Verkaufsabschluss geht es darum, genügend Vertrauen aufzubauen und sich wertig genug zu zeigen, um interessierte Leads so weit zu motivieren, dass sie zahlende Kunden werden. Wenn Sie sich richtig positionieren, wird das den Prozess zum Verkaufsabschluss sowohl für Sie als auch Ihren Kunden leicht und natürlich erscheinen lassen.

Die Kernpunkte in diesem Kapitel sind:

- Warum die Positionierung von entscheidender Bedeutung ist, wenn es darum geht, hohe Preise für Ihre Produkte oder Dienstleistungen zu verlangen.
- Wie Sie sich als willkommener Gast positionieren, anstatt als lästiger Verkäufer.
- Warum Ihre Chancen schlecht stehen, wenn Sie ein kleines bis mittleres Unternehmen sind, und was Sie tun können, um die Wettbewerbsbedingungen auszugleichen.
- Wie Sie das gefühlte Risiko massiv reduzieren, das Kunden sehen, wenn es darum geht, bei Ihnen zu kaufen.
- Wie Sie beim Verkauf sofort Vertrauen und Glaubwürdigkeit erwecken.
- Wie Sie für Ihre Produkte und Dienstleistungen den korrekten Preis finden.
- Wie Sie die Hindernisse beseitigen, die Menschen vom Kaufen abhalten.

Der Verkaufsabschluss

Jeder Hund beißt

WAHRSCHEINLICH KENNEN SIE schon den alten Witz aus dem Filmklassiker *The Pink Panther Strikes Again* (deutsch: *Inspektor Clouseau, der »beste« Mann bei Interpol*). Peter Sellers, der den vom Pech verfolgten Inspector Clouseau spielt, sieht einen süßen Hund, und fragt den Mann, der daneben steht, mit seinem lächerlichen französischen Akzent: »Ist Ihr Hund bissig?« Der Mann schüttelt den Kopf und antwortet: »Nein.« Clouseau streckt die Hand aus, um den Hund zu streicheln, woraufhin der Hund vorschnellt und ihn in die Hand beißt. Er wendet sich wieder an den Mann und sagt beleidigt: »Hatten Sie nicht gesagt, Ihr Hund ist nicht bissig?« Der Mann antwortet beiläufig: »Das ist ja gar nicht mein Hund.«

Die Menschen, an die Sie verkaufen, sind schon zu oft gebissen worden, und jetzt glauben sie, alle Hunde beißen. Tatsache ist, solange Sie nicht der bekannte Marktführer in Ihrer Branche sind, starten Sie mit dem Verkaufsprozess nicht von einem neutralen Standort aus, sondern von einem negativ besetzten Standort. Auch wenn Sie ein ethischer Unternehmer sind, sind Ihre potenziellen Kunden auf der Hut und vertrauen Ihnen zunächst nicht. Leider herrscht hier das Prinzip der Schuld, bis die Unschuld bewiesen wird, Sie müssen sich also vom negativen zum positiven Standort durchkämpfen und das Vertrauen der Kunden gewinnen, bevor ein Verkauf stattfinden kann.

Da Vertrauen die größte Hürde beim Verkauf ist, brauchen Sie ein paar handfeste Strategien, um einen Verkaufsabschluss zu erzielen. Auch wenn ein umfassendes Verkaufstrainingsprogramm den Rahmen dieses Buches sprengen würde, werden wir uns in diesem Kapitel ein paar Strategien und Taktiken ansehen, die den Prozess des Verkaufsabschlusses sehr viel einfacher machen.[9] Besonders beleuchten werden wir die zentrale Rolle der Positionierung, und wie man eine gute Positionierung zum Teil eines auf Vertrauen basierenden Verkaufsprozesses macht.

In den letzten beiden Kapiteln haben wir besprochen, wie man hochwahrscheinliche Leads erfasst und pflegt, um Vertrauen, Mehrwert und Autorität aufzubauen. All dies wurde mit dem Ziel getan, den Verkaufsprozess natürlich und reibungslos zu machen. Zu dem Zeitpunkt, an dem Sie Ihre potenziellen Kunden so weit haben, dass sie vor einem Kauf stehen, sollten diese bereits informiert, motiviert und interessiert sein und eigentlich auf Sie zukommen, um bei Ihnen zu kaufen. Wenn Sie sie erst überzeugen oder aggressive Verkaufstaktiken anwenden müssen, dann müssen Sie wahrscheinlich den Prozess Ihrer Lead-Pflege verbessern.

Die meisten Verkäufer präsentieren sich entweder als verzweifelte Bittsteller oder als düstere, manipulative Verkäufertypen, die dümmliche, altmodische »Abschlussmethoden« anwenden wie ABC (Always Be Closing – immer an den Verkaufsabschluss denken), den »Trial Close« (*mithilfe von Suggestivfragen, Anm. d. Übers.*) oder dem »Assumptive Close« (*durch affirmative Äußerungen den Kunden bestärken, Anm. d. Übers.*). Diese Techniken sind im Bereich Vertrieb zu Lachnummern geworden, und wenn Sie nicht gerade Produkte von geringem Wert verkaufen, wie Staubsauger an der Haustüre, dann werden Sie bei Ihren potenziellen Kunden damit mehr Misstrauen erwecken, als Sie Nutzen daraus ziehen.

Eine weitere, ebenso schlechte Herangehensweise, die viele Unternehmen wählen, ist die Erwartung, dass man einfach aufgrund der Tatsache, dass es das Unternehmen gibt, schon etwas verkaufen werde. Manche eröffnen einen Laden, andere erstellen eine Webseite und warten darauf, dass die Käufer einfach daherkommen. Ihre Marke-

---

[9] Für ein umfassendes Studium der heutigen Verkaufsstrategien empfehle ich wärmstens *SPIN Selling* von Neil Rackham.

tingstrategie ist Hoffnung. Und sicher, sie verkaufen in einer geringen Anzahl, einfach, weil sie da sind und ein potenzieller Kunde zufällig gerade vorbeiläuft. Doch das ist ein Weg, der garantiert in die Frustration führt. Viele dieser Unternehmen machen gerade so viel Umsatz, dass sie langsam und qualvoll zugrunde gehen. Dann erklären sie es sich damit, dass der Wettbewerb im Markt oder der Branche einfach zu stark ist.

Ganz ehrlich, ich kenne keinen einzigen Markt und keine einzige Branche, in der es keinen starken Wettbewerb gibt. Aber was ich sicher weiß, ist, dass es in jedem Markt und jeder Branche, die man sich ansieht, egal wie stark der Wettbewerb ist, jemanden gibt, der großen Erfolg hat, und jemanden, der sich schwertut.

Wenn wir ehrlich zu uns selbst sind, müssen wir zugeben, dass das Problem nicht der Markt oder die Branche ist. Was ist also dann das Problem? Das Problem ist wahrscheinlich, dass diese Leute sich als Massenware positionieren, als »Ich auch«-Unternehmen.

Wenn Sie sich so positionieren, sind Ihre einzigen Marketingwaffen, so laut wie möglich zu schreien (was sehr teuer ist) oder Ihre Preise so weit herunterzuschrauben wie möglich (was gefährlich ist). Wenn Sie nicht gerade Costco, Walmart oder ein ähnlicher Konzernriese sind, wollen Sie sich sicher nicht über den Preis differenzieren, denn das ist ein Kampf, den Sie nicht gewinnen können.

In diesem Stadium erkennen viele Unternehmen, wie verrückt das war, und fangen an, zweifelhafte und nicht quantifizierbare Behauptungen aufzustellen, wie »die Besten« oder »die beste Qualität« und so weiter.

Ihr Produkt oder Ihre Dienstleistung allein macht noch keinen Umsatz

Ob Sie nun frisch gebackenes Brot verkaufen, einen Buchhaltungsservice oder einen IT-Support, die Art, wie Sie sich vermarkten, hat dramatische Auswirkungen auf die Kunden, die Sie damit ansprechen, und die Summe, die Sie für Ihre Dienste verlangen können. Weit verbreitet ist der Glaube, dass es »allein ums Produkt geht«, wenn Sie also ein besseres Produkt, einen besseren Service anbieten, werden die Leute automatisch wahrscheinlich eher bei Ihnen kaufen und mehr dafür bezahlen.

Das ist zwar bis zu einem gewissen Grad wahr, aber wenn Ihr Produkt oder Service ein bestimmtes Niveau des »gut genug« erreicht, greift das Gesetz sinkender Erträge. Denn wie viel besser kann Ihr IT-Support oder Ihr Buchhaltungsservice oder Ihr Brot sein als das, was Ihr Wettbewerber anbietet? Wenn Sie einmal ein bestimmtes Kompetenzniveau erreicht haben, **kommt der echte Gewinn von der Art, wie Sie sich vermarkten.**

Wie viel verdient ein Weltklasse-Violinist? Kommt ganz darauf an, wie er sich vermarktet. Haben Sie je von Joshua Bell gehört? Er ist einer der besten klassischen Musiker der Welt. Er spielt überall auf der Welt vor ausverkauften Häusern und verdient 1000 Dollar und mehr in der Minute. Er spielt eine Stradivari-Violine, die 1713 gebaut wurde und deren aktueller Wert auf 3,5 Millionen Dollar geschätzt wird. Dieses Stradivari-Violine, die fast 300 Jahre alt ist, gilt als die am schönsten klingende Violine, die je gebaut wurde.

Wir haben hier also den besten Violinisten der Welt, der die Violine mit dem schönsten Klang aller Zeiten spielt. Man kann mit Sicherheit behaupten, dass Bell als Musiker der Beste in seinem Fach ist. Auf der Höhe seiner Karriere kam die *Washington Post* auf ihn zu und bat ihn, an einem sozialen Experiment teilzunehmen. Sie wollten, dass er eine Stunde lang in der U-Bahn in der Nähe spielte, während Tausende Menschen vorbeilaufen und ihn spielen hören würden. Also spielte Bell am Morgen des 12. Januar 2007 eine Reihe von klassischen Meisterwerken, mit dem offenen Violinkasten vor sich. Raten Sie mal, wie viel der beste Violinist der Welt, der eine wunderschöne Violine im Wert von 3,5 Millionen Dollar spielte, in einer Stunde verdiente? Eine großartige Gesamtsumme von 32 Dollar.

Der beste Violinist, der das schönste Instrument spielte, verdiente magere 32 Dollar von seinen »Kunden«. Derselbe Violinist hatte ein paar Tage zuvor in einer Konzerthallte in Boston gespielt, und das Publikum zahlte 100 Dollar oder mehr pro Ticket. Bei diesem Event verdiente er über 60.000 Dollar in der Stunde.

Derselbe talentierte Musiker, der dieselbe Musik auf derselben Violine spielt, aber einmal verdient er damit 32 Dollar in der Stunde und ein anderes Mal 60.000 Dollar pro Stunde. Was machte diesen dramatischen Unterschied aus? Mit einem Wort: die Positionierung.

Wenn Sie ein Profimusiker sind und sich selbst als U-Bahn-Musiker positionieren, werden Ihre »Kunden« Sie auch als solchen behandeln und Sie dementsprechend bezahlen. Wenn Sie sich hingegen als professioneller Konzertmusiker positionieren, sprechen Sie ein völlig anderes Klientel an und werden wieder entsprechend bezahlt. Mit anderen Worten, die Menschen werden Sie generell so wahrnehmen, wie Sie sich präsentieren – außer Sie halten dem nicht stand.

Natürlich können Sie sich nicht einfach als Profimusiker positionieren und dann beim Auftritt nicht in der Lage sein, ein Konzert auf hohem Niveau zu geben. Das gilt auch für jede andere Branche, egal in welcher Sie tätig sind. Wenn Sie ein Produkt oder eine Dienstleistung von hoher Qualität haben, was hält Sie davon ab, es auf viel höherem Niveau zu positionieren – es zum Premiumpreis anzubieten und damit eine viel höher qualifizierte Kundschaft anzusprechen?

Hören Sie auf, sich selbst als Massenware zu positionieren und den Wettbewerb allein über den Preis zu bestreiten. Die Auswirkung auf Ihren Gewinn wird phänomenal sein.

Vom lästigen Plagegeist zum willkommenen Gast

Was für ein Gefühl haben Sie, wenn ein lieber Freund bei Ihnen vor der Tür steht? Stellen Sie sich im Gegensatz dazu vor, was Sie für ein Gefühl haben, wenn ein Fremder Ihnen an der Haustür etwas verkaufen will und Sie dadurch beim Abendessen oder Zusammensein mit Ihrer Familie stört. Der Unterschied? Der Erste ist ein willkommener

Gast, jemand, mit dem Sie eine Beziehung haben und dem Sie sich verbunden fühlen. Der Zweite ist ein lästiger Plagegeist. Sie wissen nicht, wer er ist oder woher er kommt, und höchstwahrscheinlich wollen oder brauchen Sie das, was er verkauft, überhaupt nicht.

Der willkommene Gast bringt Wert in Ihr Leben, während der Plagegeist Sie nur stört und Ihnen etwas wegnimmt. Wäre es nicht großartig, wenn Sie sich an einen potenziellen Kunden wenden und von ihm als willkommener Gast behandelt werden, und nicht als Plagegeist? Das Verkaufen wird plötzlich sehr viel einfacher, wenn Sie mit offenen Armen empfangen werden, und wenn der potenzielle Kunde stark an dem interessiert ist, was Sie anzubieten haben. Ich möchte, dass Sie mit Ihrem Unternehmen und Ihrem Marketing diese Wandlung vollziehen. Wandeln Sie sich vom lästigen Plagegeist zum willkommenen Gast.

Die meisten Unternehmen versuchen zu verkaufen, ohne zuerst Vertrauen aufzubauen. Entweder versuchen sie es mit Kaltakquise, oder sie verwenden altmodische Werbemethoden, die längst nicht mehr funktionieren.

Das Problem dabei ist, dass man die Kunden bittet, eine Entscheidung zu treffen, obwohl sie keine Ahnung haben, wer Sie sind oder worum es Ihnen geht. Sie kennen Sie nicht, sie mögen Sie nicht und sie vertrauen Ihnen noch nicht.

Das ist, wie wenn man bei der ersten Verabredung gleich einen Heiratsantrag macht – es könnte natürlich einmal gelingen, wenn der Mond gerade günstig steht, aber wollen Sie wirklich Ihr gesamtes Unternehmen auf eine solche Strategie aufbauen? Sie werden eine armselige Abschlussrate von sagen wir eins zu zehn oder eins zu zwanzig haben und Sie werden sehr viel Zeit, Energie und Geld verschwenden, weil Sie sich an unqualifizierte Kunden richten. Außerdem werden Sie sehr viel Geld für schlechte Werbung ausgeben.

Wenn Sie eine 08/15-Anzeige haben, die Leute dann bei Ihnen anrufen und Sie sagen: »Klar, ich kann zu Ihnen rauskommen« oder »Sicher, ich kann Ihnen helfen«, dann ist das Problem dabei, dass sie Sie kaum kennen und wahrscheinlich nur nach dem Preis gehen, also wird Ihre Umwandlungsrate wahrscheinlich weit niedriger sein, als sie es sein könnte.

In diesem Stadium fallen viele Unternehmer auf die »Hopium«-Droge herein. Hopium (*aus Hope/Hoffnung und Opium, Anm. d. Übers.*) ist eine »Droge«, die den Körper und Geist durchströmt, wenn man »glaubt«, man habe einen interessierten potenziellen Kunden, der einem positive Signale sendet, der aber eigentlich gar nicht die Absicht hat, Ihnen etwas abzukaufen. Diese Droge wird meist dann ausgeschüttet, wenn der potenzielle Kunde sagt: »Erzählen Sie mir mehr über Ihr Produkt …«, »Schicken Sie mir ein Angebot …« oder »Schicken Sie mir mehr Informationen …« Sie wissen, was ich meine, oder? Jemand ruft in Ihrem Büro an und zeigt Interesse daran, was Sie anzubieten haben, und sofort haben Sie diese Gefühlsaufwallung von Aufregung, dass dies Ihr nächster Verkauf wird.

Dann, nach ein paar Tagen oder Wochen, in denen Sie dem Kunden permanent hinterhergelaufen sind, bekommen Sie die »Funkstille«. Sie hatten einige gute Gespräche und er hat Interesse an Ihrem Angebot bekundet, aber ganz plötzlich ist alles vorbei. Sie versuchen ein- oder zweimal, ihn anzurufen. Sie schicken ihm eine Nachfass-E-Mail, aber nichts. Er ist einfach verschwunden. Sie haben das Gefühl, den Verkauf irgendwie vermasselt zu haben, und Sie wissen nicht, was Sie falsch gemacht haben oder was mit Ihrem Produkt nicht stimmt. Das Verkaufen fühlt sich dadurch an wie ein schmerzhafter und mühsamer Prozess.

Hopium ist gefährlich, weil es nicht darauf beruht, was Ihr potenzieller Kunde wirklich denkt. Je schneller Sie vom Hopium wieder »herunterkommen«, desto schneller werden Sie aufhören, Ihre Verkaufszeit damit zu verschwenden, hinter potenziellen Kunden herzulaufen, die gar nicht wirklich zu Ihrem Produkt passen.

Im Lauf der Jahre sind die potenziellen Kunden immer skeptischer geworden. Sie sind schon zu oft über den Tisch gezogen worden und sie glauben Ihnen einfach nicht. Das Problem ist also, Sie starten nicht bei null, Sie starten im negativen Bereich. Und die alte Herangehensweise »Abschluss, Abschluss, Abschluss … verkaufen, verkaufen, verkaufen …« funktioniert nicht mehr. Potenzielle Kunden sträuben sich und stellen sich irgendwann tot, weil sie Ihnen nicht vertrauen.

Was Sie hingegen tun müssen, ist sich auf das Modell »Beratung, Beratung, Beratung« zu verlegen. Mit Beratung bilden Sie Vertrauen. Mit Beratung positionieren Sie sich als Experte. Mit Beratung bauen Sie Beziehungen auf. Mit Beratung machen Sie den Verkaufsprozess sowohl für den Käufer als auch den Verkäufer leichter.

Wie schon in den vorherigen Kapiteln besprochen, anstatt gleich zu versuchen, ihnen auf Anhieb etwas zu verkaufen, sollten Sie Ihren potenziellen Kunden als Erstes etwas von Wert bieten, das sie über ein Problem berät, das sie haben. Ein kostenloses Infoblatt, ein kostenloses Audio-Interview, ein kostenloses Video, ein Online-Webinar und so weiter, das sind alles großartige Beratungstools, die Sie verwenden können.

Wenn Sie den Verkauf nach hinten schieben, bewirkt dies zwei Dinge. Erstens zeigt es, dass Sie bereit sind, viel zu geben, bevor Sie nehmen, was den Kaufwiderstand beseitigt. Zweitens präsentieren Sie sich damit als Berater und Experte auf Ihrem Gebiet. Überlegen Sie mal. Bei wem würden Sie lieber kaufen: bei einem drängelnden Verkäufer, der nur seiner nächsten Provision hinterherhechelt, oder bei einem Experten und Berater, der Ihre Interessen beherzigt und Ihnen helfen will, Ihr Problem zu lösen?

Sie müssen aufhören zu verkaufen und anfangen zu beraten und potenzielle Kunden über die Vorzüge Ihres Produkts, Ihrer Dienstleistung zu unterrichten – Vorzüge, die sie im Vergleich zu jedem einzelnen Wettbewerber in Ihrer Kategorie haben.

Lesen Sie das am besten noch einmal; es könnte für Sie ein Vermögen wert sein.

Sagen wir es, wie es ist: Niemand will gern als der typische Verkäufer angesehen werden, der einen zum Kaufen drängt und unseriös ist. Wenn Sie sich selbst jedoch wie einen Arzt sehen, der Diagnosen stellt und dann den Menschen Lösungen für ihre Probleme verschreibt, dann bin ich sicher, dass Sie ein sehr viel besseres Gefühl dabei haben, zu verkaufen – als Berater des Vertrauens, der Bildung und Fachwissen besitzt, qualifiziert, zuverlässig und fähig ist.

Und genau so müssen Sie in den Augen Ihrer potenziellen Kunden wirken – als jemand, der sie **berät** und ihre Probleme lösen kann.

Dies ist eine gute Gelegenheit, Ihnen meine Definition von Unternehmer zu verraten: »Ein Mensch, der die Probleme anderer löst und dabei Gewinn macht.«

Kurz gesagt, erwecken Sie nicht den Eindruck, dass Sie erst seit gestern im Vertrieb sind. Die beste Art, all dies zu tun, ist der beratende Verkauf mithilfe eines Systems zur Kontaktpflege (mehr darüber in Kürze). Sie müssen sich selbst als Agenten für Veränderung sehen, ein Schöpfer von großem Mehrwert, Gewinn und Vorteilen im Leben Ihrer Kunden und potenziellen Kunden.

Werden Sie Experte in Ihrer Kategorie oder Branche. Offen gesagt, versuchen ja alle, Experten zu sein; nur dass ihr Marketing nichts taugt. Der Coffeeshop versucht ja auch, den besten Kaffee zu machen; nur schafft er es nicht, das richtig zu vermarkten.

Beratendes Verkaufen ist die kosteneffizienteste, nachhaltigste, wirkungsvollste und stärkste Marketingstrategie, die ein Unternehmer nur entwickeln kann.

Die Macht liegt nun in Ihren Händen, solange Sie sich dafür entscheiden, Kunden oder potenzielle Kunden über die Vorteile zu beraten und zu informieren, die ihnen Ihr Produkt bringt. Es ist die einzige Möglichkeit, in der chaotischen Welt, in der wir heute leben, dem Käufer die Macht wieder abzunehmen. Hören Sie also auf zu verkaufen und fangen Sie an zu beraten und zu informieren. Ihre Kunden werden Sie umso mehr schätzen und Ihr Bankberater ebenso.

Vertrauen aufbauen

Die meisten Leute, die man fragt, hassen es, mit großen, dumpfen Unternehmen zu tun zu haben. Schlechter Service, gleichgültige Mitarbeiter und ein Management, das unerreichbar ist, sind die Kennzeichen großer Unternehmen. Doch aus irgendeinem Grund greifen wir immer wieder auf sie zurück, obwohl wir wissen, dass es wahrscheinlich irgendwo bessere Möglichkeiten geben würde.

Einer der Hauptgründe dafür ist Vertrautheit – auch wenn die Interaktion nicht wirklich großartig sein wird, wird sie wenigstens auch nicht ganz schrecklich sein. Wie das Sprichwort sagt: »Lieber das Übel, das man schon kennt, als eines, das man nicht kennt.« Zwielichtige Händler und Quacksalber haben viele Menschen grundsätzlich misstrauisch gegenüber kleinen Unternehmen gemacht. Die Leute wissen, dass ein großes Unternehmen zwar vielleicht nicht den besten Service bietet, aber es ist unwahrscheinlich, dass es offen betrügerisch vorgehen würde.

Wenn Sie ein kleines Unternehmen führen, versetzt Sie das in eine unmittelbare Nachteilsposition. Ein Kunde, der über Sie vertiefte Recherchen anstellt, könnte ja zu dem Schluss kommen, dass Sie vertrauenswürdig sind und großartigen Service bieten, aber die große Mehrheit der Kunden wird sich nicht diese Mühe machen. Sie werden einen flüchtigen Blick auf Sie werfen und Sie aufgrund Ihrer Aufmachung beurteilen.

Deshalb ist es zunehmend wichtig, dass Sie Ihr Unternehmen so präsentieren, dass es vertrauenswürdig und seriös wirkt. Die strategische Nutzung von Technologie kann Sie hier auf ein höheres Niveau bringen. Vor nicht allzu langer Zeit waren Technologie-Tools zu kostenintensiv für kleine Unternehmen und damit für die großen Unternehmen reserviert. Durch Internet, Software as a Service (SaaS) und Cloud-Computing haben nun alle die gleichen Chancen.

Ein bekannter Cartoon, der im *New Yorker* erschien, zeigt einen Hund, der vor einem Computer sitzt, und darunter steht: »Im Internet weiß keiner, dass Sie ein Hund sind.« Das zeigt, wie die Technologie dem kleinen Mann dazu verhelfen kann, wie einer der Großen auszusehen – indem sie die Chancen für alle gleich macht und so zur Bekämpfung der Vorbehalte gegen kleine Unternehmen beiträgt.

Im Folgenden verrate ich Ihnen ein paar gar nicht teure Arten, wie Sie die Technik nützen können, um Ihr Unternehmen größer und professioneller zu präsentieren. Damit treten Sie nicht nur den Vorbehalten gegen kleine Unternehmen entgegen, sondern viele dieser Tools werden auch zu effizienteren Abläufen und zur Skalierung Ihres Unternehmens beitragen.

Webseite: Ihre Webseite ist wahrscheinlich einer der ersten Orte, den Ihre potenziellen Kunden besuchen, um Sie abzuchecken. Vermeiden Sie die folgenden Signale, die potenziellen Kunden ins Auge springen und ihnen verraten, dass Ihr Unternehmen klein oder potenziell unseriös ist:

- Es gibt keine Telefonnummer. Telefonnummern sollten gut sichtbar ganz oben auf jeder Seite stehen.
- Als Adresse wird eine Postfachadresse oder gar nichts angegeben, anstatt einer richtigen, physischen Unternehmensadresse. Selbst wenn Sie von zu Hause aus arbeiten, können Sie Virtual Office-Services nutzen, um sich mit Kunden zu treffen und eine Unternehmensadresse auf Ihrer Webseite stehen zu haben.
- Es steht keine Datenschutz-/Haftungserklärung im Impressum. Vorlagen dafür gibt es praktisch überall.
- Die Gestaltung ist schlecht oder wirkt billig. Sparen Sie nicht beim Design. Wenn Sie die Webseite selbst bauen, gibt es Webseiten-Vorlagen, die ganz einfach zu bedienen sind und sehr wenig kosten.

E-Mail-Adresse: Ich bin immer wieder erstaunt, wie viele kleine und sogar auch mittlere Unternehmen für ihre Mailings Adressen wie Hotmail, Gmail oder ISP-Mail-Adressen verwenden, anstatt einer E-Mail-Adresse mit ihrer eigenen Domain. Was wirkt vertrauenswürdiger: johnny14@gmail.com oder john.smith@company.com?

Telefonnummer: Ihre Telefonnummer sagt eine Menge über Sie aus. Wenn Sie eine landesweite kostenlose Servicenummer oder eine kostenlose Vanity-Nummer (auch Wortwahlrufnummer oder Buchstabenwahl) verwenden, gibt das den Kunden das Gefühl, dass Ihr Unternehmen landesweit agiert und erreichbar ist. Es kann auch dazu beitragen, dass die Leute Ihre Telefonnummer besser behalten, etwa bei Medien wie Radio oder Reklametafeln, bei denen der Interessent nur den Bruchteil einer Sekunde Zeit hat, Ihre Telefonnummer zu notieren.

CRM: Wie schon in den vorhergehenden Kapiteln erläutert, ist dies Ihr Marketingnervenzentrum. Ein Customer-Relationship-Management-System (CRM) hilft Ihnen dabei, den Überblick über die Kundendaten zu behalten und die Follow-up-Maßnahmen zu automatisieren und zu verwalten. Das ist eine viel effizientere Möglichkeit, Kundendaten zu verwalten, als nur eine Tabelle oder irgendein Ad-hoc-Ablagesystem.

Ticketing-System oder Ticketsystem: Wenn Sie mit Kundensupport oder -anfragen zu tun haben, kann Ihnen ein Ticketing-System dabei helfen, dass Sie und Ihre Kunden die Bestellungen nachverfolgen können. Das kann Sie und Ihre Mitarbeiter dramatisch von der Aufgabe entlasten, auf Status-Updates, Telefonanrufe oder E-Mails zu reagieren. Es gibt potenziellen Kunden auch die Sicherheit, dass sie ihre Bestellung nachverfolgen können und dass diese nicht in irgendeinem schwarzen Loch verschwunden ist.

Das sind nur ein paar der Tools, die Ihnen helfen können, den Vorbehalt gegenüber kleinen Unternehmen zu bekämpfen. Wenn Sie diese Tools verwenden, können Sie sich eine Klasse besser verkaufen und sich als professionelle Organisation präsentieren, auch wenn Sie gerade erst anfangen.

Auch wenn diese Tools kein Ersatz dafür sind, dass Sie großartige Produkte oder Dienstleistungen anbieten, können Sie damit steuern, wie Sie von außen wahrgenommen werden. Konzentrieren Sie sich konsequent auf Ihr Marketing, und bald wird diese Außenwahrnehmung wahr werden.

Unfassbar gute Garantien

Als ich zum ersten Mal Probierlöffel in einer Eisdiele sah, wurde mir klar, wie stark unsere Abneigung gegen Risiken tatsächlich ist.

Potenzielle Eiskäufer halten die Schlange hinter sich auf, während sie mit winzigen Plastiklöffeln mehrere Sorten durchprobieren. Und das Ganze nur, um sicherzugehen, dass die Eissorte, die sie schließlich bestellen, sie auch ja nicht enttäuscht.

Die Umkehrung des Risikos in Form einer unfassbar guten Garantie bedeutet, wenn das Produkt oder die Dienstleistung den potenziellen Kunden nicht zufriedenstellt, sind Sie derjenige, der etwas zu verlieren hat, nicht der Kunde. Es muss aber etwas Stärkeres sein als die übliche und lahme »Geld-zurück-Garantie« oder »Zufriedenheit garantiert«. Wenn Sie, im Fall, dass es nicht funktioniert, etwas zu verlieren haben, tun Sie sich mit dem Verkauf leichter, und die Alarmglocken im Kopf des Kunden bleiben still.

Hier ist ein praktisches Beispiel. Wenn ich für mein Unternehmen eine IT-Firma engagieren will, was könnten meine Befürchtungen dabei sein? Folgende Dinge kommen mir sofort in den Sinn:

- Schicken die mir irgend so einen Jungtechniker, der stundenlang herumdoktert, weil er »learning by doing« betreibt, und ich bekomme dann dafür eine Rechnung über einen Meister-Stundenlohn?
- Sie die auch erreichbar, wenn ich dringend Support brauche?
- Werden die Probleme, die sie beheben, weiterhin auftreten?
- Kommen die mir mit unverständlichem Techniker-Kauderwelsch, wenn ich mir erklären lassen will, was sie da tun oder was zu tun ist?

Eine Garantie, bei der das Risiko umgekehrt ist, könnte bei dieser Art Unternehmen so aussehen: »Wir garantieren, dass unsere zertifizierten und erfahrenen IT-Berater Ihre IT-Probleme lösen werden, sodass sie nicht wieder auftreten. Wenn Sie uns anrufen, werden wir binnen 15 Minuten zurückrufen und Ihnen die Dinge gut verständlich erklären. Sollten wir eines dieser Versprechen nicht einhalten, sagen Sie es uns, und wir werden Ihnen die doppelte Summe zurückerstatten, die Sie für unsere Dienste bezahlt haben.« Vergleichen Sie das mal mit einem schwachen und vagen Versprechen wie »Zufriedenheit garantiert«.

Um diese Technik wirklich effektiv anzuwenden, dürfen Sie nie das vage Geschwätz verwenden, was jeder sagt: zum Beispiel »Zufriedenheit garantiert«, »Service«, »Qualität«, »Zuverlässigkeit«. Ihre Garantie sollte sehr spezifisch sein und auf die Ängste und Unsicherheiten der potenziellen Kunden abzielen, die sie bezüglich der Transaktion haben.

Zum Beispiel wenn Sie in der Branche der Kammerjäger tätig sind, wollen Ihre Kunden die Garantie haben, dass

- das Ungeziefer nicht wiederkommt.
- der Servicemitarbeiter die Wohnung nicht verschmutzt hinterlässt.
- die Bewohner und die Haustiere durch die Chemikalien nicht vergiftet werden.

Ihre unfassbar gute Garantie könnte also lauten:

> *Wir garantieren, dass wir Ihr Heim für immer von Ameisen befreien, ohne dass wir giftige Chemikalien verwenden, und dabei Ihr Heim im selben sauberen und ordentlichen Zustand hinterlassen, wie wir es vorfanden. Wenn Sie nicht absolut begeistert von unserem Service sind, müssen Sie es uns nur sagen, und wir werden Ihnen Ihr Geld doppelt zurückerstatten.*

Ist diese Art Garantie riskant? Nur, wenn sie permanent einen schlechten Job abliefern. Wenn Sie bemüht sind, Ihren Kunden einen ausgezeichneten Service zu bieten, und Ihre Mitarbeiter dementsprechend schulen, besteht nahezu null Risiko für Sie. Noch wichtiger, es besteht auch nahezu null Risiko für Ihre potenziellen Kunden, was einen Verkaufsabschluss sehr viel einfacher macht. Vom Gesetz her könnte es sogar sein, dass Sie ohnehin eine Garantie auf die Qualität Ihrer Produkte oder Dienstleistungen geben und nachbessern müssen, wenn etwas nicht passt. Wenn man bedenkt, dass dies wahrscheinlich bereits eine gesetzliche Anforderung ist, warum nicht aus der Not eine Tugend machen und es für Ihr Marketing nutzen?

Und noch etwas zum Thema Garantien. Wenn Sie eine anständige Geschäftsethik haben, bieten Sie wahrscheinlich bereits eine Garantie an, aber Sie verwenden sie nur noch nicht für Ihr Marketing. Warum also nicht etwas ansprechen, was Sie sowieso schon tun? Die meisten Menschen sind ehrlich und missbrauchen Garantien nicht, besonders, wenn sie den Service bekommen haben, der ihnen versprochen wurde. Und selbst wenn Sie die paar Leute mit einberechnen, die die Garantie missbrauchen, werden Sie dennoch im Vorteil sein, weil eine starke Garantie mehr Kunden anzieht als eine schwache und vage.

Eine kluger Unternehmer wird sein Unternehmen aus der Perspektive der ängstlichen, skeptischen potenziellen Kunden betrachten und alle Risiken, die er wahrnimmt, in Garantien umkehren, sodass der Weg zum Verkauf sehr viel geschmeidiger verläuft. Dadurch werden Ihre Kunden Ihnen auch eher gewogen bleiben und nicht zu Ihren Wettbewerbern wechseln, weil ein Handel mit diesen wesentlich riskanter erscheint.

Eine starke, ergebnisorientiere Garantie wird auch bewirken, dass Sie ein großartiges Kundenerlebnis liefern. Schon das allein rechtfertigt es, eine starke Garantie zu haben. Ihre Kunden haben ihre eigenen Ängste. Wenn Sie diese Ängste benennen können und über Ihr Marketing garantieren, dass diese Befürchtungen nicht eintreten werden, verschaffen Sie sich einen massiven Vorteil gegenüber Ihren Wettbewerbern.

Die Preisstrategie

Den Preis für Ihr Produkt oder Ihre Dienstleistung festzusetzen ist eine der schwerwiegendsten Entscheidungen, die Sie in Ihrem Unternehmen treffen. Es wird jeden Teil Ihres Unternehmens betreffen, von den Finanzen bis zu Ihrer Wahrnehmung am Markt. Dennoch kommt der psychologischen Wirkung und dem Marketingpotenzial des Preises meist nur wenig Aufmerksamkeit zu.

Der Preis Ihres Produkts ist ein entscheidender Indikator. Glauben Sie, wenn man den Preis für einen Rolls-Royce oder einen Ferrari festlegt, addiert man einfach die Kosten der Materialien und legt noch einen akzeptablen Aufschlag drauf? Wohl kaum. Der Preis ist von zentraler Bedeutung für die Positionierung des Produkts.

Wie schon zuvor in diesem Kapitel erläutert, wenn Sie sich als Experte und Berater des Vertrauens positionieren, können Sie den Preis sehr viel flexibler gestalten.

Ich hoffe, Sie kommen nie in die unglückliche Lage, dass Sie eine Herzoperation brauchen, aber wenn doch, würden Sie dann den billigsten Herzchirurgen wollen? Wohl eher nicht.

In der Mehrzahl der Fälle legen Unternehmer die Preise auf der Grundlage dessen fest, was der Wettbewerb verlangt. Eine häufige Vorgehensweise ist dabei, den Preis leicht niedriger anzusetzen als der Marktführer der Branche. Eine andere häufige Art, wie der Preis festgelegt wird, ist, einfach die Kosten zu nehmen und dann eine dem Gefühl nach angemessene Summe aufzuschlagen.

Das sind beides akzeptable Startpunkte; wenn Sie sich jedoch keine Gedanken über das Marketing oder die psychologischen Auswirkungen des Preises machen, entgehen Ihnen wahrscheinlich riesige Geldsummen.

Wie viel Auswahl sollte man anbieten?

Egal in welcher Branche, die meisten Produkte oder Dienstleistungen werden in zahlreichen Geschmacksrichtungen oder Varianten zum ursprünglichen Angebot angeboten. Henry Ford bot bekanntermaßen seinen Kunden das Modell T »in jeder erwünschten Farbe, solange es Schwarz ist«.

Das mag in der heutigen Zeit rückschrittlich erscheinen, wo jeder unendliche Auswahlmöglichkeiten erwartet und individuelle Ausdrucksmöglichkeiten durch immer mehr Personalisierung, doch der große Industrielle spricht hier ein Thema an, das für alle Unternehmen wichtig ist: Wie viel Auswahl sollen wir anbieten?

Die gängige Meinung wäre, dass man umso mehr verkauft, je mehr man anbietet. Das hat sich jedoch immer wieder als total falsch erwiesen.

Es gibt eine bekannte Studie von einer Wirtschaftsprofessorin der Columbia University, die diesen Punkt sehr gut veranschaulicht. In einem Feinkostsupermarkt in Kalifornien stellten Professor Iyengar und ihre Forschungsassistentinnen einen Stand mit einer Auswahl an Marmeladen auf. Alle paar Stunden wechselten sie zwischen einer Auswahl von 24 Marmeladensorten und nur sechs. Im Schnitt probierten die Kunden zwei Marmeladensorten, egal wie groß die Auswahl war.

Und jetzt wird's interessant. 60 Prozent der Kunden wurden von dem großen Sortiment angezogen, während nur 40 Prozent vor dem kleinen stehen blieben. Aber 30 Prozent der Leute, die von dem kleinen Sortiment probierten, entschlossen sich, zu kaufen, während nur 3 Prozent derer, die vor dem großen Sortiment standen, ein Glas erwarben.

Die Schlussfolgerung? Zu viel Auswahl kann den Verkauf sogar **hemmen**. Die Psychologie hinter diesem Forschungsergebnis lautet, dass Menschen davon gebannt werden wie Wild vor den Autoscheinwerfern. Die Angst, eine suboptimale Wahl zu treffen, hält sie davon ab, überhaupt eine Wahl zu treffen.

Wenn man sich Apple ansieht und ihre wahnsinnig erfolgreichen Produkte, wird man feststellen, dass sie meist in nur zwei oder drei Varianten angeboten werden. Das scheint das perfekte Mittelmaß zwischen zu wenigen Optionen und der Überforderung des Gehirns zu sein, das durch zu viele Optionen verursacht wird.

In diesem Zusammenhang steht eine Preisstrategie, von der ich beobachtet habe, dass sie sehr gut funktioniert, nämlich das Angebot einer »Standard-« und einer »Premium«-Version einer Dienstleistung oder eines Produkts. Die »Premium«-Version kostet etwa 50 Prozent mehr als die »Standard«-Version, bietet aber zweimal mehr Wert als die »Standard«-Version.

Wenn Sie diese Strategie wählen, ist es wichtig, sicherzustellen, dass Sie mit dem »Premium«-Produkt wirklich sehr viel mehr Wert bieten als mit dem »Standard«-Produkt. Diese Strategie funktioniert extrem gut in Fällen, in denen die Mehrkosten für das »Premium«-Produkt relativ niedrig liegen, da der Preisunterschied unter dem Strich als reiner Gewinn verbucht werden kann.

Risiken umkehren mit der Option »unbegrenzt«

Die meisten Menschen haben eine extreme Aversion gegen Risiken. Sie fürchten unerwartete Zusatzkosten, ob es nun um Datennutzung, Kosten einer medizinischen Behandlung oder Beratungshonorare geht.

Wie wir schon zuvor erwähnten, wenn Sie ihnen dieses Risiko abnehmen können, erhöhen Sie die Chancen auf einen Verkauf enorm. Eine ausgezeichnete Strategie, um Kunden das Gefühl von Risiko zu nehmen, ist, ihnen eine »Unbegrenzt«-Option Ihres Produkts oder Services zu einem Fixpreis zu bieten.

Eine IT-Firma könnte zum Beispiel für ein festes monatliches Honorar »unbegrenzten« Techniksupport anbieten, ein Restaurant könnte »unbegrenztes« Auffüllen von Getränken anbieten und so weiter. Auch wenn viele Unternehmer befürchten, dass der Missbrauch einer solchen »Unbegrenzt«-Option sie in die Pleite führen würde, kann man dem leicht durch allgemeine Geschäftsbedingungen vorbeugen, die eine angemessene Nutzung ermöglichen, Missbrauch jedoch stoppen oder einschränken würden.

Besonders wenn Sie etwas anbieten, was innerhalb eines bestimmten Zeitrahmens konsumiert werden muss, ist das Risiko bei einem »Unbegrenzt«-Angebot sehr gering. Wenn Sie sich den Durchschnittswert Ihrer Transaktionen in einem bestimmten Zeitraum ansehen und mit diesen Durchschnittswerten rechnen, erhalten Sie eine sehr genaue Vorstellung davon, was es Sie kosten würde, eine »Unbegrenzt«-Option anzubieten.

Menschen neigen dazu, zu überschätzen, wie oft sie ein Produkt oder einen Service nutzen werden, wenn sie dieses oder diesen gerade kaufen – mein Bauchmuskel-Workout-Gerät ist der Beweis! Wenn Sie also eine »Unbegrenzt«-Option anbieten, können Sie sich dies zunutze machen und jedes vermeintliche Risiko übermäßiger Kosten Ihrerseits ausschließen.

Der ultra-hochpreisige Artikel

In jedem Markt gibt es einen kleinen Prozentsatz der Bevölkerung, der »die beste« Variante eines Produktes in seiner Preisklasse kaufen will.

Der Indikator, der dabei meist von den Konsumenten angewandt wird, um zu erkennen, was »das Beste« ist, ist der Preis. Manche Konsumenten zahlen 10-, 20- oder 100-mal den Preis anderer funktional ähnlicher Produkte; beispielsweise für einen Rolls-Royce, Reisen im Privatjet und so weiter.

Auch wenn Sie diese hochpreisigen Produkte nicht jeden Tag verkaufen, wenn Sie sie gar nicht in Ihrem Produktmix haben, entgeht Ihnen definitiv einiges an Geld.

Diese ultra-hochpreisigen Artikel können einen hohen Prozentsatz Ihres Nettogewinns ausmachen, selbst wenn Sie nur eine kleine Anzahl davon verkaufen. Sie werden Ihnen auch helfen, wohlhabendere Kunden anzuziehen, die nach Prestige, Service und Bequemlichkeit kaufen und nicht nach dem Preis.

Und schließlich ist ein großer Nutzen von ultra-hochpreisigen Artikeln, dass sie die anderen Variationen in Ihrem Produktportfolio im Vergleich sehr viel günstiger erscheinen lassen. Eine Faustregel besagt, dass 10 Prozent Ihrer Kundschaft zehnmal so viel zahlen würden, und 1 Prozent Ihrer Kunden würden 100-mal so viel zahlen. Sorgen Sie dafür, dass Ihnen kein Gewinn entgeht, weil Sie keine ultra-hochpreisigen Artikel in Ihrem Produktmix haben.

Widerstehen Sie dem Preisnachlass

Wenn der Markt, in dem Sie sich bewegen, stark wettbewerbsorientiert ist, hat man den starken Drang, die eigenen Preise zu senken. Diese Strategie muss jedoch mit extremer Vorsicht behandelt werden, weil sie auf Ihre Margen, Ihren Gewinn und, noch wichtiger, Ihre Marktpositionierung Druck ausübt.

Wenn Sie nicht gerade eine bewusste Lockvogelstrategie fahren, versuchen Sie Preisnachlässe um jeden Preis zu vermeiden. Bei einer Lockvogelstrategie versuchen Sie, Kunden mit einem niedrigen Preis zu ködern und dann durch Upselling oder Cross-Selling zusätzlich andere Produkte mit höheren Margen zu verkaufen.

Eine bessere Option als Preisnachlass ist, den Wert Ihres Angebots zu steigern. Extra-Bonusleistungen, eine erhöhte Stückzahl oder ein zusätzlicher Service können für Ihren Kunden von echtem Mehrwert und für Sie mit geringen Kosten verbunden sein.

Egal welche spezifischen Strategien Sie nun implementieren, es ist wichtig, ständig zu testen und zu messen. Konsumenten sind Emotionsbündel und sie werden nicht von rein rationalen Motivationen geleitet.

Machen Sie den Preis zum zentralen Teil Ihrer Gesamt-Marketingstrategie.

Lassen Sie sie probieren, bevor sie kaufen

Vor einiger Zeit fuhr ich bei meinem BMW-Händler und Servicecenter vorbei, um eine Fehlermeldung checken zu lassen, die ich auf dem Display des Bordcomputers bekam. Ein paar Minuten später kam der Servicetechniker auf mich zu. Sie hatten in der Werkstatt ein paar kleine Anpassungen vorgenommen. »Es ist alles wieder in Ordnung«, sagte er, und erklärte mir dann mit ein paar Autotechnik-Fachausdrücken, was das Problem war. Ich nickte wissend und gab vor, zu verstehen, was er sagte, um mein männliches Ego aufrechtzuerhalten.

Als Nächstes fragte er mich: »Möchten Sie gleich einen Service buchen? Der Auto-Computer sagt, dass es bald Zeit dafür ist.« Gutes Upselling. Ich sagte: »Ja, klar, machen Sie mir einen Termin für Mitte nächsten Monat.« Der Service-Mitarbeiter machte mich daraufhin darauf aufmerksam, dass ich, wenn ich so weit im Voraus buchte, Anspruch auf einen Leihwagen für diesen Tag hätte. Ich dachte mir: ›Super! Dann brauche ich niemanden zu bitten, mich hinzufahren oder abzuholen.‹ Ich bat darum, mir das nächste Modell nach meinem Auto zu leihen.

Diese Anfrage hätte seine Alarmglocken schrillen lassen müssen: Ein bestehender Kunde mit einem drei Jahre alten Auto, der gerade aus der Garantie herauskommt, bittet darum, sich das teure nächste Modell einen ganzen Tag lang auszuleihen und testzufahren. Wenn es jemals eine goldene Verkaufschance gab, die jemandem in den Schoß fiel, dann war es diese. Anstatt die Gelegenheit zu erkennen und zu ergreifen, entschuldigte er sich und sagte, er könne mir nur ein Auto mehrere Modelle unter meinem leihen. Dann erklärte er mir ein paar Minuten lang, wie gut dieses viel billigere Modell sei.

Ich hätte ihm am liebsten an die Stirn geklopft und gerufen: »HALLO! Irgendwer da? HALLO!« Oder ich hätte vielleicht Julia Roberts Rolle aus *Pretty Woman* spielen sollen und sagen: »Großer Fehler. Groß. Enorm. Ich muss jetzt einkaufen gehen«, und dann hinausstürmen. Stattdessen dankte ich ihm für seine Zeit und sagte: »Ja dann, bis nächsten Monat.« Ich konnte einfach nicht glauben, was da gerade passiert war.

Hat der Servicemitarbeiter diese Gelegenheit wirklich nicht gesehen? Unwahrscheinlich. Es war wahrscheinlich mehr ein Fall von »Nicht meine Zuständigkeit«-Mentalität. Er dachte sich wahrscheinlich so etwas wie: »Also, ich arbeite im Service. Wenn er ein neues Auto testfahren will, sollte er sich an jemanden vom Verkauf wenden.« Das ist ein Fehler, den viele Unternehmen machen. Sie unterteilen ihre Mitarbeitenden in »Abteilungen«. Deshalb denken Mitarbeitende außerhalb der Verkaufsabteilung, dass alles, was mit Verkauf zu tun hat, mit ihnen nichts zu tun hat. Großer Fehler. Groß. Enorm! Als Unternehmer sollten Sie jeder und jedem Mitarbeitenden klar und deutlich machen, dass der Verkauf die Lebensader des Unternehmens ist und dass **alle im Verkauf tätig sind**.

Jedes Belegschaftsmitglied wird irgendwann in die Lage kommen, eine Verkaufsgelegenheit positiv oder negativ zu beeinflussen. Machen Sie in Ihrer Belegschaft bekannt, dass, egal welche Rolle sie primär im Unternehmen spielen, die Reaktion auf Verkaufsgelegenheiten **ihr Job ist**. Eine der besten Arten, wie man das vermittelt, ist ein Incentive-Programm, mit dem Verkauf belohnt wird, egal welche Position die Person hat, die ihn vermittelte. So entdecken Sie vielleicht sogar verborgene Talente.

Am leichtesten verkauft man an einen bestehenden, zufriedenen Kunden. Machen Sie Ihre Mitarbeitenden mit sämtlichen Anzeichen dafür vertraut – natürlich ohne dass sie drängeln oder lästig werden.

Zugegeben, ich wäre zu dem Zeitpunkt vielleicht noch nicht bereit gewesen, sofort aus dem Stand ein neues Auto zu kaufen, aber hätte ein voller Tag mit einem Auto, das mir schon ins Auge gefallen ist, mich einer Kaufentscheidung nähergebracht? Natürlich! Hätte man mir damit den Mund wässrig gemacht für einen Autokauf? Absolut!

Das bringt uns zu einer weiteren sehr wirkungsvollen Technik, die Sie Ihrem Nachfassvorgang hinzufügen können und sollten: erst probieren, dann kaufen, auch »kostenlose Probe« oder »Welpen-Verkaufsabschluss« genannt.

Stellen Sie sich das Szenario vor: Sie sind nicht ganz sicher, ob die Idee so gut ist, sich einen Hundewelpen zuzulegen, oder vielleicht sind Sie unsicher, ob diese spezielle Rasse zu Ihnen passt. Der Verkäufer in der Tierhandlung versichert Ihnen, dass Sie den Welpen mit nach Hause nehmen können, und wenn er Ihnen nicht gefällt, ihn einfach zurückbringen können – ohne Begründung. Hört sich vernünftig an? Also nehmen Sie den Welpen mit nach Hause, Sie und die Kinder spielen mit ihm draußen Fangen.

Er leckt Ihnen am Morgen die Nase und wartet am Ende des Tages treu auf Sie an der Tür. Natürlich verlieben Sie sich alle in das neue Familienmitglied. Und der Verkauf ist durch – das hat nicht der Verkäufer geschafft, sondern der Welpe.

So einfach ist das.

Versuchen Sie mal, diesen kleinen Kerl wieder zurückzugeben. Das würden Sie nie im Leben!

Das ist eine der wirkungsvollsten Arten, mehr Geschäft zu machen, und es beruht auf der Magie des »erst probieren, dann kaufen«. Wenn Sie diese Technik anwenden, kann das Ihren Verkauf dramatisch nach vorne bringen. Erstens überwindet man so den Kaufwiderstand, denn der potenzielle Kunde hat weniger das Gefühl, sich auf etwas Irreversibles einzulassen.

Zweitens versetzt es den Käufer in die Bringschuld, die Ware zurückzubringen, und dabei haben Sie die Trägheit auf Ihrer Seite. Und schließlich wird ein echter Kunde höchst unwahrscheinlich ein gutes Produkt zurückbringen, das genau seinen Bedürfnissen entspricht. Implementieren Sie die Denkweise »alle sind im Verkauf« in Ihrem Unternehmen und kombinieren Sie sie mit einem „Erst probieren, dann kaufen«-Angebot, und Ihre Verkaufszahlen werden dramatisch steigen.

Schließen Sie Ihre Abteilung für Verkaufsprävention

Immer wieder staune ich, wie viele Unternehmen, groß und klein, es einem schwer machen, bei ihnen zu kaufen. Es ist fast so, als hätten sie eine Abteilung für Verkaufsprävention, deren Aufgabe es ist, den Kaufvorgang zu einer schmerzlichen Erfahrung zu machen. Überlassen Sie die Bürokratie, umständliche Formulare und unflexible Regeln den Behörden. Ihr Job ist es, Ihren Kunden das Kaufen bei Ihnen **leicht** zu machen.

Schilder, auf denen steht: »Nur Barzahlung« oder »Kreditkarten ab 10 Euro« oder »Wir akzeptieren keine Mastercard« sind von der Abteilung für Verkaufsprävention. Solche Unternehmen sparen sich vielleicht Geld für die Händlergebühr, aber sie verlieren fast sicher weit mehr in Form von entgangenen Verkäufen, entgangenen Kunden und verlorener Sympathie. Sie steigen über die Euros hinweg, um die Pennys aufzuheben.

Sie müssen Ihren Kunden **deren** liebste Zahlungsart anbieten, nicht Ihre. Und bestrafen Sie Kunden nicht dafür, dass sie ihre liebste Zahlmethode verwenden, indem Sie dafür Gebühren verlangen. Kalkulieren Sie stattdessen Händlergebühren bei Ihrer allgemeinen Preisgestaltung mit ein oder übernehmen Sie sie. Wenn Ihre Margen so dünn sind, dass Sie es sich nicht leisten können, Händlergebühren in Ihrer allgemeine Preisgestaltung mit zu berücksichtigen, dann haben Sie weitaus größere Probleme zu lösen als nur Händlergebühren.

Wie schon in Kapitel 2 erwähnt, besteht eine weitere Strategie, um die Zahl Ihrer Abschlüsse zu erhöhen, im Angebot eines Zahlungsplans oder einer Finanzierung für Ihre hochpreisigen Artikel. Das kann den Unterschied ausmachen zwischen verkaufen oder nicht verkaufen. Erstens sehen die Leute ihre Einnahmen und Ausgaben für einen Monat. Zweitens hängen die Leute weniger an zukünftigem Geld als an aktuellem Geld. Aktuelles Geld ist meist schon ausgegeben. Wenn sie Ihr Angebot als kleine, häppchenweise monatliche Teilzahlungen oder zukünftige Verpflichtungen präsentieren, anstatt als eine einzige, große Summe, wird dies Ihre Verkaufszahlen dramatisch steigern.

Halten Sie nach anderen Dingen Ausschau, die Hindernisse für einen Verkauf darstellen könnten. Verlangen Sie von potenziellen Kunden und Kunden irgendwelche Kunststücke, müssen sie sinnlose Formulare ausfüllen oder Prozesse durchlaufen, die eigentlich gar nicht nötig sind? Wie könnten Sie diese Hindernisse beseitigen oder sie zumindest sehr viel einfacher machen?

Kapitel 6 Aktionspunkt:

Wie sieht Ihr Verkaufssystem aus?

Füllen Sie Feld #6 in Ihrem ***Marketingplan auf einer Seite*** aus.

III. Akt:

DIE »DANACH«-PHASE

Die »Danach«-Phase – Vorschau

In der »Danach«-Phase geht es um Ihren Umgang mit den Kunden. Kunden sind Menschen, denen Sie und das, was Sie anbieten, so gut gefallen, dass sie schon mindestens einmal etwas gekauft haben. In dieser Phase machen Sie Ihre Kunden zu begeisterten Fans, indem Sie ihnen ein Spitzenklasse-Erlebnis bieten. Sie finden dann Wege, weitere Geschäfte mit ihnen zu machen und ihren Lifetime-Value zu erhöhen. Schließlich schaffen Sie ein Umfeld, in dem ständig neue Kunden auf Empfehlung zu Ihnen kommen.

Ziel dieser letzten Phase ist es, Ihre Kunden so weit zu bringen, dass sie Ihnen **vertrauen** und weiter bei Ihnen kaufen. Diese Phase mündet in einen permanenten positiven Kreislauf, bei dem Sie Ihre Beziehungen zu den Kunden vertiefen, weitere Geschäfte mit ihnen machen und ständig weiterempfohlen werden.

7

WIE SIE EINE KUNDENERFAHRUNG DER SPITZENKLASSE ABLIEFERN

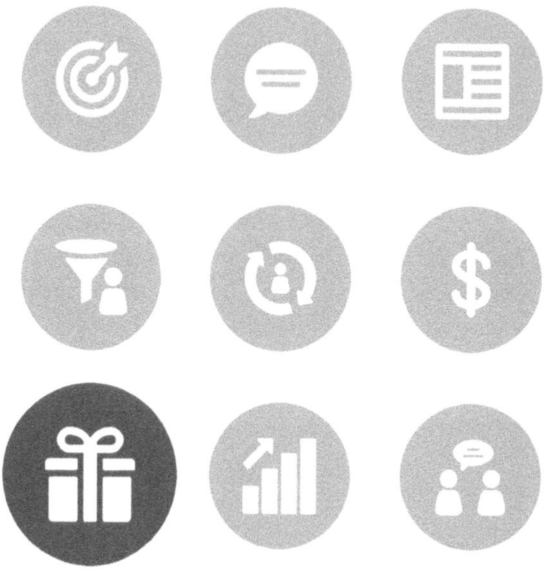

Kapitel 7 – Vorschau

Wenn Sie eine Kundenerfahrung der Spitzenklasse abliefern, machen Sie Ihre Kunden zu begeisterten Fans, die immer wieder bei Ihnen kaufen wollen. Diese Spitzenklasse-Kundenerfahrung erfordert die Implementierung von Systemen und den klugen Einsatz von Technologie in Ihrem Unternehmen.

Die Kernpunkte in diesem Kapitel sind:

- Warum es für Ihren Unternehmenserfolg entscheidend ist, sich einen Kundenstamm aus begeisterten Fans aufzubauen, und wie man das macht.
- Erkennen Sie die zwei wichtigsten Funktionen Ihres Unternehmens.
- Wie Sie innovativ sind, auch wenn das Produkt oder der Service, den Sie anbieten, langweilig und alltäglich ist.
- Der Einsatz von Technologien in Ihrem Unternehmen, und wie sie diese für Ihr Marketing nutzen können.
- Warum Systeme der Schlüssel sind, um den Reichtum zu entdecken, der in Ihrem Unternehmen verborgen liegt.
- Die vier Hauptsysteme in Ihrem Unternehmen, die Ihnen den Erfolg praktisch garantieren.
- Wie Sie den größten Flaschenhals in Ihrem Unternehmen beseitigen.

Wie Sie eine Kundenerfahrung der Spitzenklasse abliefern

Bauen Sie sich einen Kundenstamm aus begeisterten Fans auf

EIN STAMM IST EINE GRUPPE von Menschen, die miteinander verbunden sind, mit einem Anführer verbunden sind und mit einer Idee verbunden sind.[10] Seit Jahrtausenden gehören Menschen unterschiedlichen Stämmen an. Was außergewöhnliche Unternehmen von durchschnittlichen unterscheidet, ist unter anderem, dass sie einen Stamm haben, einen Kundenstamm aus begeisterten Fans – nicht nur Kunden. Im Geschäftsleben ist ein Stammesangehöriger ein spezieller Kundentyp. Und zwar einer, der wie ein Cheerleader ist und sich aktiv für Ihren Erfolg engagiert. Ihre Stammesangehörigen verbreiten Ihre Marketingbotschaft und bringen sie auf Höhen, die Sie allein mit bezahlter Werbung niemals erreichen könnten. Hier sind ein paar Eigenschaften dieser außergewöhnlichen Unternehmen, die zu Stammesanführern werden:

- Sie fokussieren sich darauf, ihre Kunden immer wieder zu begeistern, was diese zu begeisterten Fans macht.
- Sie schaffen und fördern lebenslange Kundenbeziehungen.
- Sie machen es Kunden leicht, und es macht Spaß, mit ihnen Geschäfte zu machen.
- Sie inszenieren ihre Produkte und Services wie ein Theater.

---

10 Diese Definition stammt aus dem hervorragenden Buch *Tribes* von Seth Godin.

- Sie haben Systeme, damit sie zuverlässig und permanent eine großartige Kundenerfahrung bieten.

In diesem Kapitel werden wir uns einige Strategien ansehen, mit denen Sie Kunden zu begeisterten Fans machen können, die Ihnen vertrauen, Sie weiterempfehlen und es kaum erwarten können, wieder etwas bei Ihnen zu kaufen. Diese Menschen sind Ihr Stamm, und es ist lebenswichtig für Sie, dass Sie Strategien haben, um sich diese treue Anhängerschaft aufzubauen und sie sehr sorgfältig zu pflegen.

Die meisten normalen Unternehmen hören mit ihren Marketingmaßnahmen auf, sobald sie einen potenziellen Kunden zum tatsächlichen Kunden gemacht haben (mit anderen Worten, der potenzielle Kunde kauft bei ihnen). Diese Art des transaktionalen Denkens verhindert, dass sie sich weiterentwickeln, und legt einen schweren Deckel auf ihr Unternehmenswachstum. Wirklich außergewöhnliche Unternehmen bekommen exponentielle Ergebnisse, weil jeder Kunde, den sie hinzufügen, nicht nur eine einmalige Umsatzquelle ist, sondern immer und immer wieder Umsatz bringt, weil diese Person zum »Prediger« für das Unternehmen wird.

Was noch spannender ist, neue Produkte auf den Markt zu bringen, wird einfach und vorhersehbar. Sie müssen nicht so viel Marketing betreiben, sich abstrampeln und Leute überzeugen, wenn Sie einen Kundenstamm aus begeisterten Fans haben. Schauen Sie sich Apple an, eines der führenden Unternehmen in dieser Art Marketing. Sie können ein ganz neues Produkt, ja sogar eine neue Produktkategorie auf den Markt bringen, und schon Tage zuvor stehen ganze Heerscharen von begeisterten Fans Schlange und betteln, dass Apple ihr Geld nimmt. Aber das ist nicht nur die Domäne großer Unternehmen wie Apple.

Eigentlich ist das ein Bereich, in dem kleine Unternehmen einen enormen Vorteil haben. Anders als große Unternehmen, die unflexibel und voller Bürokratie sind, zahlreiche Dokumentationswege und Leute mit unterschiedlichen Agenden haben, können kleine Unternehmen agil sein und auf Kundenbedürfnisse und Feedback schnell reagieren. Was noch wichtiger ist: Kleine Unternehmen können die Kundenbeziehungen mikromanagen. Hier geht der Kunde nicht so leicht in einem Meer von Kunden unter, und so kann eine Beziehung entwickelt werden, die sehr viel persönlicher ist, sodass eine Art Stammeszugehörigkeit entsteht. Es ist Ihre Aufgabe, sich einen Kundenstamm aus begeisterten Fans aufzubauen, ihn zu pflegen und zu verstehen, dass der Marketingprozess in Wahrheit erst dann beginnt, wenn Sie einen potenziellen Kunden in einen zahlenden Kunden verwandelt haben.

Verkaufen Sie ihnen nicht nur, was sie wollen, sondern auch, was sie brauchen

In Kapitel 2 haben wir über die Grundbausteine eines guten Angebots gesprochen. Wie in diesem Kapitel dargestellt, ist der erste Schritt beim Erstellen eines Angebots, herauszufinden, was genau Ihr Markt will. Ich gehe hier noch einen Schritt weiter. Wenn wir unser Produkt oder unseren Service liefern, müssen wir unseren Kunden nicht nur das geben, was sie wollen, sondern auch das, was sie brauchen.

Oft besteht ein großer Unterschied zwischen dem, was Menschen wollen, und dem, was sie brauchen. Ich gebe Ihnen mal ein Beispiel: Sagen wir, Sie sind ein Fitnesstrainer. Sie verbessern das Leben der Menschen durch bessere Gesundheit, Fitness und Ernährung. Das Konzept »bessere Gesundheit« ist aber zu vage, zu weit weg und dauert zu lange für die meisten Menschen. Also müssen Sie stattdessen an deren Eitelkeit appellieren, bessere Leistungen versprechen oder irgendetwas anderes Spezielles, was ein potenzieller Kunde sich wünscht; zum Beispiel einen Waschbrettbauch, einen definierten Körper, eine tolle Figur.

Sie müssen ihnen also das geben, was sie zur Verbesserung ihrer Gesundheit brauchen, aber über den Umweg dessen, was sie wollen (Verbesserungen in Aussehen oder Leistung), und das verkaufen Sie ihnen dann. Sie müssen beides verstehen, sowohl die Wünsche als auch die Bedürfnisse. Manchmal überlappen sie sich und manchmal sind es zwei ganz verschiedene Dinge.

Wenn ich seit Langem ein Laufband zu Hause habe, aber nicht abgenommen habe, beweist das dann, dass Laufbänder nicht funktionieren? Diese Schlussfolgerung ist ganz offensichtlich lächerlich. Wenn ich will, dass mein Laufband »funktioniert«, muss ich es einschalten, darauf eine Zeit lang laufen, schwitzen und das Ganze regelmäßig wiederholen. Es zu kaufen, ist erst der erste Schritt. Es so zu nutzen, wie es gedacht ist, ist ein weiterer Schritt. Das scheint zunächst offensichtlich, aber dennoch wird der Kampf, den Sie führen müssen, zum Großteil darin bestehen, die Leute dazu zu bringen, das zu tun, was nötig ist, damit sie mit Ihren Produkten oder Ihrem Service Ergebnisse erzielen.

Manche Unternehmer glauben, dass sie nicht dafür verantwortlich sind, die Implementierung nachzuverfolgen, dass ihre Kunden selbst dafür verantwortlich seien, Ergebnisse mit dem gekauften Produkt oder Service zu erzielen. Das ist jedoch kurzsichtig. Wir leben in einer schnelllebigen Welt, in der eine Menge Dinge um die Zeit und Aufmerksamkeit unserer Kunden konkurrieren. Unser Ziel ist es, dass unsere Kunden Ergebnisse erzielen.

Ein Kunde, der das erworbene Produkt oder den gekauften Service nicht richtig benutzt oder implementiert, wird die Erwerbung höchstwahrscheinlich als etwas abschreiben, das nicht funktioniert, und das ist das Letzte, was wir wollen. Im besten Fall endet das in einem Einmalkauf und im schlimmsten Fall wird die Ware als Schwindel bezeichnet. So lächerlich jemand sein mag, der ein Laufband als Schwindel bezeichnet, weil er es nie benutzt hat, ein Kunde kann genau das auch mit Ihrem Produkt oder Service tun.

Nur dass heutzutage der Kunde Zugriff auf Internetforen und soziale Medien hat, und er wird entweder ein positives Feedback verbreiten, wenn er positive Ergebnisse bekommen hat, oder negatives Feedback, wenn nicht. Unfair? Vielleicht – aber wer als Unternehmen Erfolg haben will, muss eben Gesamtlösungen anbieten, die dem Kunden durch die Implementierung bis zum erwünschten Ergebnis hindurchhelfen.

In vielen Fällen bedeutet das, dass Sie den Kunden bis zum Ergebnis an die Hand nehmen und führen müssen. Ansonsten bewegen Sie sich in einem Geschäft mit niedrigen Margen, Massenwaren und Transaktionsgeschäften und bestreiten Ihren Wettbewerb allein über den Preis. Und das ist gefährlich, wenn der Preisvergleich nur einen Klick entfernt ist.

Ihre Aufgabe ist es nun also, einen Weg zu finden, wie Sie Ihren Kunden verkaufen, was sie wollen, aber ihnen auch zu geben, was sie brauchen. Kunden dazu zu bringen, aktiv zu werden und zu tun, was sie tun müssen, um ihre Ergebnisse zu bekommen, kann bedeuten, dass Sie die Dinge auf bestimmte Weise verpacken müssen. Vielleicht müssen Sie den Prozess in kleine, leicht verdauliche Häppchen aufteilen, damit das Ganze nicht so entmutigend wirkt.

Sie haben vielleicht das beste Vitamin der Welt, aber Sie müssen es süß machen, damit die Kinder es essen. Dadurch bekommen sie, was sie wollen, aber auch, was sie brauchen.

Leadership ist eine attraktive Eigenschaft und Menschen wollen gerne geführt werden. Sie zeigen Leadership, wenn Sie die Initiative ergreifen und die Implementierung Ihres Produktes oder Ihrer Dienstleistung richtig verpacken, Hürden vorhersehen, die auf dem Weg liegen, und Lösungen bereithalten, um diese Hürden zu überwinden. Wenn Sie Ihren Kunden helfen, den ganzen Weg bis zu ihren Ergebnissen zu gehen, wird es sich sowohl für Sie als auch für Ihre Kunden lohnen.

Wenn Sie das nicht tun, wird sich das negativ auf Sie beide auswirken. Denken Sie daran, Ihr Ziel ist es, einen Kundenstamm von begeisterten Fans aufzubauen – nicht nur Transaktionen.

Setzen Sie Ihre Produkte und Dienstleistungen in Szene

Peter Drucker wird oft mit seiner berühmten Aussage zitiert, dass die zwei grundlegenden Funktionen in jedem Unternehmen Marketing und Innovation sind. Beim Wort »Innovation« denkt man oft an Hightech-Start-ups im Silicon Valley, an Biotechnologie-Unternehmen oder Technikfirmen. Oft wird die Frage gestellt, ob ein ganz normales Unternehmen, das ganz normale Produkte verkauft, denn innovativ sein kann? Die Antwort lautet: Ja, natürlich kann es das.

Ein weit verbreiteter Irrtum ist, dass die Innovation am eigentlichen Produkt oder Service stattfinden muss. Wenn Sie ein langweiliges oder alltägliches Produkt verkaufen, kann es scheinen, als sei Innovation für Ihr Geschäft oder Ihre Branche nicht relevant. Es scheint vielleicht, als hätten Sie keine andere Möglichkeit, als den Wettbewerb mit dem Preis zu bestreiten.

Doch Innovation kann weit über das eigentliche Produkt, das verkauft wird, hinausgehen. Innovation kann bei der Preisgestaltung, Finanzierung, Verpackung, beim Zusatzservice, der Auslieferung, dem Management oder Marketing stattfinden, oder in einer Myriade weiterer Elemente, die sich auf jeden Teil der Kundenerfahrung beziehen. Ein Bereich, in dem die Unternehmen spektakulär scheitern, ist bei der Inszenierung. Ihre Kunden wollen nicht nur einfach bedient werden. Sie wollen unterhalten werden. Geben Sie ihnen, was sie wollen, indem Sie Ihr Produkt in Szene setzen.

Wenn Sie in einem Bereich sind, der so gar nicht »sexy« ist und in dem die erste Frage des Kunden meist den Preis betrifft, sind Sie vielleicht etwas skeptisch gegenüber dem ganzen Gerede von Innovation und Inszenierung. Wie könnte ein Hersteller von Mixern schon innovativ sein? Oder vielleicht ein Restaurant? Wie können diese normalen, langweiligen Unternehmen innovativ sein? Gut, dass Sie fragen.

Blendtec ist ein Hersteller von Mixern, ganz normale Mixer, wie Sie sie zu Hause in der Küche haben. Sie haben jedoch einen enormen viralen Marketing-Hype ausgelöst, und zwar durch eine YouTube-Videoserie namens *Will It Blend?* (*deutsch: Lässt sich das mixen?*) Darin lassen sie einen schrulligen Wissenschaftler ihr Produkt vorführen, indem er verschiedene völlig absurde Dinge in den Mixer steckt, von iPhones über iPads bis zu Golfbällen.

Ich würde am liebsten heulen, wenn ich die mutwillige Zerstörung meiner liebsten Apple-Produkte sehe; aber die Verantwortlichen bei Blendtec müssen ziemlich zufrieden sein mit den Millionen Klicks auf ihrem YouTube-Kanal. Eine solche Werbewirkung, verglichen mit den geringen Kosten für die Produktion dieser Videos, ist einfach genial. Könnten Sie eine ähnliche Inszenierung und Werbewirkung schaffen, indem Sie Ihr ganz normales Produkt zeigen, wie es auf ungewöhnliche Weise benutzt wird?

Ich war in der Herrentoilette eines Restaurants in meiner Gegend, als ich folgendes Poster an der Wand bemerkte:

Das Restaurant bietet einen Abhol- und Heimfahrservice an, sodass sich Kunden keine Sorgen machen müssen, unter Alkoholeinfluss zu fahren. Das macht es dem Kunden einfach und bequem, und das Restaurant verkauft am Ende mehr von dem Produkt, mit dem es den meisten Gewinn macht – Alkohol. Jeder gewinnt dabei.

Das sind nur ein paar wenige Beispiele von ganz normalen, ansonsten langweiligen Unternehmen, die ihre Produkte auf innovative Weise verkaufen. Und jetzt sind Sie dran mit Innovation. Sie müssen dazu gar nichts Eigenes erfinden. Imitieren, borgen oder stehlen Sie einfach schamlos Ideen von anderen Branchen oder Produkten.

Tun Sie alles andere, als ein langweiliges Unternehmen zu bleiben und damit gezwungen zu sein, den Wettbewerb allein über den Preis zu bestreiten.

Nutzen Sie Technik, um Reibungsverluste zu beseitigen

Meine Frau und ich waren vor Kurzem zum Abendessen in einem unserer Lieblingsrestaurants. Das Essen dort ist großartig, das Personal höflich und hilfsbereit, und die Location ist spektakulär – direkt am Strand. Wenn der Abend kühl ist, gibt es eine Feuerstelle, was wirklich eine schöne Atmosphäre erzeugt. Wir gehen dort schon seit etwa einem Jahr hin, seit wir in die Gegend gezogen sind. Als ich ging, um das Essen zu bezahlen, sah ich mich um und, ja, es war noch immer da – ein ausgefranstes, handgeschriebenes Schild neben dem Kreditkartengerät, auf dem stand: »Leider nimmt unser Kartengerät keine PINs, bitte unterschreiben Sie stattdessen. Wir entschuldigen uns für die Unannehmlichkeit.«

Ich wunderte mich, dass ein solches High-End-Restaurant, das so vieles richtig macht, bei dieser fundamentalen Sache versagte. Wenn es in der Interaktion mit meinen Kunden einen Teil gibt, den ich als Unternehmer so geschmeidig und reibungslos haben will wie möglich, dann der Teil, bei dem ich bezahlt werde. Dieses defekte Kartengerät war nicht nur mindestens ein Jahr lang nicht gewartet worden (so weit ich weiß), sondern sie hatten auch ganz offensichtlich nicht die Absicht, eine neue, noch reibungslosere Bezahltechnik zu implementieren, wie etwa kontaktlose Bezahlsysteme.

Die Innovationsrate in den letzten paar Jahren war schlichtweg erstaunlich. Bis August 2004 war Google noch ein privates, relativ unbekanntes Unternehmen. Bis September 2006 war Facebook noch ein Experiment und noch nicht für die Öffentlichkeit zugänglich. Mitte 2007 gab es noch kein iPhone, und im April 2010 war das iPad erst ein Gerücht in Insiderkreisen. Wir können uns das Leben kaum noch ohne manche dieser technischen Entwicklungen vorstellen – und doch gibt es sie erst seit ein paar wenigen Jahren. Doch während der Fortschritt der Technologie-Innovation immer schneller vorangeht und sich weiter exponentiell entwickelt, ist der Sinn und Zweck neuer Technologien seit Tausenden Jahren immer derselbe geblieben.

Ganz einfach gesagt, **ist der Sinn und Zweck jeglicher neuen Technologien in Ihrem Unternehmen, Reibungsverluste zu eliminieren**. Wir wollen so schnell und einfach wie möglich zum Verkauf gelangen und dabei die Kundenzufriedenheit steigern. Wir wollen auch Situationen vermeiden, in denen die Technik das Geschäft eher behindert als erleichtert.

Als Kunden (meist großer Institutionen) haben wir alle schon die frustrierende Erfahrung gemacht, dass wir jemanden zur Vernunft bringen wollten, der durch die Technik blockiert war und mit seiner Version von »Computer sagt Nein« antwortet. Als Eigentümer kleiner Unternehmen müssen wir dafür sorgen, dass die Technik in unserem Unternehmen so genutzt wird, dass sie Reibungsverluste eher beseitigt als schafft.

Die Technik macht unser Leben einfacher, indem sie für uns die »Schwerarbeit« übernimmt, ob das nun eine komplexe Berechnung ist, das Anheben eines Betonblocks an seinen Platz oder das Durchsuchen Tausender Publikationen, um irgendeine obskure Literaturquelle zu finden. Doch manchmal ist es, als würden wir die Technik nur um der Technik willen implementieren. Zum Beispiel frage ich oft Leute, was der Zweck ihrer Webseite oder ihrer Seite auf Twitter oder Facebook sei. Ich bekomme nur selten eine kurze und direkte Antwort.

Als damals das iPod herauskam, war dies der einzige legale Weg, um neue Musik darauf zu laden:

- Zum nächsten Plattenladen fahren und eine CD mit der Musik kaufen, die man will.
- CD in den Computer einführen und den Inhalt auf die Festplatte des Computers importieren.

- Das iPod an den Computer anschließen, damit es die Musik herunterkopiert.

Trotz dieses mühsamen Prozesses war das iPod ein Riesenerfolg; doch als Apple dann den iTunes Store einführte, explodierte der Erfolg des iPod, und das schuf auch die Grundlagen für das iPhone und das iPad. Die Technologie, die Apple einführte, reduzierte den Reibungsverlust zwischen Konsument und Händler erheblich. Dasselbe kann man über Amazon, Google, kontaktlose Bezahltechnologien und vieles mehr sagen.

Durch diese Reduktion des Reibungsverlustes verhilft uns die Technologie dazu, dass wir in einem Bruchteil der Zeit erledigen können, wozu wir ohne sie Stunden, Tage oder Jahre gebraucht hätten. Wie können Sie also die Technologie nutzen, um den Reibungsverlust zwischen Ihnen und Ihren Kunden zu reduzieren? Welche Vorgänge können Sie glätten und reibungslos machen? Noch wichtiger, wie können Sie sicherstellen, dass Technologie Ihre Beziehung mit Ihren Kunden nicht behindert? Ich tue das folgendermaßen.

Stellen Sie sich jede Technologie wie einen Mitarbeitenden vor. Wozu stelle ich diesen Mitarbeitenden ein? Was sind ihre Leistungskennzahlen (KPIs, Key Performance Indicators)? Nehmen wir das Beispiel Webseite. Es ist ziemlich häufig, dass ein Unternehmen eine Webseite mit keinem spezifischen Zweck führt, nur mit einer vagen Vorstellung oder Hoffnung, dass Kunden daherkommen werden, weil sie eine Onlineversion ihrer Firmenbroschüre hochgeladen haben.

Im Gegensatz dazu nutzt jeder kluge Unternehmer, den ich kenne, Technologie mit sehr spezifischen, messbaren Zielen vor Augen. Zum Beispiel kann eine Webseite dazu genutzt werden, ein Produkt zu verkaufen, oder potenzielle Kunden dazu zu bringen, sich in einer Marketingdatenbank zu registrieren. Diese Dinge sind messbar und können mit KPIs verknüpft sein. Wir wissen dann sofort, ob sie funktionieren oder nicht, und wir feuern diejenigen, die nicht funktionieren, und wir arbeiten ständig an der Verbesserung derjenigen, die funktionieren.

Jetzt ist ein guter Zeitpunkt, dass Sie einmal über die verschiedenen Arten nachdenken, wie Sie in Ihrem Unternehmen Technologien nutzen. Reduzieren sie Reibungsverluste? Tun sie das, wozu man sie eingestellt hat?

Werden Sie zur wertvollen Stimme für Ihren Stamm

Der verstorbene großartige Jim Rohn drückte es gut aus: »Verbringen Sie Ihre meiste Zeit nicht mit Stimmen, die nicht zählen. Schalten Sie die oberflächlichen aus und die wertvollen ein, sodass Sie für Letztere mehr Zeit haben.«

Das ist sicher ein weiser Rat; wenn man eine Spitzenklasse-Kundenerfahrung schaffen will, gehört es jedoch dazu, dass man **selbst** für sie **zur wertvollen Stimme wird**. Sie müssen ein Vordenker in Ihrer Branche sein, jemand, von dem man sich Meinung und Rat einholt. Das erreicht man, indem man Content schafft. Einer der großen Unterschiede zwischen erfolgreichen Unternehmern und »Möchtegern«-Unternehmern ist, dass erfolgreiche Unternehmer vor allem Content schaffen, während Möchtegern-Unternehmer vor allem Content konsumieren. Mehr noch, erfolgreiche Unternehmer schaffen nicht nur Content, sondern sie sind dabei oft sogar sehr **produktiv**.

Um eine wertvolle Stimme zu werden, muss man wertvolle Gedanken haben, und wertvolle Gedanken tauchen selten aus dem Nichts auf und unterbrechen Sie bei dem, was Sie gerade tun. Indem Sie sich andere wertvolle Stimmen suchen – Vordenkerinnen innerhalb wie außerhalb Ihrer Branche, Mentoren, Coaches und erfolgreiche andere Unternehmerinnen – schaffen Sie die Grundlage dafür, dass Sie eigene wertvolle Gedanken entwickeln.

Diese Art der autodidaktischen Weiterbildung ist die wertvollste Art Bildung, die ich kenne. Und doch ist es wichtig, dabei nicht allzu viele Stimmen hereinzulassen, wie groß die Versuchung auch sein mag. Ein paar wenige Stimmen, die aus Erfahrung sprechen, weil sie über Wissen aus erster Hand verfügen, sind unendlich viel mehr wert als eine Vielzahl an Stimmen, die aus der Theorie sprechen und bloße Meinungen kundtun. Auch wenn an Theorie und Meinung an sich nichts falsch ist, finde ich doch selten wertvolle Stimmen in Quellen, die noch nie da waren, wo ich hinwill.

Die Tage der Power-Selling-Taktiken gehen schnell zu Ende, wenn sie nicht schon vorbei sind. In einer Zeit, in der jeder vernetzt ist und jeder Zugriff auf fast alle verfügbaren Informationen hat, ist das wertvollste Gut der gute Ruf. Eine Wirtschaft, die auf dem guten Ruf gründet, erfordert es, dass Sie Ihr Marketing von bloßer Information und Power-Selling-Taktiken zu einem Marketing auf der Grundlage von Beratung wandeln. Wie wir in diesem Buch immer wieder erklärt haben, gibt es zwei Gründe, aus denen Sie Beratungsmarketing betreiben sollten.

Erstens geht es darum, dass Sie sich als Autorität in Ihrem Zielmarkt positionieren. Jeder will hören, was jemand, der als Autorität gilt, zu sagen hat. Indem Sie Content schaffen, positionieren Sie sich als Autorität und Experten in Ihrer Nische.

Zweitens geht es darum, Beziehungen aufzubauen – und der vertrauenswürdige Berater für Ihren Zielmarkt zu werden, anstatt nur ein Händler. Indem Sie Ihrem Zielmarkt regelmäßig wertvollen, informativen Content liefern, schaffen Sie die Grundlage für eine Beziehung – und von wem würden Sie letztlich lieber kaufen, von einer vertrauten Quelle, die Ihnen eine Menge Mehrwert geliefert hat, oder von einem Fremden, der nur ein schnelles Geschäft machen will?

Jemand zu werden, auf den die Leute hören, ist harte Arbeit und braucht Zeit, aber die Zeit, die man investiert, wird sich auszahlen. In einer Wirtschaftsordnung, in der es auf den guten Ruf ankommt, kann man es sich nicht leisten, Massenware zu sein oder eines von vielen »Ich auch«-Unternehmen. Was können Sie tun, um in Ihrem Markt jemand zu werden, auf den man hört? Könnten Sie einen Blog machen? Eine Mailing-Liste erstellen? Einen monatlichen Newsletter herausbringen? Regelmäßige YouTube-Videos posten?

All diese Dinge könnten ein Start für Sie sein, um zu jemandem zu werden, auf den man in Ihrem Markt hört. Sicher wird Sie das weit vor Ihren Wettbewerbern platzieren, die noch immer in ihren alten Verkaufstaktiken feststecken, die längst nicht mehr funktionieren.

Erzählen Sie, wie viel Arbeit dahintersteckt

Meine Frau und ich fuhren eines Abends nach Hause, nachdem wir auswärts essen gewesen waren, und ich freute mich auf einen schönen, entspannten Ausklang meines Samstagabends, als ich folgende gefürchteten Worte hörte: »Halten wir noch kurz am Supermarkt. Ich muss nur ein paar Sachen holen.« Ich stöhnte und bog in den Parkplatz ein. Da ich Einkaufen mehr als fast alles andere hasse, versuchte ich es mit meiner bewährten Methode: »Ich warte im Auto auf dich.« Schließlich wollte sie ja nur ein paar Sachen holen und ich konnte die Zeit produktiv an meinem iPhone nutzen, um ein paar Angry Birds abzufeuern und dieses Level abzuschließen, bei dem ich einfach nicht weiterkam. Aber sie spielte da nicht mit. Ich fand mich schließlich im hintersten Flügel des Supermarktes wieder und trug einen Einkaufskorb, dessen Gewicht von dem gebrochenen Versprechen »nur ein paar Sachen« zeugte. Während meine Frau damit beschäftigt war, sich zwischen Grapefruit- oder Kokos-Shampoo zu entscheiden (was ja allein schon eine Marketinglektion ist), fiel mir etwas auf – ein brillanter Marketing-Ninja-Move, perfekt ausgeführt. Hier das Foto, das ich davon aufgenommen habe:

Erkennen Sie den riesigen Unterschied zwischen den beiden Duschgelflaschen rechts im Gegensatz zu der links? Die beiden rechten Flaschen sind eine der besten Arten, eine Verpackung zu nutzen, die ich seit Langem gesehen habe. Die linke ist langweilig, klassisch und fast nicht zu unterscheiden von den 100 anderen Flaschen im Regal.

Es braucht ziemlich lange, ein ganzes Glas Guinness einzuschenken. Das liegt an einem Prozess namens Nukleation, wobei Lufteinschlüsse aus zusätzlichen Luftblasen das Bier durchsetzen. Heute ist das etwas, was man schätzt, doch ursprünglich gab es eine Menge negative Kundenreaktionen darauf, wie lange es dauerte, um ein Pint Guinness vom Fass korrekt einzuschenken. Mitte der 1990er-Jahre kehrten die Werbetreibenden bei Guinness das alles ins Gegenteil mit einer Marketingkampagne, die diese negative Eigenschaft als positiv verkaufte. Sie fingen damit an, den Leuten zu erklären, wie viel Mühe nötig war, um das perfekte Bier einzuschenken. Sie betonten dies, indem sie sagten: »Es braucht 119,5 Sekunden, um die perfekte Pint einzuschenken« oder: »Das Gute kommt zu dem, der warten kann.«

Und dies ist die Lektion: **Erzählen Sie Ihrem Publikum, wie viel Arbeit hinter Ihrem Produkt oder Ihrem Service steckt**. Erklären Sie in Ihren Werbetexten oder sogar auf Ihrer Verpackung, wie sorgfältig Sie Ihr Produkt zubereiten oder herstellen. Dies gilt gleichermaßen, wenn Sie einen Service anbieten. Erzählen Sie ihnen von Ihren Fähigkeiten, wie Sie sie erworben haben, welche Kontrollmechanismen Sie durchlaufen, und wie Sie Ihr Personal schulen. Die Hintergrundstory Ihres Produkts oder Ihrer Dienstleistung ist ein absolut wesentlicher Teil Ihres Marketings. Sorgen Sie dafür, dass Ihre Arbeit und Ihre Fähigkeiten nicht unbemerkt bleiben. Das gibt den Menschen die Sicherheit, dass in Ihrem Produkt Substanz und Qualität stecken. Das ist ganz besonders wichtig, wenn Sie ein Premiumprodukt oder eine Premiumdienstleistung anbieten.

Wenn wir also zurückblicken auf mein Foto von den Duschgels, können Sie sehen, dass hier die Hintergrundstory den gesamten Platz auf der Flasche einnimmt. Es ist nicht einmal ein Logo oder ein Firmenname drauf – sehr klug und eine sehr gute Nutzung von Premiumwerbefläche! Fakt ist doch, **keinen Menschen interessiert Ihr Logo, Unternehmensname oder irgendein zweifelhafter Werbespruch darüber, dass Sie führend in Ihrer Branche sind**. Die Leute wollen wissen, was Ihr Produkt für sie tun wird, und Ihre Hintergrundstory ist dafür von wesentlicher Bedeutung.

Da sehen Sie mal. Erst war ich ein widerwilliger Teilnehmer einer Einkaufstour und dann sah ich eine neue Anwendung eines wertvollen Marketingprinzips – das Gute kommt eben zu dem, der warten kann.

Mit Produkten verdienen Sie Geld, mit Systemen ein Vermögen

Eines der hauptsächlichen Dinge, auf die ich mich in all meinen Unternehmen immer konzentriert habe, ist, Systeme zu schaffen. Nachdem ich Michael Gerbers Buch *The E-Myth Revisited* gelesen hatte, war ich Feuer und Flamme. Im Unternehmerteil meines Gehirns fiel der Groschen. Das war auch gut so, denn Geschäftssysteme haben mir sehr gutgetan. Das Schaffen von Systemen ist das, was mich von dem Zustand, geschäftlich ums Überleben kämpfen zu müssen, dahin brachte, dass ich gut vorankam und mit Erfolg zahlreiche Start-ups verkaufte.

Die wertvollsten Geschäftssysteme sind solche, die reproduzierbar sind. Wenn Ihr Unternehmen auf einem Genie oder Supertalent aufbaut, das im Zentrum des Ganzen steht, dann wird es schwierig oder unmöglich sein, es zu reproduzieren. Das ist einer der Gründe, aus denen der Investor Warren Buffett nur in »langweilige Unternehmen« investiert, solche, die er verstehen kann, die ein Massenprodukt verkaufen, ein solides Management haben und eine Menge Geld machen – wie langweilig!

In seinem Portfolio wird man keine hochriskanten Technologie-Start-ups finden, keine hochspekulativen Biotech-Firmen oder Konzepte, die man nicht verstehen kann. Diese stützen sich oft auf ein oder zwei Superstars, die das Unternehmen vernichten würden, wenn sie gehen würden. Stattdessen wird man solide Unternehmen finden, die Systeme haben, die über einen langen Zeitraum zuverlässig ausgezeichnete Produkte liefern. **Systeme machen es einfachen Sterblichen möglich, ein außergewöhnliches Unternehmen zu führen**.

Haben Sie erst einmal ein Geschäftssystem, das reproduzierbar ist, werden die Leute Ihnen dafür viel Geld bezahlen. Das Geld wird in vielen Formen hereinkommen, aber die häufigsten sind:

- Kunden, die mit Ihnen Geschäfte machen wollen, weil Sie zuverlässige Ergebnisse liefern
- Lizenznehmer, die sich eine Lizenz für Ihr System holen wollen
- Franchisenehmer, die sich in Ihr Franchise-System einkaufen wollen
- Ein Investor oder Wettbewerber, der Ihr Geschäft aufkaufen will

Es gibt vier hauptsächliche Typen von Geschäftssystemen, die Sie schaffen müssen, egal in welchem Bereich Sie tätig sind. Es garantiert Ihnen nahezu, dass Sie ein Vermögen machen, wenn Sie skalierbare und reproduzierbare Systeme in folgenden vier Bereichen Ihres Unternehmens schaffen können:

1. **Marketingsystem**: Generieren Sie einen permanenten Strom von Leads, die in Ihr Unternehmen fließen
2. **Verkaufssystem**: Lead-Pflege, Follow-up und Umwandlung
3. **Abwicklungssystem**: die eigentliche Leistung, die Sie im Austausch für das Geld des Kunden erbringen
4. **Verwaltungssystem**: Abrechnung, Empfang, Personal und so weiter; Unterstützung aller anderen Geschäftsfunktionen

Egal was für ein Unternehmen Sie führen, diese vier Bereiche sind für Sie wesentlich.

Viele kleine Unternehmen verzetteln sich mit der Abwicklung der Prozesse und Verwaltung und vernachlässigen dabei ihre Marketing- und Verkaufssysteme. Aber es gibt ja niemanden, der Ihnen irgendwelche Deadlines vorschreibt, damit Sie mehr Marketing machen. All die scheinbar so dringenden Aufgaben gehören meist zur Kategorie Abwicklung und Verwaltung. Das bewirkt häufig eine Situation, in der das Unternehmen zu kämpfen hat, obwohl es möglicherweise ausgezeichnete Produkte und Dienstleistungen anbietet.

Das Problem ist, dass **Kunden gar nicht erfahren, wie gut Ihre Produkte und Dienstleistungen sind, bis sie sie Ihnen abgekauft haben**. Und wenn Ihre Marketing- und Verkaufssysteme nicht funktionstüchtig sind, werden sie erst gar nicht bei Ihnen kaufen und somit auch nicht herausfinden, wie gut Sie sind. Das ist ein Teufelskreis.

Manche verlassen sich auf den guten Ruf und Mund-zu-Mund-Propaganda. Das ist ja auch schön und gut, aber es braucht sehr lange Zeit, genug Umsatz allein durch den guten Ruf zu erzielen. Kluge Unternehmen hingegen geben sich sehr viel Mühe, um ihre Marketing- und Verkaufssysteme zu perfektionieren. Schließlich gibt es nur sehr wenige Probleme in Unternehmen, die nicht mit Geld gelöst werden können.

Was genau ist also ein System in einem Unternehmen?

Kurz gesagt, fängt ein Unternehmenssystem mit der Dokumentation von Verfahren und Prozessen an, die es möglich macht, dass Ihr Unternehmen auch ohne Sie läuft. Das geschieht meist in Form von Checklisten, aber Video- und Audio-Training kann auch ein wichtiger Teil davon sein. Zusammengenommen bezeichnet man diese Materialien als **Betriebshandbuch**, und dessen Sinn ist, das kollektive Know-how des Unternehmens festzuhalten.

Das Aushängeschild für Unternehmenssysteme ist McDonald's. Es ist ein komplexes, weltweites Multi-Milliarden-Dollar-Unternehmen, das im Wesentlichen von pickligen Teenagern geführt wird, denen man nicht einmal zutrauen würde, dass sie ihr Bett machen können. Wie machen sie das? McDonald's hat erstaunliche Unternehmenssysteme. Ihr Betriebshandbuch deckt jedes winzige Detail des Unternehmensablaufs ab, von den großen Dingen wie Personaleinstellung und Kundeninteraktion bis hin zur exakten Menge der Soße und der Gurken, die auf ein Big-Mac-Brötchen kommen. Ich muss es ja wissen. Als Teenager habe ich dort gearbeitet. Und hier ist etwas, was mir auffiel, als ich vor ein paar Jahren umzog.

Meiner Erfahrung nach gibt es zwei Gründe, aus denen Unternehmenssysteme von vielen Eigentümern kleiner Unternehmen übersehen werden.

Der erste Grund ist, dass Unternehmenssysteme »Backoffice« sind. Anders als das neueste Produktangebot, die neueste Verkaufstechnik oder andere sehr sichtbare Aspekte eines Unternehmens werden gute Unternehmenssysteme von manchen als langweilig betrachtet. Doch auch wenn es vielleicht wirklich langweilig sein mag, diese Systeme aufzubauen, die unglaubliche Wirkung, die sie erzielen, ist alles andere als langweilig.

Der zweite Hauptgrund dafür, dass Unternehmenssysteme vernachlässigt werden, ist, dass sie vermeintlich nicht dringend sind. Wenn ein Unternehmen klein ist oder gerade erst startet, gibt es scheinbar sehr viel wichtigere Dinge zu tun, wie Verkauf, Verwaltung und Auftragsabwicklung. Bei all den wichtigen Dingen, die um die immer knappere Zeit des Unternehmers konkurrieren, erscheinen Unternehmenssysteme wie etwas, das man auf später aufschieben kann. Das endet jedoch, wie jede andere ständige Vernachlässigung eines Bereichs, mit der Zeit selten gut.

Es ist traurig, wenn ein Unternehmer sein Unternehmen verkaufen will und, nachdem er viele Jahre harte Arbeit hineingesteckt hat, feststellt, dass es nichts wert ist. Das liegt nicht unbedingt daran, dass das Unternehmen selbst wertlos ist; es liegt daran, dass er selbst das Unternehmen IST, und ohne ihn gibt es kein wirkliches Unternehmen, das man verkaufen könnte. In einem solchen Fall kann er es für keinen irgendwie vernünftigen Preis verkaufen, der über den Wert des Lagers, und vielleicht einer kleinen, symbolischen Summe als Anerkennung hinausgeht.

Es hat zahlreiche Vorteile, wenn man in seinem Unternehmen Systeme einbaut. Hier sind einige der wichtigsten.

Man baut Unternehmenswert auf. Es ist ja schön und gut, wenn Ihr Unternehmen Ihnen einen großartigen Cashflow bietet, um Ihren Lebensstil zu finanzieren. Aber wäre es nicht fantastisch, wenn Sie eines Tages, wenn Sie beschließen, dass es Zeit dafür ist, Ihr Unternehmen verkaufen könnten und dabei den größten Zahltag Ihres Lebens erleben würden? Das können Sie aber nur, wenn Sie den Wert Ihres Unternehmens aufbauen, und das kann nur passieren, wenn es ein System ist, das auch ohne Sie weiterlaufen kann.

Hebelwirkung und Skalierbarkeit. Systeme geben Ihrem Unternehmen die Möglichkeit zu expandieren. Sie können Ihr Unternehmen in anderen geografischen Gebieten selbst oder durch Franchising oder Lizenzierung der Rechte an Ihrem Unternehmenssystem reproduzieren.

Konsistenz. Konsistenz ist einer der Schlüssel für hervorragende Kundenerfahrungen. Kann sein, dass Sie das Essen bei McDonald's nicht mögen, aber eines kann man über die Fast-Food-Kette sagen: dass sie, egal wohin man geht, eine sehr konsistente Kundenerfahrung liefert.

Geringere Personalkosten. Wenn Sie und Ihre Belegschaft keine Zeit und Mühen damit verschwenden, jedes Mal das Rad neu zu erfinden, verbessert das Ihre Effizienz und reduziert Ihre Personalkosten.

Die Macht der Systeme – machen Sie sich überflüssig

Ich möchte Ihnen mal eine Frage stellen. Wenn Sie für sechs Monate nach Übersee gehen und Ihr Unternehmen hinter sich lassen würden, wäre es dann, wenn Sie zurückkehren, in besserem oder schlechterem Zustand als zu dem Zeitpunkt, als Sie es verlassen haben? Wäre da überhaupt noch ein Unternehmen, zu dem Sie zurückkehren könnten? Wenn Sie eine dieser Fragen mit negativ beantworten würden, dann ist es sehr wahrscheinlich, dass Sie gar kein Unternehmen haben – Sie SIND das Unternehmen. Viele kleine Unternehmer, besonders wenn sie allein sind oder alle Partner im Unternehmen mitarbeiten, machen aus den oben genannten Gründen den Fehler, nicht über Systeme nachzudenken. Schließlich ist das Unternehmen ja klein und der oder die Gründer übernehmen alle Rollen. Leider sind sie durch dieses Denken dazu verdammt, klein und Gefangener ihres eigenen Unternehmens zu bleiben.

Oft landen sie in einer ausweglosen Zwickmühle. Sie haben keine Zeit, das Unternehmen weiterzuentwickeln, weil sie zu sehr damit beschäftigt sind, im Unternehmen zu arbeiten. Und sie kommen von ihrem Unternehmen nicht weg, weil sie keine dokumentierten Systeme und Prozesse entwickelt haben. Also stecken sie in einem Unternehmen fest, das für sie zum selbst gebauten Gefängnis geworden ist. Verstehen Sie mich nicht falsch, sie sind manchmal durchaus finanziell erfolgreich. Ihr Unternehmen kann florieren und einen loyalen Kundenstamm haben, aber das Problem ist, sie sind gefangen – gefesselt an ihr Unternehmen.

Wenn sie für längere Zeit weg wären oder krank würden, würde ihr Unternehmen zusammenbrechen. Das Problem ist, dass sämtliches Know-how des Unternehmens in einem Silo steckt, das sich zwischen ihren Ohren befindet. Der einzige Ausweg besteht darin, sich Zeit zu nehmen, um diese Unternehmenssysteme zu schaffen und zu dokumentieren. Zum Glück ist dieser zunächst beängstigende Prozess gar nicht so schwierig, wenn wir ihn in Einzelschritte aufteilen.

Unser Ziel ist es, den größten Flaschenhals aus Ihrem Unternehmen zu entfernen – SIE. Auch wenn Sie jetzt noch gar nicht aus Ihrem Unternehmen ausscheiden wollen, der Tag wird kommen, an dem Sie sich eine Auszeit nehmen müssen, sich einer anderen Unternehmung zuwenden, mehr Personal einstellen oder sogar Ihr Unternehmen verkaufen wollen. Wenn diese Zeit kommt, werden Sie dankbar sein, dass Sie diesen Rat befolgt haben.

Ihre Aufgabe als Unternehmer ist es, Innovator und Systembauer zu sein. Selbst wenn Sie im Moment noch allein sind, ist es wichtig, langfristig und groß zu denken. Zuerst sollten Sie sich Ihr Unternehmen vorstellen, wenn es zehnmal so groß ist wie jetzt. Wenn das so wäre, welche Rollen gäbe es dann? Zum Beispiel würden Sie jemanden haben, der sich um die Buchhaltung kümmert, jemand anderen für den Versand, noch jemanden für den Verkauf, fürs Marketing und so weiter? Sie verstehen, worauf ich hinauswill.

Wenn Sie der Einzige in Ihrem Unternehmen sind oder ein kleines Unternehmen haben, ist es kein Problem, wenn Sie alle oder die meisten Rollen in Ihrem Unternehmen übernehmen. Aber es ist ein Problem, wenn Sie zurzeit alle Rollen in Ihrem Unternehmen übernehmen **müssen**. Wenn Sie unabkömmlich sind, sind Sie ein Flaschenhals, und das Unternehmen kann nur so schnell vorankommen, wie Sie es können.

Wir müssen uns zunächst jede Rolle im Unternehmen ansehen. Und wenn ich jetzt von Rollen spreche, meine ich nicht Personen. Zum Beispiel kann in einem kleinen Unternehmen dieselbe Person sowohl an der Rezeption sein als auch die Buchhaltung machen. Auch wenn eine Person diese beiden Rollen übernimmt, sind es noch immer zwei separate Rollen, und wenn das Unternehmen größer wäre, würden diese beiden Rollen von verschiedenen Leuten ausgeübt werden. In einem noch größeren Unternehmen könnte eine einzelne Rolle sogar noch weiter aufgesplittet werden. Zum Beispiel könnte es zwei verschiedene Buchhalter geben, einen für Kreditorenkonten, einen für Debitorenkonten. Wenn Sie alle Rollen in Ihrem Unternehmen identifiziert haben, können Sie damit beginnen, festzulegen, welche Aufgaben jede Rolle übernehmen soll. Zum Beispiel, welche Aufgaben soll die Person übernehmen, die die Buchhaltung macht? Diese Aufgaben könnten sein:

- Rechnungen schreiben
- Kontenabgleich
- Nachverfolgen unbezahlter Rechnungen
- Lieferantenrechnungen eingeben
- und so weiter

Nun, da wir alle Rollen innerhalb des Unternehmens identifiziert haben und definiert haben, welche Aufgaben jede Rolle beinhaltet, müssen wir genau dokumentieren, wie jede dieser Aufgaben ausgeführt werden soll.

Eines der besten Werkzeuge, die man beim Aufbau von Unternehmenssystemen verwenden kann, sind Checklisten. Checklisten sind einfach zu erstellen, zu befolgen und nachzuverfolgen. Haben Sie einmal eine Liste aller Aufgaben in Ihrem Unternehmen erstellt, sind Sie bereit, mit der genauen Dokumentation zu beginnen, wie diese Aufgaben ausgeführt werden sollen.

Ein vereinfachtes Beispiel für das Nachverfolgen unbezahlter Rechnungen könnte so aussehen:

- Bericht über Kreditorenkonten erstellen.
- Bei jeder Rechnung, die 7 bis 13 Tage überfällig ist, eine freundliche Erinnerung schicken.
- Bei jeder Rechnung, die 14 bis 27 Tage überfällig ist, Kunden anrufen, um ihn an die Zahlung zu erinnern.
- Jede Rechnung, die mehr als 27 Tage überfällig ist, an unser Inkassobüro weiterleiten.

Sehen Sie, wie wir die Aufgabe auf kleine, leicht zu befolgende Schritte heruntergebrochen haben? Zugegeben, es ist ein vereinfachtes Beispiel zu Demonstrationszwecken. Manche dieser Schritte enthalten Unteraufgaben, die ebenfalls dokumentiert werden müssten; zum Beispiel, wie erstellt man einen Bericht über Kreditorenkonten?

Zusammenfassend geht es im Wesentlichen um drei Schritte:

1. Identifizieren Sie alle Rollen in Ihrem Unternehmen.
2. Definieren Sie, welche Aufgaben jede Rolle erfüllen soll.
3. Erstellen Sie Checklisten, wie diese Aufgaben richtig erfüllt werden.

Und wenn Sie nun eine Aufgabe delegieren oder outsourcen wollen, wird es so viel einfacher sein, der Person eine Schritt-für-Schritt-Anleitung zu übergeben, als ihr nur ein Ad-hoc-Training zu verpassen und sie dann permanent zu überwachen, um sicherzugehen, dass sie es auch richtig macht.

Jetzt ist es ganz einfach geworden, Ihr Unternehmen zu skalieren – nehmen Sie einfach mehr Leute dazu. Wenn Sie einmal die wunderbare Wirkung von Systemen in Ihrem Unternehmen erlebt haben, wollen Sie nie mehr zurück zum alten Arbeitsstil.

Wie Sie sehen, ist dieser Prozess eine Möglichkeit, wie Sie die Prozesse, die bei Ihnen bereits laufen, dokumentieren können. Zurzeit haben Sie all diese Prozesse vielleicht noch im Kopf und nur Sie können darauf zugreifen. Die einzige Möglichkeit, wie Sie Ihr Unternehmen einfach skalieren können und dazu bringen, dass es auch ohne Sie läuft, ist, diese Unternehmenssysteme zu dokumentieren.

Wichtig ist auch, dass dies sicherstellt, dass Ihre Kunden eine konsistente Kundenerfahrung bekommen. Falls, oder vielmehr wenn, in Ihrem Unternehmen Personal aufgestockt oder abgebaut wird, wollen Sie doch sicherstellen, dass die Kunden noch immer dieselbe Spitzenklasse-Kundenerfahrung bekommen. Das können Sie nicht dem Ermessen einzelner Mitarbeitenden überlassen. Es muss vom Unternehmen kommen, und Systeme zu dokumentieren, ist dafür bei Weitem die beste Methode, die ich kenne.

Ihr ultimativer Kunde

Neil Armstrong sagte einmal: »Man muss nur zwei Probleme lösen, wenn man zum Mond fliegt: erstens, wie man dorthin kommt; und zweitens, wie man wieder zurückkommt. Der Schlüssel ist, starte nicht, bevor du beide Probleme gelöst hast.«

In der Aufregung der Unternehmensgründung kommt es häufig vor, dass man eine Menge Zeit darauf verwendet, darüber nachzudenken, »wie man dorthin kommt«, also wie man erfolgreich wird, aber worüber man sich oft weniger Gedanken macht, ist, »wie man wieder zurückkommt« – mit anderen Worten, die Exit-Strategie.

Wenn Sie ein Unternehmen gründen, ist es wichtig, klar zu denken und zu planen, wie Sie Ihren Exit gestalten. Das klingt naheliegend, ist aber etwas, worüber viele Unternehmer nicht nachdenken, bis es zu spät ist. Wie wird es enden? Wer wird Ihr Käufer sein? Warum wird er Ihr Unternehmen kaufen wollen? Wird er es kaufen wegen des Kundenstamms, des Umsatzes, des geistigen Eigentums? Wie wird er einen Return on Investment generieren? Wenn Sie sich ein paar dieser Fragen beantworten, wird es Ihnen helfen, zu visualisieren, wer genau Ihr Käufer ist und warum er Ihr Unternehmen kaufen würde. Es ist ganz entscheidend, über diese Dinge gleich zu Beginn nachzudenken, denn sie werden Ihnen dabei helfen, genau zu erkennen, wie Sie Ihr Unternehmen aufbauen und worauf Sie sich fokussieren müssen. Wenn es Ihr Ziel ist, ein Unternehmen für 50 Millionen Euro zu verkaufen, dann kann sich alles, was Sie in Ihrem Unternehmen tun, um die Frage »Wird mir das helfen, die 50 Millionen Euro zu erreichen?« drehen.

Sie werden nur selten mit der Führung eines Unternehmens so viel Geld verdienen wie mit dem Verkauf eines Unternehmens. Die Person, die Ihnen Ihr Unternehmen abkauft, ist Ihr ultimativer Kunde, und wenn Sie diesen zufriedenstellen, wird das zum größten Zahltag führen, den Sie je erlebt haben. Unzählige Vermögen wurden auf diese Weise gemacht. Leider ist eine sehr große Anzahl von Unternehmen wertlos und wird am Ende nur abgewickelt, weil der Eigentümer sich umorientieren muss oder will und nicht in der Lage war, einen Käufer an Land zu ziehen. Deshalb ist es so entscheidend, die Dinge auf eine Weise zu strukturieren, die sicherstellt, dass Sie am Ende an einem großen Zahltag auf der Nehmerseite stehen, anstatt sich klarmachen zu müssen, dass Ihre jahrelange harte Arbeit auf den Wert Ihres Unternehmens bezogen nichts mehr wert ist.

Im Lauf der Jahre habe ich zahlreiche Unternehmen verkauft, und heute, als Angel-Investor, stehe ich auf der anderen Seite und evaluiere den Wert von Unternehmen, bei denen ich das Gefühl habe, es würde sich lohnen, sich dort einzukaufen. Ich kann Ihnen sagen, eines der wichtigsten Dinge, nach denen ein Käufer Ausschau hält und auf die es ankommt, um Investoren zufriedenzustellen, ist, ob Sie ein Unternehmen HABEN oder ob Sie das Unternehmen SIND. Das ist ein enormer Unterschied. Wenn Ihr Unternehmen ohne Sie nicht funktioniert, ist es ein nicht verkäufliches Gut, und Sie stecken fest, egal wie gut oder profitabel es ist. Deshalb sind Unternehmenssysteme so entscheidend. Dokumentierte Systeme sind das, was ein Unternehmen auch ohne Sie am Laufen hält.

Als Nächstes müssen Sie sich überlegen, wer Ihr Unternehmen kaufen wird und warum. Wird es ein Wettbewerber sein? Jemand, der neu in der Branche ist? Jemand aus Ihrer Branche, aber einer anderen Nische? Das Unternehmen nach einem möglichen Käufer im Hinterkopf zu strukturieren, ist klug und für Investoren sehr attraktiv. Es zeigt ihnen einen klaren Weg zum Exit und Return on Investment ihres investierten Kapitals. Selbst wenn Sie nicht planen, Investoren miteinzubeziehen, sollten Sie sich selbst als Eigentümer des Unternehmens als Investor betrachten. Tagsüber tragen Sie den Unternehmerhut, aber abends sollte der Investorenhut drankommen, und Sie sollten sich fragen, wann der Return on Investment kommt und wie.

Eine der häufigsten Einwendungen, die ich von operativ tätigen Eigentümern höre, ist: »Ich liebe doch, was ich tue, und ich habe nicht vor, zu verkaufen.« Das ist toll, wenn Sie das lieben, was Sie tun, und es Ihnen auch noch ein gutes Einkommen bringt – relativ wenige Menschen genießen einen solchen Lebensstil. Aber ob es Ihnen gefällt oder nicht, eines Tages werden sich Ihre Lebensumstände ändern. Sie könnten des Ganzen überdrüssig werden, krank werden, in den Ruhestand gehen wollen, eine bessere Möglichkeit sehen und so weiter.

Wenn, nicht falls, die Zeit kommt, und Sie beschließen, dass es Zeit ist, zu verkaufen, wollen Sie doch mit einem Scheck daraus hervorgehen, auf dem eine Menge Nullen stehen, anstatt das Ganze abwickeln zu müssen und möglicherweise noch in Schulden zu enden oder für ein Almosen verkaufen zu müssen. Wenn Sie erst zu dem Zeitpunkt, an dem Sie verkaufen müssen, anfangen, über eine Strukturierung für den Exit nachzudenken, sind Sie erledigt. Das ist viel zu spät, und es ist sehr unwahrscheinlich, dass Sie ein günstiges Ergebnis erzielen werden. Sie müssen schon beim Start das Ende im Kopf haben. Beginnen Sie damit, an Ihren ultimativen Kunden zu denken, und was ihn motivieren würde, Ihnen einen Scheck auszustellen, der zu Ihrem größten Zahltag wird.

Kapitel 7 Aktionspunkt:

Wie werden Sie ein Spitzenklasse-Kundenerlebnis schaffen? Füllen Sie Feld #7 in Ihrem ***Marketingplan auf einer Seite*** aus.

8

WIE SIE DEN CUSTOMER LIFETIME VALUE ERHÖHEN

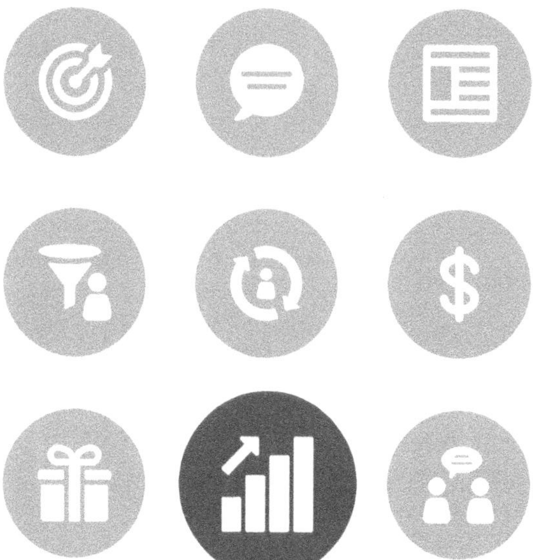

Kapitel 8 – Vorschau

Darin, den Customer Lifetime Value von bestehenden Kunden zu erhöhen, liegt das wahre Geld. Um dies zu erreichen, müssen Sie Strategien und Taktiken haben, um bestehende Kunden dazu zu bringen, weitere Geschäfte mit Ihnen zu machen. Sie müssen auch die Schlüsselkennzahlen in Ihrem Unternehmen kennen, steuern und kontinuierlich verbessern.

Die Kernpunkte in diesem Kapitel sind:

- Warum Ihr bestehender Kundenstamm eine reichhaltige Diamantenmine ist, und wie Sie seinen Wert realisieren.
- Die fünf hauptsächlichen Wege, mehr Geld mit bestehenden Kunden zu verdienen.
- Wie Sie verlorene Kunden zurückgewinnen oder Kunden reaktivieren, die schon lange nichts mehr bei Ihnen gekauft haben.
- Die kritischen Marketingkennzahlen, die Sie kennen und beherrschen müssen.
- Ein Beispiel, in dem eine leichte Verbesserung der Schlüsselkennzahlen eine Verbesserung des Ergebnisses um 431 Prozent bewirkt.
- Warum nicht jedes Unternehmenswachstum und jeder Gewinn gut ist, und wie man »ungesunden Umsatz« vermeidet.
- Die vier Kundenkategorien Ihres Unternehmens, und warum Sie sie nicht gleich behandeln sollten.

Wie Sie den Customer Lifetime Value erhöhen

Felder voller Diamanten

ALS UNTERNEHMER SIND wir oft fokussiert aufs Beutemachen. Wir sind vom Typ, der zum Ziel kommen will, Kämpfer, und wir lieben den Geschmack von frischem Blut auf den Lippen. Das ist das sexy Zeug, das wir detailliert in den ersten sechs Kapiteln dieses Buches behandelt haben. Das ist das »Frontangebot«, das neue Kunden zur Tür hereinkommen lässt.

In diesem Kapitel möchte ich mich auf das »hintere Ende« fokussieren. Das ist das Zeug, das Ihre bestehenden Kunden dazu bringt, mehr zu kaufen. Ich weiß, das ist nicht so sexy, wie über Positionierung zu reden, Abschlusstechniken oder coole Marketingstrategien, um neue Kunden zu bekommen, aber vertrauen Sie mir, in diesem Kapitel wird das wahre Geld gemacht.

Russell Conwells klassische Rede »Felder voller Diamanten« handelt von einem Mann, Ali Hafed, der so unbedingt Diamanten finden wollte, dass er seine Farm verkaufte, seine Familie verließ und sich auf die Suche machte, eine Reise, die ihn um die ganze Welt führte. Seine Suche war vergebens und führte letztlich zu nichts als seinem Untergang. In der Zwischenzeit entdeckte der neue Eigentümer seiner Farm »die prachtvollste Diamantenmine in der Geschichte der Menschheit« direkt dort auf der Farm, die er von Ali Hafed gekauft hatte.

Die Moral von der Geschichte ist: »Grabe zuerst auf deinem eigenen Grund, wenn du einen Schatz suchst.« Ich finde, das lässt sich eins zu eins aufs Marketing übertragen. Die meisten Unternehmen haben eine reichhaltige »Diamantenmine« in Form von Bestandskunden, doch sie bleibt weitgehend unberührt, denn sie verlassen diese »Familie« von Bestandskunden nach den ersten paar Transaktionen und verwenden all ihre Marketingenergie, Geld und Ressourcen dafür, nach neuen Einkommensquellen zu suchen.

Auch wenn sich ein Großteil dieses Buches zu Recht darauf fokussiert, neue Kunden zu akquirieren, was absolut lebensnotwendig ist, so ist das doch nur einer von zwei Wegen, um Ihr Unternehmen wachsen zu lassen. Der andere Weg ist, mehr aus bestehenden und ehemaligen Kunden zu machen. Die meisten Unternehmen, besonders wenn es sie schon längere Zeit gibt, sitzen auf einer veritablen Diamantenmine. Umsätze und, noch wichtiger, Gewinne mit bestehenden und ehemaligen Kunden zu machen, ist sehr viel einfacher, als neue zu akquirieren. Eine häufig zitierte Statistik besagt, dass eine Person 21-mal wahrscheinlicher bei einem Unternehmen kauft, bei dem sie schon zuvor gekauft hat, im Vergleich zu einem, bei dem sie noch nie zuvor gekauft hat.[11] Das verleiht Ihnen einen Riesenvorteil, wenn es um Ihre derzeitigen und ehemaligen Kunden geht. Der wahre Profit liegt darin, herauszufinden, wie man an bestehende und ehemalige Kunden mehr verkaufen kann, und damit deren Lifetime Value zu erhöhen. Sehen wir uns die fünf hauptsächlichen Wege an, dies zu tun.

Preise erhöhen

Eine der meist übersehenen Möglichkeiten, den Customer Lifetime Value zu erhöhen, ist einfach durch eine Preiserhöhung. Die meisten Unternehmen befürchten, dass eine Preiserhöhung zu einer Abwan-

---

11 Diese Statistik wird schon seit Jahren verbreitet. Ich mache nicht einmal den Versuch, ihre Originalquelle herauszufinden. In Wahrheit ist es ziemlich egal, ob die Zahl 21, 18, 5 oder was auch immer ist. Worauf es ankommt, ist, dass es viel einfacher ist, Menschen etwas zu verkaufen, die schon zuvor bei Ihnen gekauft haben, als zu versuchen, neuen potenziellen Kunden etwas zu verkaufen.

derung der Kunden oder einer anderen, ähnlich schlimmen Gegenreaktion führen könnte. Man muss mit dem Thema zwar strategisch umgehen, aber Sie werden meistens feststellen, dass Ihre Kunden sehr viel weniger empfindlich auf den Preis reagieren, als Sie dachten. Wenn Sie sich korrekt positionieren, wie in Kapitel 6 beschrieben, und eine großartige Kundenerfahrung liefern, wie im vorhergehenden Kapitel beschrieben, werden die meisten Kunden Preiserhöhungen bereitwillig in Kauf nehmen. Je nachdem, wie die Transaktionen mit Ihren Kunden aussehen, bemerken es manche vielleicht gar nicht.

Tauschen Sie einmal für einen Moment die Rollen und erinnern Sie sich an Ihre eigenen Kaufgewohnheiten. Wie oft haben Sie sich dabei ertappt, dass Sie Ihre Kreditkarte einfach durchziehen, ohne überhaupt nachzusehen, wie hoch der Betrag ist, geschweige denn die ganze Rechnung einzeln durchzugehen? Ich persönlich stelle fest, dass es sehr oft der Fall ist, besonders wenn es um Waren oder Dienstleistungen geht, die wenig kosten. Obwohl ich mein Café am Ort oft aufsuche, weiß ich nicht genau, was sie dort für einen Kaffee verlangen. Was noch wichtiger ist, wenn sie ihre Preise um 10 oder 20 Prozent erhöhen würden, würde ich es wahrscheinlich gar nicht merken. Ich würde einfach meine Kreditkarte durchziehen und auf meinen Kaffee warten. Für den Cafébetreiber aber, so nehme ich an, wäre eine Erhöhung des Gewinns von 10 oder 20 Prozent erheblich – vielleicht sogar der Unterschied zwischen Existenzkampf und florierendem Geschäft.

Wann haben Sie eigentlich zum letzten Mal Ihre Preise erhöht? Wenn es schon eine Weile her ist, dann könnte es Zeit für eine Neueinschätzung sein. Es ist nämlich so: Wenn Sie Ihre Preise über lange Zeit konstant halten, senken Sie sie in Wahrheit, denn durch die Inflation verliert eine gleichbleibende Geldsumme mit der Zeit an Wert. Inflation ist die kontinuierliche Anhebung des allgemeinen Preisniveaus von Waren und Dienstleistungen über einen bestimmten Zeitraum. Denken Sie an den Preis von Milch und Brot, als Sie noch ein Kind waren, im Vergleich zu jetzt. Das ist die Inflation, wie wir sie erleben. Wenn Sie Ihre Preise über einen langen Zeitraum nicht anheben, verpassen Sie sich selbst praktisch eine Lohnkürzung.

Der Schlüssel zu einer Preiserhöhung, die für Ihre Kunden akzeptabel ist, ist, ihnen einen Grund zu liefern. Erklären Sie ihnen das Mehr an Qualität Ihres Produktes oder die erhöhten Produktionskosten, die Sie hatten. Erklären Sie ihnen, welche Vorteile sie schon durch Ihr Angebot hatten und was ihnen Ihre zukünftigen Innovationen bringen werden. Ein gewisser Prozentsatz Ihrer Kunden wird Sie vielleicht trotz Ihrer Erklärungen verlassen; das sind jedoch eher die Kunden, die für Sie am wenigsten Wert haben. Ein Kunde, der durch den Preis gewonnen wurde, geht durch den Preis auch wieder verloren. Wenn man es richtig macht, wird die Gewinnerhöhung durch die Preiserhöhung jeden Umsatzverlust durch preisbewusste Pfennigfuchser wettmachen.

Wenn Sie sich sehr große Sorgen machen, dass Ihre Bestandskunden eine Preiserhöhung nicht tolerieren könnten, können Sie es mit der »Großvater-Behandlung« versuchen. Das bedeutet, die Preiserhöhung wird nur bei neuen Kunden angewandt, bestehende Kunden bekommen die »Großvater-Behandlung«, für sie gilt noch immer der gleiche Preis. Wenn Sie das tun, sorgen Sie dafür, dass Ihre Bestandskunden auch erfahren, was Sie tun, denn dies kann sie darin bestärken, was sie für ein gutes Geschäft machen, und ihre Loyalität zu Ihnen erhöhen, da Sie ihnen das Gefühl geben, dass sie etwas Besonderes sind.

Upselling

»Möchten Sie noch Pommes dazu?« Dieser Satz ist verantwortlich für Hunderte Millionen Dollar für McDonald's, und eine ähnliche Upselling-Strategie könnte auch für Sie ein Vermögen wert sein. Upselling ist das Bündeln von Zusatzartikeln mit dem primären Produkt oder der Dienstleistung, die verkauft wird.

In dem Buchklassiker *Influence: The Psychology of Persuasion* von Robert Cialdini (*deutsch: Die Psychologie des Überzeugens*) erklärt der Autor das Kontrastprinzip. Das Kontrastprinzip kommt dann ins

Spiel, wenn der Unterschied zwischen zwei Dingen, die nacheinander präsentiert werden, größer erscheint, als er in Wahrheit ist. Wenn Sie zum Beispiel erst einen schweren Gegenstand anheben und danach einen leichteren, werden Sie den zweiten leichter schätzen, als er in Wahrheit ist. Wenn Ihr Nachbar den ganzen Abend eine sehr laute Party feiert, schätzen Sie den Frieden und die Ruhe umso mehr, wenn die Party vorbei ist – das ist das angewandte Kontrastprinzip.

Genau dasselbe gilt auch für den Preis. Wenn potenzielle Kunden zuerst den »teuren« Artikel kaufen, empfinden sie die vorgeschlagenen Zusatzartikel als vergleichsweise billig. Männer, die sich schon mal einen Anzug gekauft haben, werden jetzt genau wissen, was ich meine. Sie gehen mit dem Anzug, den Sie sich ausgesucht haben, zur Kasse, in der Erwartung, den Preis zu bezahlen, der auf dem Preisschild steht. In Wahrheit hat Ihre Shoppingreise jedoch gerade erst begonnen. Der Verkäufer fängt nun an, Ihnen zu erklären, welches Hemd Sie dazu brauchen. Normalerweise hätten Sie so teure Hemden sofort abgelehnt, aber im Kontrast zum Preis des Anzugs erscheint Ihnen der Preis der Hemden relativ vernünftig. Fünf Hemden später macht Ihnen der Verkäufer Komplimente über Ihren erlesenen Geschmack für Hemden und hilft Ihnen bei der Farbauswahl für die dazu passenden Krawatten. Wenn Sie schließlich denken, es ist vorbei, kommen noch die Socken und Gürtel dran. Wenn alles gesagt und getan ist, hat sich der Wert Ihres Einkaufs möglicherweise verdoppelt oder verdreifacht.

Beim Upselling arbeiten zwei Dinge zu Ihrem Vorteil – erstens: das Kontrastprinzip, wie bereits beschrieben. Zweitens: Weil der potenzielle Kunde nicht in erster Linie Ihre vorgeschlagenen Zusatzartikel kaufen wollte, achtet er wahrscheinlich sehr viel weniger auf deren Preis. Beide Faktoren bedeuten für Sie viel höhere Margen. Ich empfehle das zwar nicht als Strategie, aber es ist nicht unüblich, dass das primäre Produkt eine sehr dünne Marge hat und der echte Gewinn in den Upselling-Produkten liegt. Unterhaltungselektronik wird oft so verkauft, mit einer Marge so dünn wie eine Rasierklinge auf dem Kernprodukt, und der meiste echte Gewinn kommt dann von Zubehör wie Kabeln, Batterien oder verlängerten Garantien.

Eine gute Möglichkeit für ein Upselling ist die Anmerkung: »Die meisten Kunden, die X gekauft haben, haben auch Y gekauft.« Das sieht man sehr gut umgesetzt bei den großen Online-Versandhändlern wie Amazon. Menschen wollen sozialen Normen entsprechen. Wenn Sie den Leuten sagen, was das »normale« Kaufverhalten ist, machen Sie sich die Macht der psychologisch tief verankerten menschlichen Sehnsucht nach Zugehörigkeit zunutze.

Manche glauben fälschlicherweise, wenn ein Kunde gerade etwas gekauft hat, muss man ihm eine Pause gönnen, bevor man versucht, ihm noch etwas zu verkaufen. Nichts könnte weiter von der Wahrheit entfernt sein. Wenn der potenzielle Kunde »heiß« und im Kaufmodus ist, wird er für weitere Kaufangebote sehr viel empfänglicher sein. Das ist Ihre Gelegenheit, einen Zusatzartikel mit hoher Marge mit zu verkaufen. Dadurch bekommt der Kunde auch ein besseres Ergebnis und das erhöht sofort seinen Customer Lifetime Value.

Kunden auf ein höheres Level bringen

Kunden auf ein höheres Level zu bringen bedeutet, Bestandskunden zu Ihren höherpreisigen Produkten oder Dienstleistungen zu führen, die hoffentlich auch eine höhere Marge haben. So macht es der Internet-Provider, der Ihnen den schnelleren Internetanschluss verkauft, oder der Autohändler, der Ihnen das nächsthöhere Modell verkauft. Solche Kampagnen sollten ein permanenter Teil Ihres Marketingprozesses sein. Sehr oft bleiben die Kunden bei den Produkten und Dienstleistungen, die sie schon haben, auch wenn sie durch ein Upgrade Vorteile hätten und es sich auch leisten könnten. Das ist die Trägheit, die gegen Sie arbeitet.

Kampagnen, die den Kunden auf ein höheres Level bringen, bringen Ihnen nicht nur mehr Gewinn, sondern sie helfen Ihnen auch dabei, die Trägheit zu bekämpfen, und können Kunden davon abhalten, zu einem Wettbewerber zu wechseln. Wenn Kunden von sich aus ein Upgrade in Erwägung ziehen, weil Ihr derzeitiges Produkt oder

Ihre Dienstleistung deren Bedürfnissen nicht mehr entspricht, werden sie oft prüfen, was Ihre Wettbewerber so anzubieten haben, und wegen der schlechten Erfahrung, die sie mit Ihrem Produkt oder Ihrer Dienstleistung gemacht haben, über Sie schimpfen. Alles, was sie sehen, ist, dass der Internetanschluss, den Sie ihnen verkauft haben, frustrierend langsam ist, oder das Auto, das Sie ihnen verkauft haben, einen furchtbar hohen Benzinverbrauch hat.

Das mag ja durchaus die Schuld Ihrer Kunden sein, weil sie vor drei Jahren die billige Option gewählt haben, aber es ist Ihre Schuld und Ihr Problem, wenn Sie sie verlieren, weil Sie nicht proaktiv genug waren, um mit ihren Bedürfnissen Schritt zu halten.

Ebenso schlimm ist es, nur ein Preisangebot zu haben oder nur eine Option pro Produkt- oder Servicekategorie. Wenn Sie nur eine Option anbieten, lassen Sie sich riesige Geldsummen entgehen. Sie brauchen mindestens eine »Standard-« und eine »Premium-«Option in jeder Kategorie. In Kapitel 6 haben wir besprochen, wie wichtig es ist, dass man auch einen ultra-hochpreisigen Artikel im Produktmix hat.

Diese Angebote können einen sehr großen Prozentsatz Ihres Nettogewinns ausmachen, auch wenn Sie nur eine kleine Stückzahl verkaufen. Sie ziehen auch mehr vermögende Kunden an, die nach Prestige, Service und Bequemlichkeit einkaufen, im Gegensatz zu weniger wertigen Kunden, die dazu neigen, nach dem Preis einzukaufen. Wie schon in Kapitel 6 erwähnt, lautet die Faustregel, dass etwa 10 Prozent Ihrer Kunden Ihnen zehnmal so viel zahlen würden, und 1 Prozent Ihrer Kunden würde Ihnen 100-mal so viel bezahlen. Wenn Sie nur eine einzige Option haben, entgeht Ihnen eine riesige Menge Geld.

Ultra-hochpreisige Artikel lassen Sie auch von Cialdinis Kontrastprinzip profitieren. Ihre weniger wohlhabenden Kunden werden den Preis Ihrer Standardprodukte und -Services dann vergleichsweise viel vernünftiger finden, und dabei bekommen sie vielleicht dennoch viele der Kernfunktionen und Nutzen des ultra-hochpreisigen Artikels.

Und schließlich zeigen hochpreisige Optionen den Kunden einen Weg nach oben, etwas, was sie anstreben können. Menschen wollen immer das haben, was sie nicht haben können, und ultra-hochpreisige Artikel in Ihrem Produkt- und Servicekatalog können die Sehnsucht der Kunden aufrechterhalten, bei Ihnen zu kaufen, irgendwann, wenn es ihnen besser geht und sie es sich leisten können.

Die Kauffrequenz

Die Frequenz zu erhöhen, mit der Ihre Kunden bei Ihnen kaufen, ist eine weitere solide Strategie, um den Customer Lifetime Value zu erhöhen.

Es gibt viele Strategien, wie man das erreicht, aber hier sind ein paar von meinen Favoriten.

Erinnerungen. Die Menschen sind sehr beschäftigt. Sie denken nicht immer daran, die Dinge rechtzeitig zu tun, selbst wenn es zu ihrem eigenen Nutzen ist. Schicken Sie ihnen Erinnerungen per Post, E-Mail oder SMS, um sie daran zu erinnern, wieder mal bei Ihnen zu kaufen. Das regelmäßige Versenden von Erinnerungen kann voll automatisiert stattfinden, nutzen Sie also die Technik, um Ihnen die schwere Arbeit abzunehmen. Manche machen sich hierbei Sorgen, dass sie zu aufdringlich wirken könnten. Doch wenn Sie etwas von Wert verkaufen, das Ihren Kunden Nutzen bringt, dann würden Sie Ihnen einen schlechten Dienst erweisen, wenn Sie ihnen nicht regelmäßig genug etwas verkaufen. Perfekte Kandidaten für Erinnerungsnachrichten sind Produkte und Dienstleistungen, deren Nutzen oder Wirkung mit der Zeit nachlässt. Beispiele wären der Kundendienst fürs Auto, Massagen, Druckerpatronen, Haustierimpfungen und vieles mehr. Und wenn Sie ein Produkt oder einen Service verkaufen, der eine längere Lebensdauer hat – zum Beispiel Immobilien, Autos oder Finanzplanung – und Sie nicht wirklich wissen, wann der Kunde vielleicht einmal wieder etwas bei Ihnen kaufen wird? Wir haben das in Kapitel 5 abgedeckt. Bleiben Sie in Verbindung, bauen Sie die Beziehung weiter auf und entwickeln Sie sie durch Ihr Kontaktpflegesystem. Es könnte etwas so Einfaches sein wie eine monatliche Postkarte oder ein Newsletter. Dadurch bleiben Sie in Erinnerung, und wenn die Kunden bereit sind, wieder zu kaufen, werden Sie die logische erste Wahl sein.

Geben Sie ihnen einen Grund, wiederzukommen. Vor Kurzem war meine Frau zum Einkaufen in einem besonderen Schuhgeschäft, das fast eine Stunde Autofahrt von unserem Zuhause entfernt ist. Als sie für ihren Einkauf bezahlte, wurde ihr pro 100 Dollar, die sie bezahlte, ein Gutschein über 30 Dollar überreicht. Sie bezahlte etwa 300 Dollar und bekam einen 90-Dollar-Gutschein heraus. Der Gutschein wurde ihr an der Kasse beim Bezahlen überreicht und hatte eine Gültigkeit von etwa sechs Monaten. Doch was noch wichtiger war, er war erst ab dem Tag nach der Ausstellung gültig, also konnte man nicht einfach wieder in den Laden zurückgehen und ihn sofort einlösen. Man musste an einem anderen Tag zurückkommen, um ihn einzulösen. Sie kam nach Hause und erzählte mir davon, wie viel sie beim Einkauf gespart hatte, wie das Ehefrauen gerne tun. Als Nächstes erzählte sie mir: »Sie hatten da ein Paar Schuhe, die dir bestimmt gefallen würden, und ich habe diesen Gutschein über 90 Dollar. Es wäre doch schade, ihn verfallen zu lassen.« Raten Sie mal, wohin ich am nächsten Tag gezerrt wurde? Nachdem ich die Hälfte meines Samstagnachmittags damit verbracht hatte, Schuhe anzuprobieren, von denen ich wusste, dass ich sie gar nicht brauchte, standen wir am Ende an der Kasse und bezahlten wieder 200 Dollar. Die Dame an der Kasse überbrachte uns die gute Nachricht: Wir hatten 200 Dollar bezahlt, also hatten wir einen Anspruch auf einen 60-Dollar-Gutschein. Was dann passierte, ist eine Lektion in Psychologie, die die zusätzlichen 200 Dollar wert war. Ich sah zu, wie meine Frau, die es satt hatte, immer zu diesem abgelegenen Schuhladen und wieder zurück zu fahren, die Kassiererin förmlich anflehte, ihr den Gutschein nicht zu geben, denn sie wollte nicht wieder diese weite Strecke und wieder zurück fahren, aber sie wollte auch nicht den 60-Dollar-Gutschein »verfallen« lassen. Die Kassenfrau lächelte und sagte bedauernd, das sei nun mal die Geschäftsordnung und dass sie die Gutscheine ausgeben müsse. Mit einer simplen Taktik hatte der Laden die ursprüngliche Transaktion fast verdoppelt und einen psychologischen Druck aufgebaut, wenn man nicht mehr wiederkommen und erneut kaufen würde. Wie könnten Sie eine ähnliche Taktik nutzen, um einen Anreiz für Wiederholungskäufe zu geben? Wohlgemerkt, dies ist etwas komplett anderes als eine Ermäßigung. Dies ermutigte zu weiteren Einkäufen, ja übte fast einen Zwang aus.

Fördern Sie wiederholte Käufe durch Abonnements. Manche Produkte oder Services, wie Internetanschlüsse, Versicherungen oder Stromversorgung, bieten sich von selbst für ein Abonnement an. Doch man muss auch mal vom gewohnten Denken abweichen und sich eine Revolution zunutze machen, die dahin geht, dass Produkte, die traditionell keine Abonnementprodukte waren, nun als solche angeboten werden.

Der Dollar Shave Club bot billige Ersatzrasierklingen als Abonnementservice. Wie brillant ist das denn! Sie haben nicht nur enormen Nutzen und Bequemlichkeit für ihre Kunden geschaffen, sondern sie können jetzt so lange monatlich Geld für ihr Produkt abbuchen, bis man kündigt. Andere Produkte sind dem gefolgt, die man nun im Monatsabonnement bekommt, wie Kosmetikprodukte, Unterwäsche, Obst, Socken, Tiernahrung und vieles mehr.

Ein großer, schwerer Sack Hundefutter landet nun alle sechs Wochen automatisch vor meiner Haustür. Kein Herumfahren mehr zum Tierfutterhandel, nur um dann festzustellen, dass es ausverkauft ist. Kein Ein- und Ausladen mehr ins und aus dem Auto und kein Ins-Haus-Schleppen mehr. Das Futter kommt automatisch; ich muss mir nie mehr Gedanken darüber machen, und mein Händler ist vermutlich absolut glücklich mit dem vorhersehbaren Einkommensstrom. Wenn Sie Konsumgüter in irgendeiner Form verkaufen, könnten Sie Ihr Produkt nicht als Abonnement anbieten?

Ein Nebeneffekt davon ist, dass sich das Preisbewusstsein des Kunden ausschaltet, sobald er ein Produkt abonniert hat. Während ich zuvor vielleicht versucht war, mir die Sonderangebote für eine bestimmte Hundefuttermarke bei den verschiedenen Tierfutterhandlungen in der Gegend anzusehen, ist heute mein Hundefutter-Kauf-Radar ausgeschaltet. Ich weiß, man kümmert sich alle sechs Wochen darum, also warum sollte ich mich noch darum kümmern? Sicher, Ihr Kunde macht vielleicht immer mal wieder einen Marktcheck, aber bei einem Abonnement muss man nicht jedes Mal eine Kaufentscheidung treffen. Wenn Sie zusätzlichen Mehrwert in Form von Bequemlichkeit liefern, wird es Ihren Kunden völlig egal sein, dass sie bei Ihnen mehr bezahlen. Die Leute verstehen, dass Bequemlichkeit ihren Preis hat, und für die meisten ist das völlig in Ordnung.

Reaktivierung

Wenn Sie so sind wie die meisten Unternehmen, dann sitzen Sie auf einer Goldmine in Form einer Liste früherer Kunden. Frühere Kunden haben Ihnen so weit vertraut, dass sie die Hürde zwischen potenziellem Kunden und tatsächlichem Kunden überwunden haben. Sie haben aus den verschiedensten Gründen aufgehört, bei Ihnen zu kaufen, sei es eine schlechte Erfahrung, ein günstigerer Preis woanders, ein Umzug in eine andere Gegend oder einfach nur Apathie, weil Sie ihnen keinen überzeugenden Grund gegeben haben, wiederzukommen.

Diese Liste früherer Kunden ist von enormem Wert, denn der Großteil der harten Arbeit, die es erfordert, bis potenzielle Kunden Sie kennenlernen, Sie mögen und Ihnen vertrauen, wurde hier bereits getan. Jetzt müssen Sie nur noch eine Reaktivierungskampagne starten, um sie zurückzugewinnen. Das ist großartig, um ein paar schnelle Gewinne zu machen und für »schnelles Geld« zu sorgen.

Hier sind die Grundlagen, um eine Reaktivierungskampagne zu starten:

1. Fangen Sie damit an, Ihre Kundendatenbank durchzugehen und die Namen von früheren Kunden herauszusuchen, von denen Sie lange nichts gehört haben oder die schon länger nichts bei Ihnen gekauft haben. Natürlich werden Sie Kunden, mit denen Sie

schlechte Erfahrungen gemacht haben und die Sie nicht wiederhaben wollen, herausfiltern.
2. Machen Sie ein starkes Angebot, um sie dazu zu bewegen, zu Ihnen zurückzukommen. Ein Geschenkgutschein, ein Coupon oder ein kostenloses Angebot mit einem starken Aufruf, aktiv zu werden, funktioniert in der Regel gut.
3. Kontaktieren Sie diese früheren Kunden und fragen Sie sie, warum sie nicht wiedergekommen sind. Wenn es etwas ist, was Sie falsch gemacht haben, und wenn es angemessen ist, bieten Sie eine Entschuldigung an und beschreiben Sie ihnen, welche Korrekturmaßnahmen Sie unternommen haben. Wenn die Kunden reaktiviert sind und wieder anfangen, bei Ihnen zu kaufen, fassen Sie nach, damit sie das Gefühl bekommen, etwas Besonderes zu sein.

Gut geeignet für Reaktivierungskampagnen sind Themen und Überschriften wie »Wir vermissen Sie« oder »Haben wir etwas falsch gemacht?«. Sie können den Kunden dann beschreiben, dass Sie bemerkt haben, dass sie schon länger nichts mehr bei Ihnen gekauft haben, und dass Sie sie so gerne zurückgewinnen würden, und Sie zeigen ihnen, dass sie für Sie etwas ganz Besonderes sind. Sie verstehen, was ich meine.

In einer idealen Welt sollten Reaktivierungskampagnen unnötig sein, aber die Realität ist nun mal, dass Sie von Zeit zu Zeit etwas vermasseln, Kunden an Wettbewerber verlieren oder einfach nachlässig mit Ihrem Marketing sind. Eine Reaktivierungskampagne kann die Beziehung wieder neu beleben und erheblich zur Steigerung des Customer Lifetime Value beitragen.

Nur die Zahlen verraten die ganze Wahrheit

Ich mag gute Geschichten, und Geschichten erzählen macht einen großen Teil dessen aus, was wir als Marketer tun. Aber wenn es darum geht, den Erfolg Ihres Unternehmens zu messen und zu steuern, vernebeln die Geschichten oft die Wahrheit.

Wenn Sie schon einmal die Fernsehsendung *Shark Tank* (*wörtlich: Haifischbecken, deutsches Pendant: Die Höhle der Löwen*) gesehen haben, wissen Sie genau, was ich meine. Falls Sie die Sendung noch nie gesehen haben, *Shark Tank* ist eine Reality-Show, bei der Unternehmer ihr Unternehmen einer Gruppe von reichen Investoren vorstellen (die Haie), in der Hoffnung, dass sie sie als Investor gewinnen. Es fängt immer auf die gleiche, vorhersehbare Weise an. Der Unternehmer stellt sein Produkt oder seine Dienstleistung vor, beschreibt, welches Problem es löst, und führt es meist auch vor. Meist endet die Präsentation damit, dass sie den Haien erzählen, was für eine großartige Investmentchance ihr Unternehmen ist. Die Haie reagieren mit ein paar Softballfragen, und dann kommt unvermeidlich das, was jedem potenziellen Investor auf der Zunge liegt: »Erzählen Sie uns etwas über Ihre Verkaufszahlen.« An dieser Stelle fangen die Amateurunternehmer meist an sich zu winden und erzählen eine lange, komplizierte Geschichte darüber, warum sie nur wenig oder gar nichts verkaufen.

Man findet großartige Beispiele für solche aufgeblasenen Geschichten in Prospekten und Investorenberichten vieler Unternehmen. Sie breiten sich seitenweise über ihre Geschichte aus. Sie prahlen damit, wie toll ihre Produkte und Services sind, beschreiben, welche großartigen zukünftigen potenziellen Kunden sie haben, und unterstützen das Ganze noch mit wunderschönen Graphen, die eine gesunde Wachstumskurve zeigen. Dann kommen sie auf die tatsächlichen Zahlen zu sprechen, und da sieht man nichts als Rot. Wenn ich Lust auf eine gute Geschichte habe, lasse ich die Stephen-King-Romane stehen und suche mir stattdessen einen dieser Berichte aus. Die sind wirklich manchmal sehr unterhaltsam zu lesen!

Sie haben wahrscheinlich schon einmal die oft zitierte Management-Maxime gehört, **was gemessen wird, wird auch gesteuert**. Marketing ist ein Spiel, bei dem Sie Ihre Zahlen konsequent messen, steuern und verbessern müssen. Sie brauchen keine lange, komplizierte Geschichte. Sie brauchen nur die Zahlen, denn **die Zahlen verraten die ganze Wahrheit**.

Ihr Arzt braucht nur ein paar Kennzahlen und er weiß ziemlich genau, wie es um Ihre Gesundheit steht. Ihr Buchhalter braucht nur ein paar Schlüsselkennzahlen und er weiß, wie es um Ihr Unternehmen steht. Dasselbe gilt auch für Ihr Marketing. Sie müssen Ihre Zahlen kennen und sie kontinuierlich verbessern. Ich werde Ihnen gleich zeigen, warum das so eine große Wirkung hat, aber zunächst sind hier ein paar der Schlüsselkennzahlen, die Sie kennen müssen:

- **Leads**: Berechnen Sie die Anzahl der neuen Leads, die hereinkommen. (Das Erfassen und Pflegen von Leads haben wir in Kapitel 4 und 5 besprochen.)
- **Umwandlungsrate**: Berechnen Sie den Prozentsatz der Leads, die Sie in zahlende Kunden umgewandelt haben. (Wir haben das Thema Umwandlung in Kapitel 6 besprochen.)
- **Durchschnittlicher Transaktionswert**: Ermitteln Sie die durchschnittliche Summe, die ein Kunde bei Ihnen ausgibt. (Wir haben uns in diesem Kapitel mehrere Methoden angesehen, wie wir diese Zahl erhöhen können.)
- **Break-even-Punkt**: Bestimmen Sie die Summe, die Sie brauchen, um Ihr Geschäft zu betreiben. Dazu gehören Dinge wie Miete, Personal, Nebenkosten und andere Fixkosten.

All diese Zahlen werden normalerweise monatlich gemessen, aber je nachdem, wie groß oder klein Ihr Unternehmen ist, könnten Sie sie auch wöchentlich oder sogar täglich messen. Sehen wir uns nun einmal ein Beispiel an, das demonstriert, was für eine große Wirkung es hat, wenn man diese Zahlen misst, steuert und verbessert.

Stellen Sie sich vor, Sie betreiben einen Onlinehandel für Unterhaltungselektronik. Sie importieren die Waren aus China und haben eine gesunde Marge von 50 Prozent auf jeden Artikel auf der Angebotsliste Ihrer Onlinehandels. Sie haben im Durchschnitt monatlich 8000 Besucher auf Ihrer Webseite und von diesen werden 5 Prozent zu Käufern. Im Durchschnitt gibt jeder Kunde 500 Euro bei Ihnen aus. Ihr Break-even-Punkt, also die Ausgaben fürs operative Geschäft, wie die Lagerkosten, Personalkosten und Webseiten-Betreuung, beträgt 90.000 Euro im Monat. Also sehen Ihre monatlichen Zahlen folgendermaßen aus:

Leads	8000
Umwandlungsrate	5 %
Summe Umwandlungen:	400
Durchschnittlicher Transaktionswert	500 Euro
Summe Umsatz:	200.000 Euro
Brutto-Marge	50 %
Summe Brutto-Gewinn:	100.000 Euro
Break-even-Punkt	90.000 Euro
Summe Netto-Gewinn:	10.000 Euro

Nun fokussieren wir uns lediglich darauf, drei der Schlüsselkennzahlen zu verbessern. Wir möchten die Leads, die Umwandlungsrate und den durchschnittlichen Transaktionswert jeweils um nur 10 Prozent steigern.

Also gestalten Sie Ihre Werbetexte überzeugender, und anstatt von 8000 Besuchern bekommen Sie 8800 Besucher auf Ihrer Webseite. Dann bieten Sie eine unerhörte risikoumkehrende Garantie, die Ihre Umwandlungsrate von 5 Prozent auf 5,5 Prozent erhöht. Und schließlich machen Sie auf Ihrer Kassenseite noch ein Upsellingangebot, das Ihren durchschnittlichen Transaktionswert von 500 auf 550 Euro steigert. Ihre Marge bleibt weiterhin auf 50 Prozent und die Fixkosten bleiben weiterhin auf 90.000 Euro pro Monat.

Die Zahlen vor und nach Ihrer Marketingoptimierung sehen folgendermaßen aus:

	vorher	**nachher**
Leads	8000	8800
Umwandlungsrate	5 %	5,5 %

Summe Umwandlungen:	400	484
Durchschnittlicher Transaktionswert	500 Euro	550 Euro
Summe Umsatz:	200.000 Euro	266.200 Euro
Brutto-Marge	50 %	50 %
Summe Brutto-Gewinn:	100.000 Euro	133.100 Euro
Break-even-Punkt	90.000 Euro	90.000 Euro
Summe Netto-Gewinn:	10.000 Euro	43.100 Euro

Sehen Sie, was passiert ist? Wir haben nur drei Schlüsselkennzahlen um nur 10 Prozent verbessert, aber das Ergebnis davon sind überwältigende 431 Prozent Steigerung. Im ersten Szenario nahm der Unternehmer im Jahr 120.000 Euro vor Steuern mit nach Hause. Im zweiten Szenario nimmt er 517.200 pro Jahr nach Hause. Was glauben Sie, hätte das massive Auswirkungen auf sein Leben? Und ob es das hätte.

Zugegeben, das ist ein sehr vereinfachtes Beispiel und wir verwenden eine Art Cowboy-Mathematik zu Demonstrationszwecken. Doch es wird schnell klar, was für eine riesige Hebelwirkung Marketing für ein Unternehmen hat.

Weitere Optimierungen könnten erzielt werden, indem man die Bruttomarge durch Preiserhöhungen steigert oder bessere Konditionen mit dem Großhandel aushandelt. Vielleicht könnte man mithilfe von mehr Automatisierung und Unternehmenssystemen die Ausgaben für das operative Geschäft senken.

Der Punkt ist, wenn Sie Ihre Schlüsselkennzahlen messen, steuern und verbessern, auch wenn es nur um wenige Prozent ist, kann das riesige Auswirkungen auf Ihr Endergebnis haben. **Kleine Scharniere bewegen große Türen**.

Es gibt noch viele weitere Schlüsselkennzahlen, die Sie messen und steuern müssen. Wie in Kapitel 3 beschrieben, sind die Kosten für die Kundenakquise eine wichtige Kennzahl, mit deren Hilfe Sie herausfinden können, wie viel Sie für Medien ausgeben, um die Aufmerksamkeit eines neuen potenziellen Kunden zu wecken und ihn in einen tatsächlichen Kunden umzuwandeln. Dadurch wiederum finden Sie heraus, welchen Return on Investment Ihnen dieses spezielle Medium bringt.

Wie bereits in diesem Kapitel erwähnt, sollte Ihr Unternehmen die Möglichkeit eines Abonnements oder regelmäßiger Wiederholungen haben. Wenn das noch nicht der Fall ist, ist es etwas, was Sie dringend implementieren müssen. Hier sind einige der Schlüsselkennzahlen, die Sie beim Abonnementgeschäft oder regelmäßig stattfindenden Transaktionen messen und steuern müssen:

- **Regelmäßiger monatlicher Umsatz**: die Summe Ihrer regelmäßigen Einkünfte. Diese Zahl soll mit der Zeit ansteigen. Wenn sie stagniert oder abnimmt, haben Sie entweder ein Problem mit Kundenabwanderung oder ein Problem mit Kundenakquise.
- **Kundenabwanderungsrate**: der Prozentsatz von Abonnementkunden, die ihr Abonnement kündigen oder aufhören, bei Ihnen zu kaufen. Es ist großartig, wenn man seinen Korb füllt, aber nicht, wenn er ein Loch hat, aus dem alles schnell wieder herausfällt.
- **Customer Lifetime Value**: die Schlüsselkennzahl, auf die sich dieses Kapitel fokussiert. Diese Zahl gilt es zu steigern, denn in ihr steckt das Geld.

Die beste Art, sein Unternehmen zu lenken und sicherzustellen, dass die Dinge in die richtige Richtung laufen, ist, die eigenen Schlüsselkennzahlen permanent im Blick zu haben. Dadurch vermeidet man böse Überraschungen bei den Quartals- oder Jahresfinanzberichten.

Ich empfehle Ihnen dringend, dass Sie diese Marketingkennzahlen sowie alle anderen wichtigen Kennzahlen in Ihrem Unternehmen im Auge behalten, und zwar auf einem Unternehmensdashboard. Ein Unternehmensdashboard kann etwas so Einfaches sein wie ein Whiteboard, auf dem die relevanten Zahlen jeden Monat oder jede Woche handschriftlich aktualisiert werden, oder es kann etwas technisch Anspruchsvolleres sein; zum Beispiel ein Echtzeitsystem oder eine interne Unternehmenswebseite. Kommerzielle Softwarelösungen wie Geckoboard können in Echtzeit automatisch Daten aus verschiedenen Quellen ziehen. Das macht das Messen und Steuern Ihrer Schlüsselkennzahlen einfach. Weitere Kennzahlen, die Sie vielleicht auf Ihrem Dashboard haben wollen, könnten die Kundenzufriedenheitsrate und die Anzahl an eingehenden Beschwerden sein.

Ein Unternehmensdashboard ist ein großartiges Frühwarnsystem vor Problemen und macht Ihre Arbeit für Sie und Ihr Team spannend, motivierend und messbar. Kluge Unternehmer verknüpfen damit auch Anreize, um bestimmte Kennzahlen zu erreichen. Sie könnten etwas so Informelles tun, wie das Team zum Essen einzuladen, wenn die Kundenabsprungrate unter einer bestimmten Marke bleibt, oder Sie könnten formalere Incentives einführen, indem Sie Performanceberichte und Boni an bestimmte Kennzahlen knüpfen.

Das tägliche, wöchentliche oder monatliche Messen, Steuern und Verbessern Ihrer Zahlen ist der Schlüssel für das Wachstum Ihres Unternehmens.

Ungesunder Umsatz und der ungleiche Euro

Die meisten Unternehmer stehen unter Druck, und unter dem Druck, wachsen und Umsatz erzielen zu müssen, macht man sich manchmal nicht genug Gedanken darüber, von welcher **Qualität** dieser Umsatz ist. In diesem Abschnitt möchte ich Ihnen das Konzept vom ungleichen Euro vorstellen. Es ist absolut wichtig, damit Sie sich einen Kundenstamm von begeisterten Fans aufbauen können, anstatt nur Transaktionskunden. Dies ist wesentlich für Ihren Erfolg. Der Unterschied zwischen einem Kunden, der nur eine Transaktion ist, und einem, der ein begeisterter Fan ist, ist riesig, selbst wenn die Geldsumme der Transaktion dieselbe ist. Das rührt daher, dass nicht jede Art Umsatz gut ist, und auch nicht jede Art Wachstum. Zum Beispiel bedeutet Krebs Wachstum, aber es ist nicht die Art Wachstum, die man will. Ebenso tödlich für ein Unternehmen ist das Wachstum von Umsatz der falschen Art.

Unternehmen brauchen Umsatz wie unser Körper Luft und Wasser. Kleine Unternehmen haben oft zu wenige Ressourcen, und so ist es verzeihlich, dass sie nicht allzu heikel damit sind, woher ihr Umsatz kommt. Oft befinden sie sich im Modus »von der Hand in den Mund«. Wenn Sie jedoch verschmutztes Wasser trinken oder verschmutzte Luft atmen, werden Sie krank. Auf ganz ähnliche Weise werden Sie, wenn Sie toxische Kunden annehmen, einen **ungesunden Umsatz** erzielen, der Ihr Unternehmen krank macht.

Mit anderen Worten, ein Euro von einem suboptimalen oder toxischen Kunden ist nicht das Gleiche wie ein Euro von einem begeisterten Kunden. Es ist absolut wichtig, dass Sie dieses Prinzip vom ungleichen Euro verstehen. Im Allgemeinen kann man Ihre Kunden in vier Kategorien einteilen[12]:

1. **Der Stamm**: Diese Kunden sind begeisterte Fans, Unterstützer und Cheerleader, die für Ihr Unternehmen werben und aktiv engagiert für Ihren Erfolg sind. Dies ist gesunder Umsatz, der Ihr Unternehmen aufbaut. Mehr von diesen Kunden zu gewinnen ist der Schlüssel zum Erfolg und zum Hyperwachstum Ihres Unternehmens.
2. **Die Abspringer**: Abspringer sind Kunden, die sich Ihre Produkte eigentlich weder von der Zeit noch vom Geld her leisten können. Da sie es sich nicht leisten können, haben Sie vielleicht zu viel in aggressiven Verkaufs- und Marketingtaktiken investiert, zu große Versprechen gegeben oder zu starke Preisnachlässe gewährt, um sie zum Kauf zu bewegen. Wenn diese Kunden merken, dass sie nicht hierhergehören, springen sie ab. Sie verlassen Sie, und wenn Sie zu viele von diesen Kunden haben, bekommen Sie eine »Abspringergrippe«, was für Ihr Unternehmen tödlich sein kann. Dieser Kundentyp kann Ihrem Unternehmen auch Markenprobleme machen, da sie sich oft abwenden und wieder auf den Markt zu-

---

[12] Ein Großteil der Konzepte in diesem Abschnitt wurden von Richard Tripp entwickelt, einem Spezialisten in Hyperwachstum und Schöpfer der POV-Methode, mit deren Hilfe man gesunden und ungesunden Umsatz unterscheiden kann.

rückkehren, und dort erzählen sie allen, dass Sie falsche Versprechungen machen, oder sie bezeichnen Sie als unehrlich.

3. **Die Vampire**: Anders als die Abspringer können sich Vampire Ihre Produkte leisten, aber **Sie können sich solche Kunden nicht leisten**. Sie verbrauchen überproportional viele Ressourcen im Vergleich zu Ihren durchschnittlichen Kunden, bezahlen aber dieselbe Summe wie andere Kunden. Sie sind meist nicht zufrieden mit Ihren Teams. Sie müssen immer mit dem CEO sprechen und sie terrorisieren und manipulieren den CEO oft, damit er sein Team im Interesse dieser Kunden terrorisiert.
4. **Der Schneeleopard**: Dies ist vielleicht Ihr größter Kunde, einer, der einen sehr großen Anteil an Ihrem Umsatz ausmacht und Ihnen eine Menge Geld bezahlt. Er ist auserlesen und schön, aber extrem selten, und es ist fast unmöglich, einen solchen nochmals zu finden. Die meisten Unternehmen haben einen Kunden wie diesen. Das sind meist auch noch Kunden, mit denen die Zusammenarbeit Spaß macht. Sie sind so wunderbar, dass das Team und das Management im Unternehmen immer gerne eine Menge Zeit mit ihnen verbringen. Insgesamt gesehen sind sie jedoch eine schlechte Investition, weil sie so selten sind, und deshalb keine gute Wachstumsstrategie darstellen.

Eine weitere, eher formalere Methode, um Kunden zu kategorisieren, ist der Net Promoter Score (NPS). Er wurde entwickelt, um die Kundenloyalität und -zufriedenheit zu messen. In der NPS-Terminologie sind Kunden entweder Promotoren, Detraktoren oder Indifferente. Der NPS kann von -100 (alle sind Detraktoren) bis zu +100 (alle sind Promotoren) reichen. Ein NPS, der positiv ist (das heißt höher als null), wird als gut empfunden, ein NPS von +50 wird als hervorragend betrachtet. Der Net Promoter Score wird aufgrund der Antworten auf eine einzige Frage errechnet: »Wie wahrscheinlich ist es, dass Sie unser Unternehmen/Produkt/Dienstleistung einem Freund oder Kollegen weiterempfehlen?« Die Antwort auf diese Frage wird meist mithilfe einer Skala von 1 bis 10 beantwortet. Wer mit einem

Wert von 9 oder 10 antwortet, gilt als »Promoter«. Wer mit einem Wert von 0 bis 6 antwortet, gilt als »Detraktor«. Wer mit 7 oder 8 antwortet, ist ein »Indifferenter«. Oft folgt auf die Bewertung eine offene Frage nach den Gründen für die Bewertung des Kunden. Diese Gründe können dann vom Management für Follow-up-Maßnahmen genutzt werden.

Ob Sie nun eher formale Kennzahlen verwenden wie den NPS mit seinen Begriffen, wie Promoter oder Detraktoren, oder ob Sie weniger formale Techniken und Begriffe verwenden, wie Stamm, Abspringer oder Vampir, um Ihre Kunden zu kategorisieren, es ist wichtig, dass Sie nicht alle Kunden und jeden Umsatz gleich bewerten. Lassen Sie sich nicht dazu verführen, zu denken, jeder Umsatz sei gut.

Feuern Sie Problemkunden

Wie, Kunden feuern? Das scheint den meisten Unternehmern ein sehr eigenartiges Konzept zu sein, die ja verzweifelt versuchen, neue Kunden und neue Geschäftsfelder zu finden. Es mag auch seltsam anmuten, dass wir in einem Buch, in dem es nur um Marketing und Kundenakquise geht, einen Abschnitt finden, in dem es über das Feuern von Kunden geht. Doch wie schon im letzten Abschnitt beschrieben, ist Euro nicht gleich Euro, und nicht jeder Umsatz ist gut. Sie werden irgendwann in die Situation kommen, in der Sie wissen, dass Sie toxische Kunden und ungesunden Umsatz haben. Sie wissen, das zieht Ihrem Unternehmen die Lebensenergie ab, und das kann nicht mehr so weitergehen.

Wenn Sie Problemkunden nicht feuern, kostet Sie das wahrscheinlich riesige Mengen an Zeit und Geld und die Situation verschlimmert sich immer mehr. Sie haben wahrscheinlich schon einmal den alten Spruch gehört: »Der Kunde hat immer recht.« Ich sage Ihnen hier, der Kunde hat eben nicht immer recht. Sondern der **richtige** Kunde hat immer recht. Wenn man dieses Klischee wörtlich und ernst nimmt, bedeutet das, dass Sie Ihr Geschäftsleben als Fußabstreifer fristen und Ihre Zeit damit verbringen, zu versuchen, Problemkunden wie Vampire oder Abspringer zufriedenzustellen oder zu halten. Doch im Unterschied zu Rotwein werden Problemkunden mit der Zeit nicht besser.

Zuerst muss ich aber etwas klarstellen. Ich spreche hier nicht von Kunden, die einen legitimen Grund für eine Beschwerde haben. Kunden, die eine echte Beschwerde haben, sind wertvolle Informationsquellen. Es sind oft genau Kunden dieser Art, die Ihnen helfen können, Schwachpunkte in Ihrem Unternehmen aufzudecken. Sie decken vielleicht sogar etwas auf, das Ihnen Einbußen beschert hat, ohne dass Sie es wussten, weil andere unzufriedene Kunden sich nicht beschwert haben – sie haben nur einfach aufgehört, bei Ihnen zu kaufen. Legitime Kundenbeschwerden zu bearbeiten und wiedergutzumachen kann die Beziehung zu diesen Kunden stärken und Ihr Unternehmen stabiler machen. Ein Kunde, der sieht, dass Sie auf seine echte Beschwerde reagieren und das Problem lösen, wird sehr wahrscheinlich wieder bei Ihnen kaufen und Sie weiterempfehlen. Er fühlt sich geschätzt, respektiert und ernstgenommen.

Definieren wir also »Problemkunden«. Es gibt einen Prozentsatz der Bevölkerung, der aus irgendeinem Grund nie zufrieden ist. Diese Leute neigen dazu, in die Kategorie Detraktor/Vampir/Abspringer zu fallen. Sie jammern ständig herum, sind unzufrieden und haben das Gefühl, dass sie jeder nur ausnutzen will. Sie könnten sie mit Gold überschütten und Ihr Produkt oder Ihre Dienstleistung kostenlos liefern, und sie würden immer noch etwas finden, worüber sie sich beschweren könnten. Diese Leute sind wie ein Krebsgeschwür, das Ihnen und Ihrem Unternehmen die Lebensenergie raubt. Ich schlage vor, Sie sehen zu, dass Sie sie so schnell wie möglich loswerden.

Ich habe in den verschiedensten Unternehmen und Branchen ausnahmslos festgestellt, dass es die niedrigwertigen, preisbewussten Kunden sind, die sich am meisten beschweren, unglaublich viel von Ihrer Zeit in Anspruch nehmen und bei denen man immer hinter der Bezahlung her sein muss. Die hochwertigen Kunden, die für Sie die profitabelsten sind, zahlen meist pünktlich, behandeln Sie mit Respekt und wissen Ihre Dienste zu schätzen. Das scheint kontraintuitiv, aber es hat sich in jedem Unternehmen bestätigt, für das ich je tätig war. Ich schlage vor, dass Sie im Rahmen von regelmäßigen Säuberungsaktionen diese niedrigwertigen Problemkunden feuern.

Als Unternehmer lassen wir uns oft von dem Gedanken täuschen, dass schon noch genug übrig bleiben wird und dass es sich insgesamt lohnt, wenn wir die Brutto-Verkaufszahlen betrachten. Doch wenn Sie über diese Kunden eine echte Gewinn-und-Verlustrechnung machen würden, bei der Sie auch die ganze Zeit miteinberechnen würden, die Sie damit verbringen, ihnen hinterherzulaufen und sie zu besänftigen, würden Sie sehr oft feststellen, dass Sie nur sehr wenig, wenn überhaupt irgendeinen echten Gewinn mit ihnen machen. Die meisten wären sogar ein Netto-Verlustgeschäft, wenn wir den geringen Wert miteinberechnen, den sie einbringen, im Verhältnis zu der Zeit und Energie, die Sie der Umgang mit ihnen kostet.

Ein weiterer Grund, aus dem Sie niedrigwertige Kunden feuern sollten, ist, dass diese Ihnen nicht nur Ihre finanziellen Ressourcen absaugen, sondern Sie verpassen dadurch auch andere Chancen. Wenn Sie Problemkunden feuern, werden dadurch wertvolle Zeit und Ressourcen frei, und die kann man dazu nutzen, sich auf bestehende Stammkunden zu konzentrieren, die Kundenbeziehung zu pflegen sowie neue Mitglieder für Ihren Kundenstamm zu akquirieren. Wenn die toxischen Kunden all Ihre Zeit und Energie aufbrauchen, sind es nämlich oft die hochwertigen, respektvollen Kunden, die dann weniger Aufmerksamkeit bekommen und darunter zu leiden haben. Geben Sie kein Öl auf die quietschenden Räder. Tauschen Sie sie aus.

Ihre Stammkunden sind die sprichwörtliche »gute Ehefrau«, die sich um das Zuhause kümmert und die Dinge am Laufen hält, während der Ehemann sich in Stripclubs herumtreibt und an den falschen Orten nach Liebe sucht. Ihre Stammkunden sind die Kunden, die bei Ihnen die Lichter am Brennen halten und die bei Ihnen bleiben und Sie weiterempfehlen, obwohl Sie sich darauf konzentrieren, die Vampire zu besänftigen, die Abspringer zu halten und Ihre Zeit und Ressourcen dem Schneeleoparden hinterherzuwerfen.

Wenn Sie die Detraktoren feuern, gibt Ihnen das die Zeit, die Sie brauchen, um Ihren hochwertigen Kundenstamm-Mitgliedern mehr

Aufmerksamkeit entgegenzubringen. Dies fördert die Loyalität und kann schnell in einer Steigerung des Customer Lifetime Value münden, der den Verlust des ungesunden Umsatzes bei Weitem ausgleicht.

Ein weiterer positiver Nebeneffekt, wenn Sie Problemkunden feuern, ist, dass es Knappheit schafft, ohne dass Sie unaufrichtig sein müssen. Es sendet eine Botschaft, dass Sie nur einen begrenzten Vorrat haben und dass Sie sehr bewusst auswählen, mit wem Sie zusammenarbeiten. Wenn der Vorrat begrenzt ist, müssen die Leute nach Ihren Regeln spielen und dementsprechend bezahlen.

Ein Unternehmen sollte doch auch Spaß machen. Wenn Sie zulassen, dass die Problemkunden Ihnen den ganzen Spaß verderben, dann verlieren Sie einen der größten Vorteile davon, ein eigenes Unternehmen zu führen. Wenn es keinen Spaß mehr macht und wenn es Ihnen schlechtgeht, kann das kein Geld der Welt kompensieren. Wenn es keinen Spaß mehr macht, ist es auch wahrscheinlich, dass Sie es nicht mehr richtig machen. Nehmen Sie sich also immer mal wieder die Zeit, zu überlegen, welche Kunden Ihnen den meisten Ärger in Ihrem Unternehmen machen, und dann schicken Sie ihnen die Nachricht, die sie verdient haben. Sie werden das Gefühl haben, dass man Ihnen eine schwere Last von den Schultern genommen hat, und Sie werden neue Energie haben, um sich auf hochwertige Stammkunden zu fokussieren.

Besser noch: Sie können zwei Fliegen mit einer Klappe schlagen, wenn Sie Ihre Problemkunden zu Ihren direkten Wettbewerbern schicken. So befreien Sie sich selbst von dem Problem und hängen es gleichzeitig Ihren Wettbewerbern an.

Kapitel 8 Aktionspunkt:

Wie werden Sie den Customer Lifetime Value steigern? Füllen Sie Feld #8 in Ihrem ***Marketingplan auf einer Seite*** aus.

EMPFEHLUNGEN ORCHESTRIEREN UND STIMULIEREN

Kapitel 9 – Vorschau

Empfehlungen zu orchestrieren und zu stimulieren ist ein aktiver Prozess. Viele Unternehmen wünschen sich Empfehlungen und hoffen darauf, aber sie haben kein bewusstes System, um sie hervorzurufen. Indem Sie ein paar einfache Taktiken implementieren, können Sie ständig fließende Empfehlungen zu einem zuverlässigen Teil Ihres Marketing machen.

Die Kernpunkte in diesem Kapitel sind:

- Warum es keine gute Strategie ist, sich auf Mund-zu-Mund-Propaganda zu verlassen.
- Wie man um Weiterempfehlung bittet, ohne bedürftig oder verzweifelt zu wirken.
- Das »Gesetz der 250« und wie es damit zusammenhängt, dass man einen ständigen Strom von Empfehlungskunden bekommt.
- Die Psychologie hinter dem Empfehlungsmarketing und wie man bestehende Kunden dazu bringt, einen weiterzuempfehlen.
- Wie man mit Joint Ventures ein Win-win-Szenario schafft.
- Wie man davon profitiert, den eigenen Kunden andere Unternehmen zu empfehlen.
- Was »Branding« wirklich ist und wie man Markenwert im eigenen Unternehmen aufbaut.

Empfehlungen orchestrieren und stimulieren

Machen Sie sich nicht von einem kostenlosen Mittagessen abhängig

Wann immer ich zu Unternehmern darüber spreche, wie sie sich vermarkten, wird »Mund-zu-Mund-Propaganda« fast immer als primäre oder einzige Form des Marketing genannt, auf die sie sich verlassen. Das hat mich lange Zeit schockiert, aber jetzt bin ich schon darauf gefasst. Wenn ich hier »Mund-zu-Mund-Propaganda« sage, dann spreche ich von der passiven Form, bei der Sie hoffen, dass sich, wenn Sie gute Arbeit abliefern, die Kunde davon schon verbreiten wird und weitere Kunden zu Ihnen kommen werden.

Sie haben sicher bemerkt, dass die Überschrift für dieses Kapitel nicht lautet »Dasitzen und auf Empfehlungen warten«. Nein, sie lautet: »Empfehlungen **orchestrieren** und **stimulieren**«. Das impliziert, dass Weiterempfehlungen eine Aktivität von Ihrer Seite verlangen. Doch viele Unternehmer sehen Empfehlungen als etwas an, das sie nicht in der Hand haben und das (hoffentlich) einfach so passiert. Doch auch wenn passives Marketing per Mund-zu-Mund-Propaganda ganz großartig ist, ist es eine extrem langsame und unzuverlässige Art, ein Unternehmen aufzubauen. Selbst wenn Sie alles richtig machen, kann es dennoch viele Jahre, ja sogar Jahrzehnte dauern, ein erfolgreiches Unternehmen allein auf der Basis von Mund-zu-Mund-Propaganda aufzubauen. Wie schon in Kapitel 3 beschrieben, ist es extrem gefährlich, nur eine einzige Quelle für Neukunden zu haben, aber wenn man diese Quelle noch nicht einmal kontrollieren kann, ist das doppelt gefährlich.

Mund-zu-Mund-Propaganda ist das Äquivalent zu einem kostenlosen Mittagessen. Es ist sicher ganz nett, wenn so etwas passiert, und Sie wissen es zu schätzen, aber wollen Sie sich wirklich darauf verlassen, um sich selbst und Ihre Familie zu ernähren? Wenn Sie sich allein auf Mund-zu-Mund-Propaganda verlassen, legen Sie Ihr Schicksal in die Hände anderer – in der Hoffnung, dass sie Sie sowohl mögen als auch sich oft genug an Sie erinnern, um regelmäßig Neukunden zu Ihnen zu schicken. Das ist ein extrem gefährlicher Weg. Wenn das, was Sie in Ihrem Unternehmen tun, so etwas Ähnliches ist, dann ist jetzt die Zeit, um damit zu beginnen, ein sehr viel robusteres Empfehlungsmarketing-System aufzubauen. Sie müssen Empfehlungen aktiv orchestrieren und stimulieren, anstatt nur darauf zu hoffen und zu warten.

Der Kern des Problems scheint zu sein, dass Unternehmer nicht bedürftig oder verzweifelt wirken wollen, wenn sie aktiv um Weiterempfehlung bitten. Sie haben das Gefühl, um Weiterempfehlung zu bitten, sei wie betteln oder jemanden um einen Gefallen zu bitten – und das ist sicher nicht die Position, die Sie meiner Meinung nach einnehmen sollten.

Es ist wichtig, die Psychologie hinter dem Empfehlungsmarketing zu verstehen, bevor wir uns den einzelnen Taktiken widmen. Denken Sie einmal an das letzte Mal, als Sie einem Freund ein Restaurant oder einen Film empfohlen haben. Haben Sie das getan, um dem Restaurantbesitzer oder der Kinobetreiber-Kette einen Gefallen zu tun? Wahrscheinlich nicht. Aller Wahrscheinlichkeit nach wollten Sie, dass Ihr Freund etwas Schönes erlebt. Sie haben die Empfehlung gegeben, weil **Sie** dadurch gut dastanden und ein gutes Gefühl hatten. Und genau das ist das Konzept, das wir in unserem Empfehlungsmarketing nutzen wollen, aber anstatt nur zu warten und zu hoffen, dass jemand uns entdeckt und weiterempfiehlt, wollen wir den Prozess orchestrieren und stimulieren. Wir wollen ihn kontrollierter und zuverlässiger machen.

Bittet, so wird euch gegeben

Erinnern Sie sich an den besten Verkäufer der Welt, Joe Girard, den wir in Kapitel 5 vorgestellt haben? Ein Grund, aus dem er anfing, einmal im Monat Grußkarten an seine Kundenliste zu verschicken, war das »Gesetz der 250«. Nachdem Joe auf einer katholischen Beerdigung gewesen war, warf er einen Blick in das Kondolenzbuch und zählte nach, wie viele Menschen bei jeder Beerdigung unterschrieben. Er bemerkte, dass es im Durchschnitt etwa 250 Menschen waren. Später verkaufte er ein Auto an einen Mann, der ein Beerdigungsinstitut hatte, und nach dem Verkauf fragte er ihn, wie viele Menschen im Durchschnitt die Beerdigungen besuchten, die er durchführte. Der Mann antwortete: »Ungefähr 250.« Ein anderes Mal waren Joe und seine Frau auf einer Hochzeit, und er fragte den Eigentümer des Cateringunternehmens, wie hoch die durchschnittliche Gästezahl auf Hochzeiten war. »Etwa 250 von der Brautseite und noch mal 250 vom Bräutigam«, lautete die Antwort. Da wurde Joe klar, dass die meisten Leute etwa 250 Menschen in ihrem Leben haben, die wichtig genug sind, um sie zu einer Hochzeit oder einer Beerdigung einzuladen. Daraus errechnete er, dass jede Person, mit der er Geschäfte machte, für 250 potenzielle Empfehlungen stand, wenn er gute Arbeit leistete, oder 250 Feinde, wenn er schlechte Arbeit leistete. Also begann er, Beziehungen aufzubauen, anstatt transaktional zu denken und nur Autos zu verkaufen. Eines der Dinge, die er tat, war, bei neuen Kunden nachzuhaken, und er fragte sie, wie ihr neues Auto lief. Wenn es gut lief, bat er um eine Weiterempfehlung. Wenn nicht, behob er das Problem und bat dann um eine Weiterempfehlung.

Das bringt uns zu **einer der besten Strategien, um im Geschäft und im Leben zu bekommen, was man will – einfach fragen oder darum bitten**.

So viele Menschen warten nur darauf, entdeckt zu werden, warten darauf, ausgewählt zu werden, warten darauf, dass man sie anspricht. Sie hingegen sind Unternehmer, das heißt, dass Sie die Dinge selbst in die Hand nehmen. Sie warten nicht einfach darauf, dass man auf Sie zukommt. In diesem Sinne ist eine der besten Methoden, um Empfehlungen zu bekommen, Kunden, denen Sie ein gutes Ergebnis geliefert haben, geradeheraus darum zu bitten. Es ist erstaunlich, wie viele Unternehmer auf Empfehlungen hoffen, aber nur selten darum bitten, und dabei kann es so einfach sein:

> *Herr Kunde, es war mir ein Vergnügen, mit Ihnen zu arbeiten. Wenn Sie jemanden kennen, der sich in einer ähnlichen Situation befindet wie Sie, würden wir uns freuen, wenn Sie ihm einen dieser Gutscheine über 100 Euro Ermäßigung für seinen ersten Besuch bei uns geben würden. Einer der Gründe, dass wir in der Lage sind, die Kosten für unseren Service so niedrig zu halten, ist, dass wir einen Großteil unserer Aufträge durch Empfehlungen von Menschen wie Ihnen erhalten.*

Was hier passiert, ist Folgendes:

- Wir würdigen den Kunden und appellieren an sein Ego. Menschen lieben es, gewürdigt zu werden.
- Wir bitten ihn nicht um einen Gefallen, sondern bieten ihm etwas von Wert an, das er jemandem in seinem Bekanntenkreis schenken kann.
- Wir geben ihm einen Grund, unser Unternehmen weiterzuempfehlen – einen Grund, der auch ihm direkt zugutegekommen ist.

Indem wir das Generieren von Empfehlungen als System aufbauen, steigern wir die Zuverlässigkeit von Mund-zu-Mund-Propaganda dramatisch. Auch wenn Sie nicht jeder weiterempfehlen wird, werden es doch viele tun, und das ist sicher besser, als nur passiv darauf zu hoffen.

Worauf Sie fast sicher zählen können, ist, dass Ihre Kunden andere Leute kennen, die ihnen ähnlich sind. Es liegt in der Natur des Menschen, dass er sich zu anderen hingezogen fühlt, die dieselben Vorlieben und Interessen haben und in derselben Situation sind wie sie selbst.

Eine weitere ausgezeichnete Strategie ist es, Kunden während des Verkaufsprozesses oder bei der Kundenakquise wissen zu lassen, dass Sie von ihnen **erwarten**, dass sie Sie weiterempfehlen, als natürliche Folge dessen, dass sie mit Ihnen Geschäfte machen.

> *Herr Kunde, ich werde alles tun, damit Sie zufrieden sind, aber ich brauche auch Ihre Hilfe. Die meisten unserer neuen Aufträge kommen durch Empfehlungen zustande. Das heißt, dass wir uns die Kosten für Werbung sparen, um neue Kunden zu gewinnen, und die Kostenersparnis direkt Ihnen zugutekommen lassen. Meist bekommen wir etwa drei Empfehlungen von jedem neuen Kunden. Wenn wir unsere Zusammenarbeit abgeschlossen haben und Sie mit unserer Arbeit 100-prozentig zufrieden sind, wäre ich Ihnen sehr dankbar, wenn Sie an die drei oder mehr Menschen denken könnten, denen wir ebenfalls helfen könnten.*

Analysieren wir das erneut. Folgendes tun wir mit unserem Text:

- Wir lassen den Kunden wissen, dass er ein großartiges Ergebnis bekommen wird.
- Wir zeigen ihm den direkten Nutzen, den er davon haben wird, oder schon hat, wenn er uns weiterempfiehlt.
- Wir schaffen eine Erwartungshaltung über eine bestimmte Anzahl von Empfehlungen (ohne zu aufdringlich zu sein), sodass er schon einmal anfangen kann, darüber nachzudenken, wer infrage käme.
- Wir überlassen dem Kunden die Entscheidung, indem wir ihm sagen, dass seine Empfehlung davon abhängt, dass wir eine gute Leistung erbringen.

Sich auf den guten Willen anderer zu verlassen, ist nicht meine Vorstellung von Unternehmertum. Indem Sie die Zuverlässigkeit des Marketings durch Mund-zu-Mund-Propaganda erhöhen, gewinnen Sie die Kontrolle über Ihren Lead Flow zurück und schaffen eine solide Grundlage für schnelles Unternehmenswachstum.

Wie Sie den Zuschauereffekt überwinden

Es ist eine Sache, um Weiterempfehlungen zu bitten, aber wie man darum bittet, kann dramatische Auswirkungen auf die Qualität der Empfehlungen haben, die Sie bekommen, und auf die Wahrscheinlichkeit, dass diese Empfehlungen konsistent stattfinden.

Der Zuschauereffekt ist ein Phänomen, das auftritt, wenn eine große Menschenmenge sich um einen Unfall oder den Tatort eines Verbrechens herum versammelt, und zwar nur, um Zuschauer zu sein. Jeder in der Menge nimmt an, dass schon irgendjemand eingreifen, helfen oder einen Notruf absetzen wird. Das Endergebnis ist, dass das schreckliche Ereignis noch verschlimmert wird, weil niemand die Initiative ergreift, um zu helfen.

Wie kann es sein, dass ein normaler Mensch sieht, wie andere in Not sind, und nichts tut, um zu helfen? Tatsache ist, sehr wahrscheinlich haben Sie selbst so etwas bis zu einem gewissen Grad auch schon einmal getan. Haben Sie schon einmal Ihr Auto abgebremst, während Sie auf der Autobahn an einem Unfall vorbeifuhren, um zu sehen, was da los ist, sind aber dann weitergefahren, weil Sie annahmen, dass schon irgendjemand anders den Beteiligten hilft? Das ist der Zuschauereffekt. Er tritt ein, weil man sich nicht persönlich verantwortlich fühlt. Sie sind nicht direkt beteiligt an dem Unfall, und somit verpufft das Verantwortungsgefühl.

Ich habe schon an Geschäftsnetworking-Meetings und Events teilgenommen, bei denen die Teilnehmer aufstanden und so etwas sagten wie: »Wenn Sie jemanden kennen, der Dienstleistung X braucht, bitte empfehlen Sie mich.« Der Klempner steht auf und sagt: »Wenn Sie jemanden kennen, der einen qualifizierten Klempner braucht, empfehlen Sie mich bitte weiter.« Dann steht der IT-Mensch auf und sagt: »Wenn Sie irgendjemanden kennen, der Hilfe beim Upgraden seines Computersystems braucht, schicken Sie ihn bitte zu mir.« Wer ist eigentlich »irgendjemand«? Es ist jemand *anders*; das ist »irgendjemand«. Das ist natürlich die perfekte Zutat für den Zuschauereffekt, wenn es um Empfehlungen geht. Das Ergebnis ist, dass unsere

Freunde, der Klempner und der IT-Techniker, keine Empfehlungen bekommen.

Beim Erste-Hilfe-Training lernt man, in einer Menschenmenge gezielte Anweisungen an bestimmte Leute zu geben. Man lernt, dass man nicht schreien soll: »Ruft mal jemand einen Krankenwagen« oder: »Holt mal jemand eine Decke.« Wie wir schon sagten, »jemand« ist jemand anders. Was man hingegen lernt, ist, Augenkontakt aufzunehmen, auf eine bestimmte Person zu zeigen und dieser Person genaue Anweisungen zu geben. Sie zeigen direkt auf den Mann mit dem grünen Hut und sagen: »Sie, rufen Sie einen Krankenwagen.« Sie zeigen auf die Frau im gelben Pulli und sagen: »Sie, holen Sie eine Decke.«

Jetzt haben Sie bestimmte Menschen, die bestimmte Aufgaben zu erfüllen haben. Ein persönliches Verantwortungsgefühl kommt ins Spiel, und die Chancen, dass diese Aufgaben erledigt werden, steigen exponentiell.

Dasselbe gilt auch für Empfehlungen. Sie müssen sehr genaue Angaben machen, wenn Sie um Empfehlungen bitten; das erhöht die Chancen deutlich, dass diese auch wirklich stattfinden.

Um die Funktionsweise von Empfehlungen besser verstehen zu können, müssen wir zunächst verstehen, dass alle Empfehlungen in Form eines Gesprächs zwischen zwei oder mehr Leuten stattfinden. Wenn diese Gespräche stattfinden, müssen drei Voraussetzungen erfüllt sein, damit jemand eine Empfehlung für Sie ausspricht:

1. Der Beteiligte muss bemerken, dass das Thema des Gesprächs das ist, was auch immer Ihr Geschäft ist.
2. Der Beteiligte muss sich an Sie erinnern.
3. Der Beteiligte muss Sie ins Gespräch einfließen lassen und Sie schließlich der Person vorstellen, mit der er spricht.

Wenn Sie also zum Beispiel ein Finanzberater sind, bitten Sie nicht auf so vage, wenig greifbare Art um Empfehlung, wie etwa: »Wenn Sie von jemandem hören, der einen Finanzberater braucht, empfehlen Sie mich bitte weiter.«

Erstens braucht niemand je einen Finanzberater; was die Leute brauchen, ist eine Lösung für ein bestimmtes Problem, das ein Finanzberater für sie lösen kann. Zum Beispiel stehen sie vielleicht kurz vor der Rente und wollen sicherstellen, dass sie im Rentenalter genug Geld haben, um ein komfortables Leben zu führen. Sie beginnen also mit einem bestimmten Problem, das der potenzielle Kunde hat, und das Sie lösen können.

Als Nächstes müssen Sie überlegen, wer Sie weiterempfehlen könnte. Also gehen Sie Ihre Kundendatenbank durch, und Ihnen fällt auf, dass Sie mehrere Immobilienmakler darin haben. Es ist ganz logisch, anzunehmen, dass jemand, der kurz vor dem Rentenalter steht, sich überlegt, in eine kleinere Wohnung zu ziehen. Vielleicht sind die Kinder erwachsen geworden, haben die Schule oder die Uni abgeschlossen und sind ausgezogen. Also sitzen diese Kunden jetzt in einem Haus, das für sie zu groß ist, und die Instandhaltungskosten sind ihnen zu hoch. Sie denken vielleicht darüber nach, zu verkaufen, und suchen stattdessen nach etwas Kleinerem mit niedrigeren Instandhaltungskosten.

Und schließlich ist vielleicht auf lokaler oder nationaler Ebene irgendetwas passiert, was die Leute, die im Rentenalter oder kurz davor sind, dazu bringt, in Rente zu gehen oder zumindest darüber nachzudenken. Vielleicht hat ein multinationales Unternehmen vor Kurzem einen Standort geschlossen oder es gab eine Gesetzesänderung, die sich auf die Renten auswirkt.

Jetzt können Sie viel gezielter vorgehen. Sie könnten eine E-Mail an Ihre sechs Immobilienmakler-Kunden senden, in der etwas wie dies hier steht:

Hey Bob,
wenn Du irgendjemanden kennst, der ein Haus kaufen oder verkaufen will, oder der im Rentenalter ist und vor Kurzem entlassen wurde, dann habe ich etwas, das diesen Leuten aus meiner Sicht wirklich weiterhelfen würde. Ich habe ein Informationsblatt zusammengestellt mit dem Titel »7 Tipps, wie Sie Ihr Abfindungs-

paket richtig nutzen und für Wohlstand im Ruhestand sorgen«. Wenn Du irgendjemanden kennst, der das brauchen könnte, bitte ruf mich an oder schreib mir eine Nachricht, und ich schicke Dir das Infoblatt, damit Du es weitergeben kannst.

Sehen Sie, was hier passiert? Erstens gehen Sie sehr gezielt vor, von wem Sie eine Empfehlung erbitten und welche Art von Empfehlung Sie bekommen wollen. Zweitens knüpfen Sie an eine Situation an, die für jemanden ein Auslöser sein könnte, dass er Ihre Dienste brauchen könnte.

Drittens: Sie bitten nicht um eine kalte Empfehlung, bei der der Empfehlende seinen Kunden dazu bringen muss, Sie anzurufen, oder Ihnen die Kontaktdaten des Kunden geben muss. Das sollten Sie aus dem Grund nicht tun, weil Sie noch kein Vertrauensverhältnis mit dem potenziellen Kunden aufgebaut haben. Er ist vielleicht noch nicht einmal bereit, mit irgendjemandem darüber zu reden.

Und schließlich haben Sie eine Situation geschaffen, in der auch der Empfehlende, in diesem Fall der Immobilienmakler, gut dasteht. Er bietet seinem Kunden einen Mehrwert bei der Lösung eines Problems, das ihn wahrscheinlich sehr beschäftigt.

Verstehen Sie, wie die Empfehlung hier **orchestriert** wird, und nicht nur passiv erhofft?

Wenn Sie es ernsthaft angehen wollen, Empfehlungen zu generieren, gehen Sie Ihre Datenbank der Bestandskunden systematisch durch und erstellen ein Empfehlungsprofil für jede größere Kundengruppe oder jeden Kundentyp. Wen kennen sie? Welcher Auslöser wird sie an Sie erinnern? Wie schaffen Sie es, dass sie dabei gut dastehen? Wie helfen Sie ihnen, den Personen einen Mehrwert zu bieten, an die Sie weiterempfohlen werden wollen?

Wenn Sie nach und nach diese Fragen beantworten und Empfehlungsprofile erstellen, können Sie das Empfehlungsmarketing zu einer gezielten, systematischen Quelle für neue Leads machen, anstatt nur passiv darauf zu hoffen, dass diese Empfehlungen zufällig stattfinden.

Wo waren Ihre Kunden, bevor sie zu Ihnen kamen?

Als Unternehmer sehen wir das Kaufverhalten unserer Kunden oft nicht im Ganzen. Wir sehen nur ihre Interaktion mit uns und vermarkten uns so, dass wir immer mehr Kundeninteraktionen akquirieren.

Dagegen ist natürlich nichts einzuwenden. Aber wenn wir uns einmal das große Ganze ansehen, entdecken wir Gewinne, die uns zuvor verborgen waren. Das ist, als würden Sie in einer Jacke, die Sie lange nicht mehr anhatten, einen 50-Euro-Schein finden, nur auf viel größerer und gewinnträchtigerer Ebene!

Die Transaktion Ihres Kunden mit Ihnen ist nur eine von vielen, die er an diesem Tag tätigt.

Vor der Transaktion mit Ihnen hat er mit jemand anderem Geschäfte gemacht, und nach Ihnen wird er wieder mit jemand anderem Geschäfte machen.

Diese Transaktionen können miteinander im Zusammenhang stehen oder auch nicht, aber eines ist sicher: Irgendjemand hatte Ihre Kunden vor Ihnen, und aller Wahrscheinlichkeit nach hat dieser Jemand bereits ziemlich viel Geld für Vertrieb und Marketing ausgegeben, um diesen Kunden zu akquirieren.

Wenn Sie Unternehmen finden, die Ihr Angebot ergänzen, und bei denen Ihr Kunde vor dem Kauf bei Ihnen gekauft hat, entdecken Sie dadurch vielleicht ungenutzte Gewinnchancen in Ihrem Unternehmen. Wenn Sie mit einem oder mehreren dieser Unternehmen, die nicht im direkten Wettbewerb mit Ihnen stehen, ein Joint Venture (JV) schließen, ist das möglicherweise eine billige oder kostenlose Quelle für Leads.

Wenn Sie Anwalt sind, könnte ein Buchhalter eine gute Quelle für neue Kontakte sein. Wenn Sie Autopfleger sind, könnte ein Mechaniker Ihre Quelle für Leads sein. Wenn Sie Tierfutter verkaufen, könnte ein Tierarzt Ihre ideale Quelle für neue Kunden sein.

Das mag naheliegend erscheinen, doch es wird nur selten gemacht, und noch seltener gut gemacht.

Der Aufbau eines Joint Venture kann kompliziert sein. Der naheliegendste und direkteste Weg wäre eine Art Finderlohn oder eine Provision für eingehende Leads oder Verkäufe.

Doch manche Unternehmer haben vielleicht kein gutes Gefühl dabei, wenn sie mit den Leads, die sie Ihnen schicken, Geld verdienen, und in manchen Branchen ist das vielleicht sogar illegal. Es ist zwar klug, für Leads von bekannten Kunden zu zahlen, die noch »heiß« sind, doch es gibt auch andere, weniger direkte Methoden, die ebenso gut oder sogar noch besser funktionieren.

Eine wunderbare Strategie sind Geschenkkarten oder Gutscheine für Ihre Produkte oder Dienstleistungen. Sagen wir zum Beispiel, Ihr Geschäft ist »Mikes Tierwelt«, Sie haben einen Laden für Tiernahrung. Sie könnten ein Arrangement mit einem ortsansässigen Tierarzt treffen. Finden Sie heraus, welches Tierfutter dieser Tierarzt empfiehlt, und dann erstellen Sie einen Gutschein oder eine Geschenkkarte, die dieser an neue Kunden verteilen kann.

Das Schöne daran ist, dass es allen Beteiligten zugutekommt, es gibt keinen Verkaufsdruck und keinen Interessenskonflikt. Der Tierarzt sagt vielleicht: »Ich empfehle Ihnen Hundefutter XYZ. Sie können das in den meisten Tiernahrungsgeschäften kaufen, aber Sie sind ein guter Kunde, hier haben Sie einen Gutschein über 50 Euro, den Sie bei ›*Mikes Tierwelt*‹ einlösen können, gleich ein paar Häuser weiter in dieser Straße. Die haben da immer jede Menge XYZ-Hundefutter vorrätig.«

Das ist für alle Beteiligten eine Win-win-Situation. Der Tierarzt verschafft sich großes Wohlwollen beim Kunden, weil er ihm im Grunde 50 Euro schenkt. Der Kunde bekommt einen unverhofften Rabatt. Sie, als Eigentümer von »*Mikes Tierwelt*«, akquirieren einen neuen Kunden, dessen Lifetime Value potenziell riesig ist, im Austausch gegen einen Gutschein mit einem Nennwert von 50 Euro (und einem Großhandelswert, der viel niedriger ist). Sie bekommen auch einen Großteil des Wohlwollens, das der Kunde schon gegenüber seinem Tierarzt hat.

Sicher lösen nicht alle Kunden ihre Geschenkkarten oder Gutscheine ein, aber die große Mehrheit tut es dennoch. Es fühlt sich zu sehr nach Geld verschenken an, etwas wegzuwerfen, das einen Geldwert hat. Sagen wir, vorsichtig kalkuliert beträgt der durchschnittliche Customer Lifetime Value eines Neukunden in Ihrer Tiernahrungshandlung 5000 Euro.

Sie haben also einen Teil des Gewinns aus einem Verkauf verschenkt, den Sie ansonsten nie gemacht hätten. Genial!

Umgekehrt sollten Sie auch beachten, wer Ihre Kunden bekommt oder haben will, nachdem Sie sie bedient haben. Das kann zu einer großartigen sekundären Einnahmequelle für Sie werden und gleichzeitig den Wert Ihres Angebots für den Endkunden erhöhen. Hier ein paar Methoden, wie Sie Ihren bestehenden Kundenstamm auf diese Weise gewinnbringend nutzen können:

- **Verkaufen Sie die Leads**: Es gibt höchstwahrscheinlich jemanden in einem ergänzenden, aber nicht konkurrierenden Geschäftszweig, der bereit wäre, für »heiße«, qualifizierte Leads viel zu bezahlen. Hier gilt es allerdings zuvor sicherzustellen, dass Sie die ausdrückliche Erlaubnis Ihrer Kunden zur Weitergabe der Daten haben.
- **Tauschen Sie die Leads**: Wenn Sie das nicht wollen oder es nicht angemessen ist, Leads gegen Bezahlung herauszugeben, können Sie den gegenseitigen Austausch von Leads mit jemandem in einem komplementären Geschäftsbereich vereinbaren. Dieser schickt Ihnen seine Kunden und Sie schicken ihm Ihre Kunden. Doch auch hier gilt die gleiche Voraussetzung wie beim Verkauf von Leads: Geben Sie niemals vertrauliche Daten Ihrer Kunden ohne deren Zustimmung weiter.
- **Weiterverkauf von ergänzenden Produkten und Dienstleistungen**: Sie können ergänzende Produkte und Dienstleistungen zu Großhandels- oder White-Label-Konditionen einkaufen und diese an Ihren Kundenstamm weiterverkaufen. Der Vorteil dieses Modells ist, dass Sie die volle Kontrolle über die Beziehung zum Kunden behalten und keine Kundendaten an Dritte weitergeben.
- **Werden Sie Empfehlungspartner**: Dies ähnelt dem Verkauf von Leads, mit dem Unterschied, dass Sie nicht pro Lead bezahlt wer-

den, sondern eine Provision für die Verkäufe erhalten, die von dem von Ihnen empfohlenen Dritten getätigt werden. Dies kann äußerst profitabel sein, insbesondere für Vereinbarungen, gemäß derer Sie eine fortlaufende Provision für alle zukünftigen Verkäufe erhalten. Sie empfehlen jemanden einmal und werden auf ewig bezahlt (oder zumindest lange Zeit). Viele haben in Branchen wie Versicherung, Telekommunikation und Finanzen auf der Grundlage dieses Modells hochprofitable Unternehmen aufgebaut.

Achten Sie darauf, wer Ihre Kunden vor Ihnen und nach Ihnen hat, und suchen Sie nach Möglichkeiten, aus beiden Richtungen Mehrwert zu schöpfen. Das kann zu einer wichtigen Quelle für Neukunden und neues Einkommen für Ihr Unternehmen werden.

Wie Sie Ihre Marke aufbauen

Es herrscht enorme Verwirrung darüber, besonders bei kleinen Unternehmen, was eine Marke ist. Eine Recherche im Internet bringt eine große Bandbreite an verschiedensten Antworten, wie die folgenden:

- Sie ist die emotionale und psychische Beziehung, die Sie mit Ihren Kunden haben.
- Sie ist eine Produktart, die von einer bestimmten Firma unter einem bestimmten Namen hergestellt wurde.
- Sie ist der Name, der Begriff, das Design, das Symbol oder jedes andere Merkmal, anhand derer man das Produkt eines Anbieters von dem der anderen Anbieter unterscheiden kann.
- Sie ist die Idee oder das Image eines speziellen Produkts oder einer Dienstleistung, mit denen sich die Konsumenten verbunden fühlen, indem sie sich mit dem Namen, dem Logo, dem Slogan oder dem Design des Unternehmens identifizieren, dem diese Idee oder das Image gehören.

All das deckt jeweils nur einen Teil der Antwort ab. Ich für mein Teil räume gerne überflüssiges Gerümpel aus und halte die Dinge einfach. Hier ist also meine Definition: Eine Marke ist die Persönlichkeit eines Unternehmens. Man kann sogar das gut verständliche Wort »Persönlichkeit« als direktes Synonym für „Marke" verwenden. Dadurch wird die Bedeutung des Begriffs sofort klar.

Stellen Sie sich Ihr Unternehmen als Person vor. Welche Eigenschaften machen seine Persönlichkeit aus?

- Wie heißt es?
- Welche Kleidung trägt es (z. B. Design)?
- Wie kommuniziert es? (z. B. Positionierung)
- Welches sind seine Werte, und wofür steht es? (z. B. Markenversprechen)
- Mit wem wird es assoziiert? (z. B. Zielmarkt)
- Ist es bekannt? (z. B. Markenbewusstsein)

Diese Persönlichkeit unterscheidet sich dramatisch von Unternehmen zu Unternehmen. Toyota und Rolls-Royce produzieren beide ein Produkt mit derselben Funktion, aber ihre jeweiligen Antworten auf die oben gestellten Fragen fallen sehr unterschiedlich aus.

Manche kleinen Unternehmen schielen auf die glamourösen Werbekampagnen von bekannten Marken wie Apple, Coca-Cola und so weiter und nehmen irrtümlich an, dass sie ebenfalls Zeit, Geld und Mühen darauf verwenden müssen, um ein »Markenbewusstsein« aufzubauen. Das hieße aber, das Pferd von hinten aufzuzäumen. Lassen Sie mich eine Frage stellen: Was war zuerst da, der Verkauf oder das Markenbewusstsein? Der Verkauf natürlich. Es stimmt zwar, dass Markenbewusstsein den Verkauf fördert, wenn Unternehmen größer werden. Aber schauen Sie nicht darauf, was sie heute als große Unternehmen tun. Schauen Sie darauf, was diese Unternehmen taten, um überhaupt erst groß zu werden.

Als sie noch klein waren, haben sie sicher keine riesigen Geldsummen für glamouröse Werbung und Markenbewusstsein ausgegeben.

Sie versuchten, voranzukommen, schlossen Verträge und verkauften ihre Produkte. Wenn sich Apple und Coca-Cola anfangs nicht auf den Verkauf konzentriert hätten, gäbe es sie heute gar nicht, und es gäbe sicher auch kein Markenbewusstsein für sie.

Deshalb sage ich den Inhabern kleiner Unternehmen immer, die beste Form von Markenbildung ist verkaufen. Wenn die Marke die Persönlichkeit eines Unternehmens ist, welche bessere Möglichkeit gibt es dann, diese Persönlichkeit zu verstehen, als bei diesem Unternehmen zu kaufen?

Wie wir schon zu Beginn dieses Buches sagten, ist es ein schwerer Fehler, zu versuchen, die Marketingmethoden der großen Unternehmen nachzuahmen.

Letzten Endes ist Branding etwas, das man tut, **nachdem** jemand bei Ihnen gekauft hat, Sie tun es nicht, um jemanden dazu zu bewegen, bei Ihnen zu kaufen. Genauso wie man ein Gefühl für die Persönlichkeit eines Menschen bekommt, nachdem man mit ihm zu tun hatte, ist es auch mit Ihrem Unternehmen und seiner Persönlichkeit oder Marke.

Der Markenwert ist das gute Gefühl, das Sie aufbauen und das die Menschen dazu bringt, mit Ihnen und nicht mit Ihrem Wettbewerber Geschäfte zu machen. Ich habe schon mal gehört, dass man Markenwert so beschreibt, dass Kunden die Straße überqueren, um bei Ihnen zu kaufen, obwohl es ein ähnliches Geschäft mit einem ähnlichen Produkt auch auf ihrer Straßenseite gibt.

Die Dinge in Ihrem Unternehmen, die Kunden dazu bringen, im übertragenen oder buchstäblichen Sinn »die Straße zu überqueren«, um bei Ihnen zu kaufen, sind Ihr Markenwert. Er kann sich in Form von Kundentreue, Wiederholungsgeschäften oder sogar in einem Preisaufschlag manifestieren, den Sie für Ihr Produkt oder Ihre Dienstleistung verlangen können. Wichtig ist auch, dass er der Schlüssel dazu ist, den positiven Kreislauf von Weiterempfehlungen anzustoßen.

Für mich zeigt sich das nirgends deutlicher als in den langen Schlangen von Leuten, die sich anstellen, um das neueste Apple-Gerät zu ergattern, während die Wettbewerber viel weniger Nachfrage erleben, obwohl sie jede Menge Geräte vorrätig haben und man dort nicht anstehen muss. Diese Art Markenwert entsteht, weil Kunden in der Vergangenheit großartige Erfahrungen gemacht haben, was diese Kunden zu begeisterten Fans macht. So etwas kann man einfach nicht durch aufgeblasene »Markenbewusstseinskampagnen« kaufen. Niemand bei Apple muss einen darum bitten, es seinen Freunden zu erzählen. Man tut es einfach, weil sie so einen unglaublichen Markenwert aufgebaut haben.

Wenn Sie ein kleines Unternehmen führen, haben Sie die größte Chance, dies nachzuahmen, wenn Sie sich auf den Verkauf konzentrieren und dann Ihre Kunden zu begeisterten Fans machen. Das ist der Rat, den ich jedem Inhaber eines kleinen bis mittleren Unternehmens gebe, der an seinem Branding arbeiten will.

Kapitel 9 Aktionspunkt:

Wie werden Sie Empfehlungen orchestrieren und fördern? Füllen Sie Feld #9 in Ihrem ***Marketingplan auf einer Seite*** aus.

Fazit

Überblick über die behandelten Themen

NUN HABEN WIR AUF UNSERER REISE über die neun Felder des *Marketingplans auf einer Seite* ziemlich viel abgedeckt. An dieser Stelle ist es ratsam, einen Schritt zurückzutreten und sich den Lebenszyklus des Direct-Response-Marketing einmal aus der Vogelperspektive anzusehen.

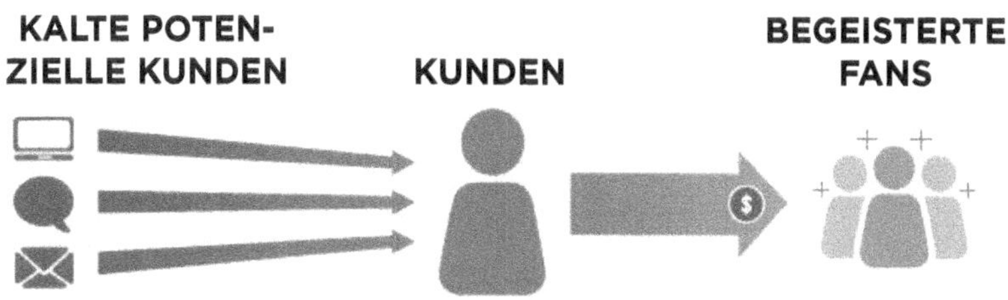

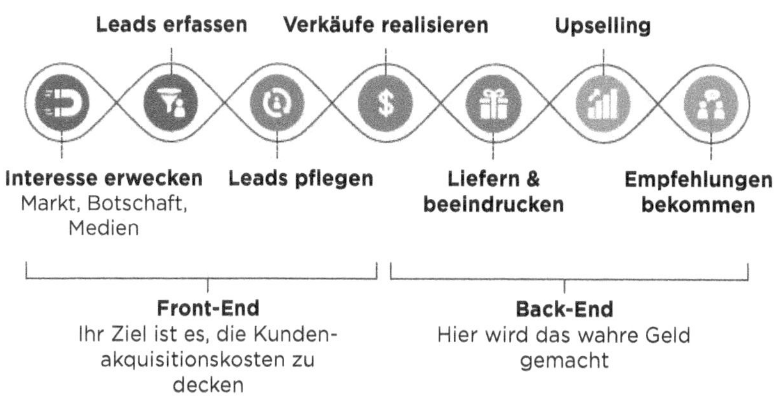

Dies, kombiniert mit Ihrer persönlichen Version des *Marketingplans auf einer Seite*, wird Ihnen eine solide Grundlage für ein erfolgreiches Marketing Ihres Unternehmens liefern.

Wie schon in den Danksagungen erwähnt, sind nur sehr wenige, wenn überhaupt irgendwelche der Ideen in diesem Buch meine eigenen Erfindungen. Sie sind größtenteils bewährte Strategien, Taktiken und Konzepte, die jahrzehntelang von den Meistern des Direct-Response-Marketings getestet und geprüft wurden. Der Marketingplan auf einer Seite ist jedoch bahnbrechend in der **Umsetzung** dieser Konzepte. Er wurde entwickelt, um das Konzept des Direct-Response-Marketing drastisch zu vereinfachen, sodass Sie es in Ihrem Unternehmen sehr schnell anwenden können. Denken Sie daran, es geht darum, dass es umgesetzt wird. Ich wiederhole es noch einmal: **Wissen und nichts tun ist dasselbe wie nicht wissen.** Sie müssen Fehler machen, riskieren, sich selbst zum Narren zu machen, und in sich selbst und Ihr Unternehmen investieren. Meiner Erfahrung nach scheitern Unternehmer bei der Umsetzung meist aus einem der folgenden drei Gründe:

1. **Paralyse durch Analyse**: Sie versuchen, immer mehr zu erfahren, oder verheddern sich darin, dem neusten glamourösen Werbegag hinterherzulaufen, in der Hoffnung, dass sie gleich beim allerersten Mal alles perfekt hinbekommen. Man bekommt beim ersten Mal niemals alles perfekt hin. Sie lernen es nur, indem Sie es tun. Lassen Sie nicht zu, dass Sie es aufschieben, weil Sie in Perfektionismus verfallen. Denken Sie daran: **80 Prozent draußen ist besser als 100 Prozent in der Schublade**. Erfolgreiche Unternehmer haben eine Neigung, aktiv zu werden, Dinge schnell zu implementieren und dabei ihren Kurs zu korrigieren. Einer meiner ersten Mentoren würde sagen: »Geld liebt Schnelligkeit.« Die beste Zeit, um einen Baum zu pflanzen, ist gestern. Die zweitbeste Zeit, um einen Baum zu pflanzen, ist heute. Wenn Sie es bisher aufgeschoben haben, für Ihr Unternehmen ein Marketingsystem aufzubauen und zu implementieren, ist es jetzt Zeit, diesen Baum zu pflanzen

und sofort loszulegen, damit Sie in der Zukunft die Früchte Ihrer Arbeit ernten können.

2. **Unfähigkeit zu delegieren**: Wie in Kapitel 5 erwähnt ist ein Unternehmen ein Teamsport. Ich kenne keinen erfolgreichen Unternehmer, der kein Team hinter sich hat. Sie haben nur 24 Stunden am Tag zur Verfügung, also ist die einzige Möglichkeit, an einem Tag mehr zu erreichen, die Zeit anderer Menschen zu nutzen. Noch wichtiger als die Zeit anderer Menschen ist das Fachwissen anderer Menschen. Das kann die Zeit, in der Sie Ihr Handwerk lernen, im Vergleich zum Versuch-und-Irrtum-Prinzip um Jahre verkürzen. Was Sie nicht wissen, **wird** Ihnen schaden. Wenn Sie Spezialisten mit Fachwissen einstellen, wird Ihnen das Zeit, Geld und eine Riesenmenge Frustration ersparen. Die Fähigkeit, unabhängige und manchmal auch schwierige Menschen dazu zu bringen, für Ihre Sache gemeinsam in eine Richtung zu gehen, ist eine Fähigkeit, deren Beherrschung Sie sich vornehmen sollten. Es ist das, was der selige großartige Jim Rohn »aus Katzen Herden bilden« genannt hat, und fast nichts zahlt sich mehr aus, als wenn man diese Fähigkeit beherrscht.
3. **»Mein Unternehmen ist anders«:** So ziemlich jedes denkbare Problem, das Sie haben oder haben werden, wurde bereits irgendwann von irgendjemandem gelöst. Viele dieser Lösungen für Ihre Marketingprobleme stehen in diesem Buch. Manche Unternehmer denken irrtümlich: »Mein Unternehmen ist aber anders, das wird bei mir nicht funktionieren«, oder: »Meine Kunden sind anders, die würden auf so etwas niemals reagieren.« Die Strategien und Taktiken, die in diesem Buch beschrieben werden, haben sich über viele Jahrzehnte in der Anwendung bewährt. Sie haben in fast allen nur denkbaren Unternehmenskategorien und Unternehmenstypen funktioniert, von Handel über Consulting über medizinische Dienstleistungen und viele, viele mehr. Der Grund, aus dem dieselben Prinzipien zu jeder Zeit und in sämtlichen noch so unterschiedlichen Unternehmenstypen funktionieren, ist, dass Sie es mit Menschen zu tun haben – reine Emotionsbündel. Daran

ändert sich nichts, egal zu welcher Zeit und in welcher Branche man operiert. Menschen verhalten sich auf auffallend vorhersehbare Weise, und deshalb weiß ich sicher, dass diese Prinzipien des Direct-Response-Marketing auch in Ihrem Unternehmen funktionieren **werden**. Verschwenden Sie keine Energie darauf, Gründe zu finden, aus denen diese Prinzipien bei Ihnen nicht funktionieren werden. Sie nutzen Ihre Energie viel besser, wenn Sie versuchen herauszufinden, wie Sie sie im eigenen Unternehmen zum Funktionieren bringen können.

Zeit ist nicht Geld

Als Unternehmer werden wir nur dafür bezahlt, dass wir dem Markt einen Mehrwert bringen – nicht für unsere Zeit. Sicher braucht man Zeit, um diesen Mehrwert zu liefern, aber bezahlt werden wir nur für den Mehrwert. Wenn wir dem Markt einen riesigen Mehrwert liefern, bekommen wir eine Riesensumme bezahlt. Wenn wir versagen, machen wir Verlust. Das ist ein Risiko, zu dem die meisten Leute nicht bereit sind. Die meisten wollen nach Zeit bezahlt werden – eine Stunde Arbeit, Lohn für eine Stunde. Sie wollen Verlust unter allen Umständen vermeiden. Gewinn machen ist für sie ganz nett, aber ihr wahres Ziel ist die Vermeidung von Schmerz. Daran ist nichts Falsches, aber die eine innere Haltung ist von der anderen meilenweit entfernt. Einfach gesagt, Unternehmer arbeiten **ergebnisorientiert**, während die meisten anderen Leute sich an der **Arbeitszeit und -leistung** orientieren.

Das Geld, das wir als Unternehmer verdienen, ist ein automatischer Nebeneffekt der Schaffung von Mehrwert. Wenn unser Fokus darauf liegt, dem Markt einen Mehrwert zu bringen, hält uns das davon ab, alle möglichen dummen Fehler zu machen. Wenn wir mit Kunden umgehen, werden wir die langfristige Zusammenarbeit vor Augen haben, anstatt nur einen einzelnen Verkauf zu tätigen oder schnelles Geld machen zu wollen. Die Produkte, die wir schaffen, oder die Dienstleistungen, die wir liefern, werden nicht halb ausgegoren sein. Die Fokussierung auf die Ursache (Mehrwert) anstatt auf die Wirkung (Geld verdienen) wird zu einem viel größeren und langfristigeren Erfolg führen.

Der größte Teil dieses Buches konzentriert sich darauf, Kunden durch effektives Marketing zu akquirieren, zu halten und zufriedenzustellen. Das sind die Aufgaben, die in Ihrem Unternehmen den meisten Mehrwert schaffen und für schnelles Wachstum sorgen. Fast alles andere sind Gemeinkosten.

Je öfter es uns gelingt, Mehrwert zu schaffen, indem wir Kunden akquirieren, halten und zufriedenstellen, desto mehr Gewinn schöpfen wir daraus. Leider lassen sich viele Unternehmer ablenken, indem sie »Unternehmer spielen«. »Unternehmer spielen« bedeutet, sich peripheren Aktivitäten zu widmen, die keinen echten Mehrwert schaffen. Beispiele für »Unternehmer spielen« sind Dinge wie das permanente Checken von E-Mails oder endlose, sinnlose Meetings ohne wirkliches Thema oder Agenda.

Anstatt Unternehmer zu spielen, müssen Sie Unternehmer **sein**, indem Sie **tätig sind**. Wenn Sie im Geschäftsleben Erfolg haben wollen, müssen Sie sich unermüdlich auf die Aktivitäten konzentrieren, die einen Mehrwert liefern. Sie müssen täglich gegen Ablenkungen, Unterbrechungen und Prokrastination ankämpfen. Wenn Sie sich von der wertschöpfenden Arbeit des Akquirierens, Haltens und Zufriedenstellens von Kunden ablenken lassen, wird Ihr Unternehmen ins Trudeln geraten oder ganz scheitern. Es gibt ja immer irgendetwas, das gerade mehr Spaß machen würde oder dringender erscheint.

Rationalisieren wir das »Unternehmerspielen« einmal weg, bleiben in Wahrheit nur noch ein paar wenige wertschöpfende Aktivitäten übrig, die man täglich erledigen muss – und das Marketing ist eine der wichtigsten. Es ist wichtig, zu verstehen, dass Marketing keine Einzelaktion ist, sondern ein Prozess. Man tut es täglich, um im eigenen Unternehmen einen enormen Mehrwert aufzubauen und den eigenen Kunden einen enormen Mehrwert zu liefern.

Ihre Sichtweise auf die Zeit wirkt sich auf alles aus, was Sie in Ihrem Unternehmen tun. Für den Unternehmer ist Zeit eben **nicht** Geld. Mehrwert ist Geld. Zeit ist nur eine der Investitionen, die man machen muss, um dem Markt einen Mehrwert zu liefern. Machen Sie sich das Marketing zur täglichen Aufgabe. Erstellen Sie sich Ihren eigenen *Marketingplan auf einer Seite* und, was am allerwichtigsten ist: **Wenden** Sie den Plan auch **an**. Verwenden Sie Ihre Zeit täglich darauf, als Unternehmer **tätig zu sein** und Mehrwert aufzubauen.

Das Schwein mit dem Lippenstift

Ein großer Teil Ihres Erfolgs hängt davon ab, welches Fahrzeug Sie wählen. Manche Unternehmen sind ein Ferrari, und Marketing führt sie noch schneller zum Erfolg, während andere Unternehmen eine alte, ramponierte Schrottkarre sind, und diesen hilft Marketing so viel wie einem Schwein, dem man Lippenstift aufträgt.

In einer Zeit, in der neue Technologien Branchen umwälzen, die seit Jahrzehnten oder Jahrhunderten bestehen, ist es wichtig, ständig einzuschätzen, ob Ihr Unternehmen oder Ihre Branche sich in der Phase des Aufstiegs oder des Niedergangs befindet. Gute Zeiten halten nicht ewig an. Werfen Sie nur einmal einen Blick auf Buchhandlungen, Plattenläden und die ehemaligen Giganten der traditionellen Nachrichtenmedien.

Um das Jahr 1900 gab es in New York 100.000 Pferde. In London gab es im Jahr 1900 11.000 Taxis, die alle von Pferden gezogen wurden. Außerdem gab es mehrere Tausend Busse, von denen jeder zwölf Pferde pro Tag benötigte, also insgesamt mehr als 50.000 Pferde. Darüber hinaus gab es unzählige Wagen, Karren und Kutschen, die ständig im Einsatz waren, um die Waren zu transportieren, die von der schnell wachsenden Bevölkerung dieser Städte benötigt wurden. Sämtliche Transportfahrzeuge, ob für Waren oder Menschen, wurden von Pferden gezogen.

Wenn man ein Unternehmen hatte, das mit Pferden zu tun hatte, dann boomte das Geschäft. Von der Beseitigung der riesigen Mengen an Pferdemist bis hin zur Pflege, Fütterung und Unterbringung der beständig anwachsenden Pferdepopulation.

Spulen Sie ein paar Jahre vor bis zum Aufkommen der Elektrizität und der Entwicklung des Verbrennungsmotors. Dies brachte neue Möglichkeiten, Menschen und Güter zu transportieren. Im Jahr 1912 gab es in New York bereits mehr Autos als Pferde, und 1917 unternahm der letzte von Pferden gezogene Wagen der Stadt seine letzte Fahrt.

In zwölf Jahren hätte sich Ihr Unternehmen also von der Weltspitze dahin entwickelt, dass Sie mehr als die Hälfte der Einnahmen verloren hätten. Fünf Jahre später wären Sie pleite gewesen, und Ihr gesamtes Wissen, Ihre Verbindungen zur Branche und Ihre Fähigkeiten wären völlig nutzlos geworden. Wenn Sie nicht voraussehen, wie sich technologische Veränderungen auf Ihr Unternehmen oder Ihre Branche auswirken werden, und wenn Sie es versäumen, entsprechend zu handeln, kann das für Ihr Unternehmen fatal sein.

Kodak hat die Digitalfotografie erfunden, konnte aber diesen frühen Vorsprung nicht zu seinem Vorteil nutzen, oder sie haben es zumindest nicht getan. Sie ließen den Wettbewerb den reich gedeckten Tisch plündern. Borders stieg irgendwann in den Bereich E-Books ein, aber zu zögerlich und zu spät, und das Unternehmen zahlte folglich auch den höchsten Preis dafür.

Als der Mann, der Anfang des 20. Jahrhunderts sein florierendes Pferdegeschäft führte, diese neumodischen elektrischen Straßenbahnen auftauchen sah, lachte er vielleicht in sich hinein und dachte, dass diese Art Transportmittel nur eine Modeerscheinung sei. Schließlich wurden Pferde schon seit Jahrtausenden als Transportmittel genutzt.

Dann, einige Jahre später, als er durch die neue Technologie immer mehr von seinen Einnahmen einbüßte, trauerte er vielleicht den guten alten Zeiten nach, als die Dinge noch gut liefen. Vielleicht wurde er sogar wütend über das, was geschah, und erwartete von der Regierung, dass sie eingreifen würde. Sehen Sie da irgendwelche Parallelen zur heutigen Zeit?

Verschiedene Branchen, darunter Produktionsunternehmen, die Nachrichtenmedien und der stationäre Einzelhandel, befinden sich in der Krise oder am Rande einer Krise. Die Globalisierung, das Internet und neue Technologien setzen ihnen zu – und zwar gewaltig. Sie jammern und klagen über die aktuelle Lage, setzen sich dafür ein, dass die Regierung eingreift, und hoffen, dass die guten alten Zeiten bald wieder zurückkehren. Aber die guten alten Zeiten werden nicht wiederkommen – zumindest nicht für sie.

Warum machen sie sich die neue Technologie nicht einfach zu eigen und steigen mit ein? Manche von ihnen werden es tun, aber die meisten nicht – weil sie denken wie ein Truthahn.

Nassim Taleb, Bestsellerautor von *Der schwarze Schwan*, erzählt die Geschichte eines Truthahns, der 1000 Tage lang jeden Morgen von einem Bauern gefüttert wird. Irgendwann erwartet der Truthahn, dass der Besuch des Bauern jedes Mal gutes Futter bedeutet. Denn genau das ist bisher jedes Mal passiert, und der Truthahn denkt also, dass dies alles sei, was je geschehen kann und wird. An Tag 1000 ist er auf dem Höhepunkt seiner Zuversicht. Schließlich hat er nun bereits 1000 Tage Erfolgsbilanz zu verzeichnen, auf die er seine Zuversicht stützen kann. Was kann bei einer solchen Erfolgsbilanz schon schiefgehen? Doch dann kommt Tag 1001. Es ist zwei Tage vor Thanksgiving, und als der Bauer dieses Mal auftaucht, hat er kein Futter in der Hand. Stattdessen hat er eine frisch geschärfte Axt dabei. Der Truthahn lernt sehr schnell, dass er mit seinen Erwartungen katastrophal daneben lag – dass die gute alte Zeit nicht ewig währen würde. Heute ist Herr Truthahn also tot.

Seien Sie kein Truthahn und führen Sie Ihr Unternehmen nicht wie ein solcher. In der Vergangenheit lag fast der gesamte Wert eines Unternehmens in seinem physischen Bestand. Dinge wie Gebäude, Anlagen und Ausstattung, Inventar und Vertriebsinfrastruktur. Heute liegt der Wert eines Unternehmens fast gänzlich darin, wie viele Augenpaare es auf sich zieht, und in dem Kundenstamm, den es erworben hat.

Schauen Sie sich an, was heute geschieht und welche zentrale Rolle Kundenakquise durch effektives Marketing spielt:

- Uber, das größte Taxiunternehmen der Welt, besitzt keine eigenen Fahrzeuge.
- Facebook, das weltweit beliebteste Medienunternehmen, erstellt keine Inhalte.
- Alibaba, der umsatzstärkste Einzelhändler, besitzt keinen Warenbestand.
- Airbnb, der weltgrößte Anbieter von Unterkünften, besitzt keine Immobilien.

Allein diese vier Unternehmen sind Milliarden Dollar wert. Ihr ultimativer Wettbewerbsvorteil besteht darin, den Wandel zu antizipieren und entsprechend zu handeln. Das erfordert Mut; Sie müssen Risiken eingehen und in Forschung und neue Technologien investieren. Sie müssen sich ständig Fragen stellen wie:

- In welcher Branche muss ich tätig sein?
- Welche Technologien sind im Kommen, die meine Branche verändern werden?
- Wie kann ich mir die kommenden technologischen Veränderungen zunutze machen, anstatt sie zu bekämpfen?

Was Sie brauchen, ist ständige strategische Innovation – eine Innovation, die Ihre Kunden interessant finden.

Skunkworks-Projekte (*geheime Forschungs- und Entwicklungsprojekte, Anm. d. Übers.*) sind eine der besten Möglichkeiten, um in der Technologie auf dem neuesten Stand zu bleiben und gleichzeitig den laufenden Betrieb aufrechtzuerhalten. Ein berühmtes Beispiel für ein Skunkworks-Projekt ist der erste Macintosh-Computer von Apple. Google hat Skunkworks-Projekte sogar zu einem Teil der Unternehmenskultur gemacht, indem man den Mitarbeitenden 20 Prozent ihrer Arbeitszeit für Nebenprojekte zur Verfügung stellt, die sie interessieren. Äußerst erfolgreiche Google-Produkte wie Gmail, AdSense und Google News sind aus diesen Skunkworks-Projekten entstanden.

Welche Ressourcen investieren Sie in neue Technologien und Trends in Ihrer Branche?

Tag 1001 kommt auch für Ihr Unternehmen und Ihre Branche, und wenn Sie dann keinen neuen Plan parat haben, geht Ihr Unternehmen den Weg des Truthahns.

Eine Kultur der Innovation, das Vorwegnehmen von Entwicklungen in Ihrer Branche und die Durchführung einiger Skunkworks-Projekte in Ihrem Unternehmen werden Ihnen einen enormen Wettbewerbsvorteil verschaffen.

Wie Sie vom Unternehmer zum Marketer werden

Einsteins berühmte Definition von Wahnsinn, »immer wieder dasselbe tun, aber unterschiedliche Ergebnisse erwarten«, ist zwar den meisten bekannt, wird aber nur selten berücksichtigt.

Zu Beginn jedes neuen Jahrs fassen die Menschen gute Vorsätze. Die häufigsten sind abnehmen, mit dem Rauchen aufhören und die Schulden abbezahlen. Sie hoffen, dass sich die Dinge für sie auf magische Weise bessern, wenn die Uhr am 31. Dezember Mitternacht schlägt. Wenn die zweite und dritte Woche des neuen Jahrs ins Land gehen, werden ihre Vorsätze zu fernen Erinnerungen, während die Menschen wieder in ihre Routinen, alten Gewohnheiten und den Alltagstrott verfallen.

Gute Vorsätze sind der kleine Bruder von Wünschen – also im Grunde nichts weiter als Ziele ohne Plan oder Aktion dahinter. Sehr wahrscheinlich wird sich, wenn sich in Ihrer regelmäßigen Routine nichts ändert, auch nichts in Ihrem Unternehmen oder Privatleben ändern.

Eine der Gemeinsamkeiten wachstumsstarker Unternehmen ist, dass sie einen starken Fokus auf ihr Marketing legen. Sie machen das

Marketing zur regelmäßigen Routine in ihrem Unternehmen und setzen ihren Marketingplan konsequent um.

Umgekehrt ist es bei scheiternden Unternehmen oder solchen, die zu kämpfen haben: Entweder sie vernachlässigen ihr Marketing komplett, oder sie starten mal hier, mal da eine Marketingmaßnahme, ohne Plan oder Struktur. Sie versuchen wahllos ein- oder zweimal irgendeine Taktik und geben gleich auf, wenn sie keinen sofortigen Erfolg sehen. Das ist kein Marketingplan – das ist der sichere Weg ins Desaster.

Andere nehmen irrtümlich an, dass es genügt, ein großartiges Produkt oder einen tollen Service zu haben, und »das wird sich schon rumsprechen«. Die Friedhöfe der gescheiterten Geschäftsideen sind voll von Unternehmen, die ausgezeichnete Produkte und Dienstleistungen zu bieten hatten. Sie scheiterten zum Großteil, weil diejenigen, die sie führten, dem Marketing nicht genügend Aufmerksamkeit widmeten. Denken Sie daran: **Niemand weiß, wie gut Ihre Produkte oder Dienstleistungen sind, bevor er sie gekauft hat. Bevor er kauft, weiß er nur, wie gut Ihr Marketing ist**. Einfach gesagt: **Der beste Marketer gewinnt jedes Mal**.

Wenn Sie mit Ihrem Unternehmen ernsthaft Erfolg haben wollen, dann ist es jetzt Zeit, aktiv eine Entscheidung zu treffen. Es ist Zeit, ein großartiger Marketer zu werden und sich von einem Unternehmenseigentümer in einen Marketer zu verwandeln, der ein Unternehmen besitzt. Haben Sie diese aufregende Transformation einmal vollzogen, werden Sie und Ihr Unternehmen nie mehr so sein wie zuvor.

Ich bin zutiefst überzeugt, dass dieses Buch bahnbrechend für die Implementierung von Marketing ist, weil es die Erstellung und Implementierung Ihres eigenen Marketingplans so einfach macht. Es kann Ihnen helfen, Ihre Wandlung vom Unternehmenseigentümer zum Marketer zu starten oder zu beschleunigen.

Marketing ist die Königsdisziplin des Unternehmertums. Es wird Ihnen helfen, Ihr derzeitiges Unternehmen zum Erfolg zu führen, und, noch wichtiger, Sie werden damit auch andere Unternehmungen, an denen Sie in Zukunft vielleicht teilhaben werden, erfolgreich machen.

In diesem Buch haben Sie einige äußerst wertvolle Informationen erhalten. Es sind Informationen, von denen die meisten Ihrer Wettbewerber nie erfahren werden. Das verschafft Ihnen einen enormen Vorteil – wenn Sie aktiv werden. Ich fordere Sie dringend auf, zu handeln. Wie am Anfang dieses Buches erwähnt, **wissen und nichts tun ist wie nicht wissen**. Wenn Sie weiterhin das tun, was Sie immer getan haben, werden Sie weiterhin die gleichen Ergebnisse bekommen wie bisher.

Der Aufbau eines erfolgreichen Unternehmens ermöglicht es Ihnen, das Leben nach Ihren eigenen Vorstellungen zu leben. Sie verdienen es, Erfolg zu haben, und dieser Erfolg ist für SIE erreichbar. Ich lade Sie ein, sich auf die Reise zu begeben, sich ein außergewöhnliches Unternehmen aufzubauen und so zu leben, wie Sie es sich wünschen.

Danksagungen

»Wenn ich weiter geblickt habe, so deshalb, weil ich auf den Schultern von Riesen stehe.«
ISAAC NEWTON

ICH WÜNSCHTE, ICH KÖNNTE Ihnen erzählen, dass alle Ideen in diesem Buch von mir seien und dass ich so eine Art Marketing- und Businessgenie sei. Die Wahrheit ist aber, auch wenn ich ein Sammler eleganter Ideen bin, erfinde ich nur selten etwas, und wenn, dann ist es meist nichts, was es wert ist, darüber zu schreiben.

Einer meiner frühen Mentoren, Mal Emery, sagte oft: »Ich hatte im Leben nicht eine wirklich eigene Idee – es ist einfach zu verdammt gefährlich.« Und doch war und ist er als Geschäfts- und Marketingmann extrem erfolgreich. Das Geheimnis seines Erfolgs, und in der Folge auch das meine, war, einfach Dinge nachzumachen, von denen man wusste, dass sie zuverlässig funktionieren, anstatt zu versuchen, das Rad neu zu erfinden.

Wenn man das Rad neu erfinden will, muss man ein Genie sein, und selbst dann birgt es eine hohe Wahrscheinlichkeit zu scheitern. Ich bin kein Genie, und ich hasse es zu scheitern, also kopiere ich lieber ziemlich genau die Dinge, die andere erfolgreich machten – zumindest so lange, bis ich die Grundzüge sehr gut beherrsche. Das räumt Risiken aus und erhöht die Wahrscheinlichkeit, dass ich Erfolg habe.

Ich habe zwar das System geschaffen, aus dem der *Marketingplan auf einer Seite* wurde (1pmp), aber viele der Direct-Response-Marketing-Konzepte, die dahinterstecken, sind Erfindungen und die Ideen von anderen großartigen Business Leadern und Marketern.

Mag sein, dass ich mir damit selbst schmeichle, aber der Aphorismus »Gute Künstler kopieren; großartige Künstler stehlen«, den Steve Jobs öfter zitierte und der Pablo Picasso zugeschrieben wird, ist sicherlich eine Grundhaltung, die ich im Kopf hatte, als ich diese eleganten Ideen im Lauf der Jahre sammelte und dieses Buch schrieb. Doch egal ob Sie mich für einen »großartigen Künstler« oder einen Dieb halten – ich möchte, dass Sie aus der Fundgrube bewährter Ideen zum Aufbau von Unternehmen schöpfen können, die Sie hier finden.

Sicher haben auch Kreativität und Erfindungsgeist ihren Platz, aber meiner Meinung nach sollte das erst dann kommen, wenn Sie die Grundlagen beherrschen. Dieses Buch enthält viele dieser Grundlagen. Manche stammen aus meiner persönlichen Erfahrung, aber die meisten kommen von Menschen, die »Riesen« in meinem Geschäftsleben waren und auf deren Schultern ich stand. Ohne bestimmte Reihenfolge möchte ich danken:

Mal Emery
Dean Jackson
Joe Polish
Pete Godfrey
Dan Kennedy
James Schramko
Jim Rohn
Frank Kern
Seth Godin

Manche davon waren mir persönlich Mentoren, andere waren Mentoren durch Veröffentlichungen und andere Arbeiten, die sie produzierten. Ich versuche sie im ganzen Buch zu würdigen, wenn eine Idee, die ich vorstelle, soweit ich weiß, von einem von ihnen stammt. Ich bin jedoch sicher, dass ich manche ausgelassen habe oder die Ideen der oben genannten Menschen an mancher Stelle nicht genug gewürdigt habe. Wenn man über Jahre hinweg Ideen sammelt, wird es manchmal schwer, sich zu erinnern, woher eine Idee stammte. Dafür entschuldige ich mich schon im Voraus.

Der *Marketingplan auf einer Seite* ist eher bahnbrechend als Implementierungshilfe, und weniger eine Marketinginnovation oder ein neues Marketingkonzept. Er ist bei Weitem der einfachste Weg für ein kleines Unternehmen, um von einem praktisch nicht vorhandenen Marketingwissensstand an den Punkt zu gelangen, an dem ein ausgeklügelter Direct-Response-Marketingplan für das eigene Unternehmen erstellt und implementiert werden kann. Der Plan ist buchstäblich auf eine einzige Seite reduziert.

Genießen Sie nun die Ideen aus diesem Buch und – noch wichtiger – **implementieren** Sie sie in Ihrem Unternehmen. Und denken Sie daran: Zu wissen und nicht zu tun ist dasselbe wie nicht zu wissen.

Über den Autor

ALLAN DIB ist Serienunternehmer, Marketingrebell, Technologie-Experte und Bestsellerautor.

Er hat mehrere Unternehmen in verschiedenen Branchen gegründet, darunter IT, Telekommunikation und Marketing.

Eines seiner ersten Unternehmen war in der Telekommunikationsbranche angesiedelt, wo er sich dem harten Konkurrenzkampf mit milliardenschweren multinationalen Wettbewerbern stellen musste. Innerhalb von vier Jahren baute Dib dieses Unternehmen vom Start-up zum Unternehmen aus, das von *Business Review Weekly* (BRW) als eines der am schnellsten wachsenden Unternehmen Australiens bezeichnet wurde – was ihm einen Platz auf der begehrten *BRW Fast 100*-Liste einbrachte.

Seine Passion ist es, Unternehmen neue und innovative Wege aufzuzeigen, wie sie mithilfe von Technologie und Marketing schnelles Wachstum erreichen können.

Als gefragter Business-Coach, Berater und Vortragsredner teilt er seine bewährten Strategien und neuesten Taktiken mit Menschen auf der ganzen Welt.

Sie können Allan Dib direkt per E-Mail unter allan@successwise.com kontaktieren.

Informationen über seine Bücher, Kurse und andere Schulungsmaterialien finden Sie unter successwise.com.